海岛国家（地区）灾害风险 管理预案选编

Materials Selection in Disaster Risk Management Plan for Island Countries （Regions）

陈　淳　邓云成　刘建辉　编译

海洋出版社

2018年·北京

图书在版编目（CIP）数据

海岛国家（地区）灾害风险管理预案选编/陈淳，邓云成，刘建辉编译．—北京：海洋出版社，2018.9

ISBN 978-7-5210-0197-6

Ⅰ.①海…　Ⅱ.①陈…②邓…③刘…　Ⅲ.①海洋–自然灾害–风险管理–研究

Ⅳ.①P73

中国版本图书馆 CIP 数据核字（2018）第 219615 号

责任编辑：高朝君　薛菲菲

责任印制：赵麟苏

海洋出版社　出版发行

http：//www.oceanpress.com.cn

北京市海淀区大慧寺路 8 号　邮编：100081

北京朝阳印刷厂有限责任公司印刷

2018 年 9 月第 1 版　2018 年 9 月北京第 1 次印刷

开本：787mm×1092mm　1/16　印张：16.75

字数：356 千字　定价：78.00 元

发行部：62132549　邮购部：68038093

总编室：62114335　编辑室：62100038

海洋版图书印、装错误可随时退换

目　录

绪　　论

人类已从无数次灾害中吸取了教训，认识到提高和加强灾害风险管理，对于减少生命财产损失、提高政府减灾决策能力和减轻灾害事件带来的不利因素有着非常重要的意义。作为确保和推动从全球到区域、从国家到地区可持续发展优先考虑的方面，重视风险管理工作，已在国际社会和世界各国达成共识。[①] 联合国减灾战略中明确提出必须建立与风险共存的社会体系，强调从提高社区抵抗风险的能力入手，促进区域可持续发展。在此背景下，包括海岛海洋在内的灾害风险管理是全面减灾最为有效、积极的手段与途径。[②]

一、海岛国家（地区）灾害风险管理工作动态

据联合国统计，全世界小岛屿发展中国家和地区共有 58 个，分布于世界各个地区，主要包括佛得角[③]、毛里求斯[④]、马尔代夫[⑤]、斐济[⑥]、纽埃[⑦]、巴巴多斯[⑧]、格林纳达[⑨]等。

虽然小岛屿发展中国家面积总和不大，人口总数不多，但管理着广大的海域面积。在一定程度上，其对海洋的治理可与陆地治理相比，甚至胜于陆地，其重要地位不容忽略。但它们普遍面临可持续发展的挑战，包括：较小的领土面积、日益增长的人口、有限的资金、较弱的自然灾害抵抗能力以及过分依赖国际贸易。它们的经济发展因为高额的通信、能源和运输费用，过小的领土面积导致的昂贵公共事务管理和较少数量的基础设施而被限制。[⑩]

---

① 邹铭，范一大，杨思全，等. 自然灾害风险管理与预警体系 [M]. 北京：科学出版社，2010.

② 尚志海，刘希林. 自然灾害风险管理关键问题探讨 [J]. 灾害学，2014，29（2）：158-164.

③ 佛得角简介参见：邓云成. 佛得角：积极推动海洋经济特区建设 [N]. 中国海洋报，2017-08-15（004）.

④ 毛里求斯简介参见：傅颜颜，邓云成. 毛里求斯：打造"印度洋上的新加坡" [N]. 中国海洋报，2018-02-06（004）.

⑤ 马尔代夫简介参见：邓云成. 马尔代夫：开展能源系统的清洁能源整合 [N]. 中国海洋报，2017-04-14（004）.

⑥ 斐济简介参见：邓云成. 斐济：利用集成生物系统实现废弃物零排放 [N]. 中国海洋报，2017-08-04（004）.

⑦ 纽埃简介参见：邓云成. 纽埃：千方百计欲"岛上留人" [N]. 中国海洋报，2017-09-05（004）.

⑧ 巴巴多斯简介参见：邓云成. 巴巴多斯：积极打造全球离岸金融中心 [N]. 中国海洋报，2018-01-30（004）.

⑨ 格林纳达简介参见：邓云成. 格林纳达：实施减贫计划促进经济改观 [N]. 中国海洋报，2018-01-23（004）.

⑩ 彭超. 我国海岛可持续发展初探 [D]. 青岛：中国海洋大学，2006.

小岛屿发展中国家分布位置①：

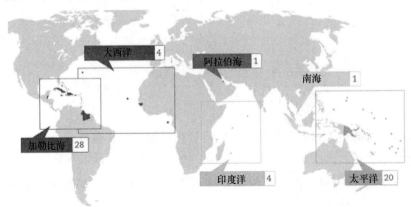

部分海岛国家由于经济生态脆弱，一旦遭受重大灾害损失，可能数十年都无法恢复。因此，这些海岛国家对于备灾、防灾、减灾以及灾后恢复更为重视，进而在制度政策规划层面有着更为有益且值得借鉴的经验。

2011 年，菲律宾发布了《国家减灾管理计划》（2011—2028 年），该计划主要包括三个部分：①菲律宾灾害风险概况与减灾风险管理现状；②发展政策、挑战和机遇；③国家减灾管理计划。主要概述了菲律宾减灾管理计划，旨在加强中央和地方政府协同合作，加强各级灾害防范，通过制定减灾风险措施，提高灾后恢复能力和应对能力。②

马绍尔群岛共和国编制了《国家灾害风险管理行动计划》（2008—2018 年），其愿景是让当今以及未来的国民充分掌握灾害相关知识，做好应灾准备，建立一个更安全、恢复能力更强的马绍尔群岛共和国。为了实现这一愿景，灾害风险管理需要纳入国家和地方政策、计划、预算规定和决策过程。这必须在所有部门以及各级政府和社区进行落实，强调灾害风险管理是整个国家的责任，而且是每个人的责任。该愿景将通过《国家灾害风险管理行动计划》（2008—2018 年）得以实现，计划明确了十个目标，每个目标都有一个特定的"结果"，结果描述了每个目标作为具体目标、行动和成果的一个部分可能发生的变化。③

所罗门群岛政府发布了《国家灾害风险管理计划》——用于灾害管理安排和降低灾害及气候变化风险，其为所罗门群岛政府建立了体制安排，以解决国内的灾害风险管理问

---

① 资料来源：https：//www. scidev. net/global/water/feature/ocean－science－development－sids－facts－figures. html，访问时间：2017 年 11 月 20 日。

② See Asian Development Bank. The National Disaster Risk Reduction and Management Plan of the Philippines（2011-2028）. 2011，p. 69.

③ See A Collaboration between the National Task Force for Disaster Risk Management and the Office of the Chief Secretary. National Action Plan for Disaster Risk Management of the Government of the Republic of the Marshall Islands（2008－2018）. 2007，p76.

题，包括：针对灾害事件进行准备、管理和恢复的灾害管理工作以及建立包括应对气候变化在内降低灾害风险的体制机制，这些工作在国家、省级和地方各级实施。①

普卡普卡岛委员会联合库克群岛应急管理部拟定了《灾害风险管理计划》（2014—2015 年）。自 2005 年库克群岛遭遇 5 次飓风袭击之后，库克群岛政府积极主动地加强民众组织工作，为应对未来灾害做好准备。库克群岛应急管理部进一步加强灾害意识建设、防灾、备灾、减灾、灾害响应以及灾后恢复等工作。为此，该地区制订了《普卡普卡岛灾害风险管理计划》，阐述了普卡普卡岛灾害风险管理计划，旨在建成一个"平安无虞、安全可靠的弹性社区"②。

美国默瑟岛城认识到，自然灾害和人为灾难可能产生的废弃物会破坏公民的生活质量，也会使灾害发生后的应灾和恢复过程变得更加复杂。默瑟岛城还认识到，提前做好规划可以减轻灾害对社区、经济和环境的影响。因此，默瑟岛城特制订《灾害废弃物管理计划》，旨在推动实现迅速的灾害应对和灾后恢复。③

于 2015 年 3 月 18 日在日本仙台举办的第三次联合国世界减少灾害风险大会上通过的《2015—2030 年仙台减少灾害风险框架》，它适用于规模各异的各种风险、频发和不频发的风险、突发灾害和缓慢发生的灾害、自然灾害和人为灾害，以及相关的环境、技术、生物灾害和风险。其目标是为所有层面发展中存在的，以及所有部门内和跨部门存在的灾害风险管理提供指导。

二、我国海岛灾害风险管理工作进展

我国是一个海洋大国，拥有 11 000 多个海岛④，绝大多数为无居民海岛。海岛及其周围海域蕴藏着丰富的海洋资源，具有很大的开发潜力，对我国海洋经济发展、资源合理利用起到推动作用；同时，海岛又是海洋生态系统的重要组成部分，在维持生态环境的平衡与协调方面发挥着不可替代的作用。有的海岛因其特殊的战略地位，还担负着维护国家海洋权益的使命。⑤ 2017 年海岛统计调查公报显示，12 个主要海岛县（区）年末常住总人口约为 344 万，海洋产业总产值约 3 557 亿元。随着我国海洋经济的蓬勃发展，作为其重要组成部分的我国有居民海岛地区的重要承灾体目标逐渐增多⑥，2017 年累计受灾害影响

---

① See Solomon Islands Government. National Disaster Risk Management Plan for Disaster Management Arrangements and Disaster Risk Reduction including for Climate Change. 2009, p. 69.

② See Pukapuka Island Council & Emergency Management Cook Islands. Pukapuka Disaster Risk Management Plan（2014—2015）. 2014, p. 21.

③ See 1100 112th Avenue NE Suite 400 Bellevue, WA 98004. Mercer Island Disaster Debris Management Plan. 2011, p. 138.

④ 邓云成. 应对海岛淡水缺乏新思路——风力制水机 [J]. 海洋经济, 2015, 5（1）：13-20.

⑤ 李巧稚. 无居民海岛管理的关键问题研究 [J]. 海洋信息, 2004（4）：16-20.

⑥ 参见 2017 年海岛统计调查公报, http：// gi. mlr. gov. cn/201807/t20180727_ 2156215. html.

海岛约为 6 183 个次，其中东南沿海省份的海岛遭受海洋灾害影响频率较高。

我国海洋减灾工作起步较晚、工作基础也较为薄弱，但海洋防灾减灾工作进步较快。以 2007 年 9 月 18 日民政部下发的《关于印发"减灾示范社区"标准的通知》（民函〔2007〕270 号）为标志，综合减灾示范社区创建活动在我国正式推行。经过将近 10 年的发展，以"全国综合减灾示范社区创建标准"为核心的社区综合减灾示范模式逐步成为我国社区综合减灾的主要模式。在这 10 年的发展中，这一模式形成了自身的独有特征，并对我国防灾减灾产生了十分重要的影响。[①] 近些年，随着综合减灾示范社区创建工作的推进和社区防灾减灾工作的不断深入，我国各地开展了一系列行之有效的社区灾害风险管理实践，并形成了自己的特色，为本地的社区和居民安全提供了有力的保障。例如，①为社区引入资金和力量的减灾项目：浙江省宁波高河塘、台州景元、杭州浴美施、舟山涂口等6 个易受台风灾害影响的社区先后被亚洲基金会选定参加"灾害管理公共合作项目"，在全面提升社区减灾能力方面进行了有益探索，并以点带面，促进全省社区灾害风险管理工作的整体推进；②从源头遏制风险的风险评估与隐患排查工作：浙江省针对台风特点，对行蓄洪区等多灾易灾不适合居住的社区，有组织、有步骤地撤销、合并和整体搬迁，从根本上消除社区灾害风险隐患，并综合民政、气象、人防、地震等元素，创新性地开展综合减灾示范社区创建工作，提升自然灾害风险管理水平。浙江省大多数社区对可能发生的自然灾害、事故、突发公共卫生事件和社会危机事件等风险隐患进行了全面摸排和系统评估，许多城乡社区还探索建立了灾害风险的"四单一图"，即社区灾害隐患清单、社区灾害脆弱人群清单、社区灾害脆弱住房清单、社区灾害脆弱公共设施清单和社区灾害风险地图，全面掌握社区在抵御灾害风险方面存在的薄弱环节，积极建立健全社区灾害隐患数据库，有针对性地做好社区减灾工作。[②]

由灾害应急管理组织指挥体系、自然灾害应急管理预案体系、自然灾害风险管理预警处置体系、自然灾害风险管理物资储备体系、自然灾害风险管理科技支持体系和自然灾害风险管理灾后重建体系六部分组成的我国自然灾害风险管理体系架构，尽管已初步成型，但在自然风险形势日益严峻、社会公众对政府灾害救助期望更高的背景之下，自然灾害风险管理建设仍存在很多薄弱和不足[③]：①灾种分割、部门分割的管理格局仍未从根本上扭转，减灾的综合能力与综合效力有限；②政府包办灾害管理的格局仍未真正触动，市场主体与社会主体的参与严重不足；③公众风险管理与综合减灾意识淡薄，自觉、自主参与减灾不足，而安全期望却在持续上升，不安全感扩张；④经济社会转型要求灾害管理体制尽快转型。这就需要我们予以高度重视并系统加以解决。[④]

① 俸锡金. 社区综合减灾示范模式的特征和影响分析 [J]. 中国减灾，2017（7）：10–15.
② 田琳. 我国各地社区灾害风险管理实践 [J]. 中国减灾，2017（9）：12–17.
③ 江治强. 我国自然灾害风险管理体系建设研究 [J]. 中国公共安全（学术版）风险管理，2008，12（1）：48–51.
④ 郑功成. 从灾害管理走向灾害治理 [J]. 中国减灾，2017（13）：40–45.

三、未来海岛灾害风险管理趋势

21世纪是海洋的世纪，在享受广阔的海洋为我们提供丰富资源的同时，必须重视海洋灾害对海域及海岸带社会经济系统可持续性的潜在威胁。[①] 在全球气候变化的背景下，我国沿海海平面变化总体呈波动上升趋势。1980—2017年，我国沿海海平面上升速率为3.3毫米/年。2017年，我国沿海海平面较常年高58毫米，较2016年高24毫米，为1980年以来的第四高位。[②] 随着我国经济逐步走向全球化和趋海化，海洋灾害风险进一步加大，各种海洋灾害造成的直接经济损失呈明显增长趋势。2008—2017年的10年间，我国所有各类海洋灾害造成的直接经济年均损失约99.0亿元。[③]

作为大陆向海的延伸、孤悬海上的海岛地区，受海洋灾害的影响更大。与我国相比，美国、欧洲和日本等发达国家工业化的历史比较长，海洋灾害应急管理体系比较完善，在风险管理的各个环节都积累了宝贵的经验。特别是海洋灾害频发、作为"千岛之国"的日本，其在海岛灾害风险管理方面的经验值得我们参考借鉴。为了减少海洋灾害对人们生命财产造成的损失，日本防灾可谓是"警钟长鸣"，拥有丰富的经验。日本海洋灾害应急管理体制的总体特征是"行政首脑指挥，综合机构协调联络，中央会议制定对策，地方政府具体实施"。[④] 日本在社区防灾减灾建设方面的优势主要体现在以下几方面。①对社区减灾的法律制度建设相当重视。日本政府根据不同的灾害特征制定了大量防灾减灾以及与灾后重建等相关的法律法规，并不断更新和完善，形成了较为健全的法律法规体系。②各个社区为了在面对灾难时把损失降到最低，都会根据自己区域的历年灾害情况和区域地理特征来制订本区域的防灾计划。③使用社区灾害风险图。社区灾害风险图由市町村编制并发布，图中会显示容易受到地震、海啸、洪水、泥石流以及火山喷发等影响的地区，同时也包含撤离信息等。④社区防灾无线网的建设。日本面临着地震、台风、海啸以及火山爆发等自然灾害，各市町村灾情的采集和发布都是通过市町村的防灾无线网实现的，它具有防

① 叶涛，郭卫平，史培军. 1990年以来中国海洋灾害系统风险特征分析及其综合风险管理 [J]. 2005, 14 (6)：65-70.

② 参见2017年中国海平面公报，http：//www.soa.gov.cn/zwgk/hygb/zghpmgb/201804/t20180423_61104.html.

③ 参见2008年中国海洋灾害公报，http：//www.soa.gov.cn/zwgk/hygb/zghyzhgb/201211/t20121105_5540.html；2009年中国海洋灾害公报，http：//www.soa.gov.cn/zwgk/hygb/zghyzhgb/201211/t20121105_5541.html；2010年中国海洋灾害公报，http：//www.soa.gov.cn/zwgk/hygb/zghyzhgb/201211/t20121105_5543.html；2011年中国海洋灾害公报，http：//www.soa.gov.cn/zwgk/hygb/zghyzhgb/201212/t20121207_21427.html；2012年中国海洋灾害公报，http：//www.soa.gov.cn/zwgk/hygb/zghyzhgb/201303/t20130306_24219.html；2013年中国海洋灾害公报，http：//www.soa.gov.cn/zwgk/hygb/zghyzhgb/201403/t20140318_31018.html；2014年中国海洋灾害公报，http：//www.soa.gov.cn/zwgk/hygb/zghyzhgb/201503/t20150318_36388.html；2015年中国海洋灾害公报，http：//www.soa.gov.cn/zwgk/hygb/zghyzhgb/201603/t20160324_50521.html；2016年中国海洋灾害公报，http：//www.soa.gov.cn/zwgk/hygb/zghyzhgb/201703/t20170322_55290.html；2017年中国海洋灾害公报，http：//www.soa.gov.cn/zwgk/hygb/zghyzhgb/201804/t20180423_61097.html.

④ 孙云潭. 中国海洋灾害应急管理研究 [D]. 青岛：中国海洋大学，2010.

范和应对灾害的功能。⑤重视社区企业参与减灾活动。首先，社区学校定期开展防灾减灾学习和演习，由专人为学生讲解灾害的基本知识，从小学就开始进行教育和防灾减灾知识的普及；其次，地方政府为社区居民提供可供居民使用的防灾训练基地，通过举行防灾演练让社区居民能够在演习过程当中学习防灾减灾知识；最后，在防灾减灾的活动中，日本政府重视社区企业的参与。①

未来要实现我国广大海岛地区的可持续发展，必须加强海洋灾害的风险管理，加快我国传统救灾救济工作向现代灾害风险管理模式转型，提升防灾减灾救灾能力。我们的基本思路是：明确海岛在我国灾害管理中的地位和面临的挑战与机遇，坚持防灾、应灾、减灾与灾后恢复并重的风险管理方针，直面我国在海岛灾害管理方面的薄弱环节和不足，积极与海岛国家（地区）合作，努力推动包括生态防灾在内的多元应对举措的落实。在政府主推、各方积极参与下，促进海岛地区各个层级灾害管理制度建设，把灾害管理逐步融合到海岛事业的各个领域，尽快打造我国沿海地区防灾的天然屏障和灾害管理示范区，实现海岛的可持续发展。

---

① 张晓曦. 国外社区防灾减灾的经验及启示——以日本社区防灾减灾建设为例 [J]. 环境与可持续发展，2013 (6)：123-124.

第一章　菲律宾《国家减灾管理计划》
（2011—2028 年）

一、菲律宾灾害风险概况与减灾管理现状

（一）灾害概况

菲律宾有充分的理由采取减灾和适应气候变化的管理措施。由于地理和地质原因以及国内部分地区的内部冲突，菲律宾灾害频发。

热带气旋和随之而来的降雨、风暴以及洪水是菲律宾最普遍的水文气象灾害。1997—2007 年期间，共有 84 场热带气旋进入菲律宾（预报）责任区，台风造成 13 155 人死亡，逾 5 100 万户家庭受影响，农业、基础设施和个人财产等经济损失达 1 582.42 亿菲律宾比索[①]。这段时间内发生的台风还引发了史上破坏性最强的洪水和滑坡灾害。这种被称为"厄尔尼诺南方涛动"现象的周期性气候事件，仅一次就足以造成巨大的经济损失。2010 年，菲律宾因自然灾害造成的财产损失近 2 500 万菲律宾比索，其中一半以上是由热带气旋造成的。仅在这一年，受热带气旋影响的人数就超过 300 万。

森林砍伐等环境因素进一步加剧了洪水风险。森林砍伐自 20 世纪 30 年代起步，在 20 世纪 50 年代和 20 世纪 60 年代迅速加快，后在 20 世纪 80 年代略有下降。即便到如今，过去的采伐活动仍留下了不少后遗症，如滑坡和洪水等灾害频发，就是土壤松散、森林覆盖率降低的直接后果。每年季风期来临，都会给菲律宾大多数地区带来严重的洪水灾害，近期的降雨事件就是很好的证明。2011 年，由于降雨量增加，一些通常未发生洪灾的地区也遭遇了严重洪水，造成脆弱群体人员伤亡，财产和生计受创，成为当年各种灾害的一大主要方面。2011 年 1—9 月，由于降雨量增加和非法伐木等主要原因，共发生了 50 多场山洪和洪水灾害以及 30 多次滑坡事件，仅台风"天鹰"就造成了 1 000 多人死亡，财产损失达数十亿菲律宾比索。

此外，菲律宾坐落于环太平洋火山带上的高烈度地震区，极易发生地震灾害。菲律宾火山及地震研究所的数据表明，这个国家平均每天会发生 5 次地震。虽然地震灾害发生的

---

①　1 元人民币约等于 8.2 菲律宾比索。

频率低于台风和洪水，但它同样会给受灾社区带来巨大的毁灭性后果。不过，地震次生灾害数量较少，造成的伤亡人数也不多。10 年间，菲律宾发生了 5 次强震，造成 15 人死亡，119 人受伤。据估计，地震灾害带来的经济损失达 2.07 亿菲律宾比索。菲律宾历史上最严重的几次地震灾害包括吕宋岛地震（1900 年）、莫罗湾海啸（2004 年）和红宝石塔坍塌（1968 年）。菲律宾地处环太平洋火山带，位于两个板块（菲律宾海板块和欧亚大陆板块）的交界处，因此，地震和海啸频发，近 300 座火山中有 22 座为活火山。

根据菲律宾国家减灾管理委员会的统计数据，1990—2006 年期间，平均每年由灾害造成的直接损失达 200 亿菲律宾比索，约占该国国内生产总值的 0.5%。然而，在 2009 年，热带风暴"凯萨娜"和"芭玛"导致的损失就占到菲律宾国内生产总值的 2.7%。

当脆弱人口和资源暴露于危险之中，灾害就会变成灾难。贫困人口和社会经济状况不良人群，尤其是河流附近和灾害易发区的居民，极易受到灾害影响，这就可以解释为什么这个国家某些地区更容易受特定灾害的影响，为什么某些地区的灾害风险暴露程度更高。2005 年世界银行灾害管理局对自然灾害热点地区的一项分析指出，菲律宾属于大部分人口居住在易受灾地区的国家之一。而在联合国大学和环境与人类安全研究所发布的《2011年全球风险报告》中，从风险的四大要素（暴露程度、易感性、应对能力和适应能力）角度来看，菲律宾位居全球自然灾害风险第三位。

除自然灾害之外，该国还经历了由政治和社会经济因素导致的人为灾害。在暴力冲突事件发生期间，很多人被迫撤离。菲律宾暴力活动一直在持续，尤其是在该国南部地区。2009 年上半年，菲律宾政府军队与摩洛伊斯兰解放阵线（以下简称"摩伊解"）之间发生激烈武装冲突，导致数十万平民流离失所。在这种情况下，政府军和摩伊解决定放下武器，争取在马来西亚达成和平协议，但最后在 2009 年以失败告终。另外，恐怖组织——阿布萨耶夫组织持续开展恐怖袭击，在 2009 年下半年与菲律宾军队的对战期间，部分叛乱分子被剿灭。菲律宾南部地区的武装斗争还在继续威胁着广大平民的人身安全，导致成千上万的菲律宾国民流离失所。若要改变棉兰老岛的动乱现状，需要制定一个长久的和平解决机制，以保护国内流亡者免受每一次武装冲突带来的间接伤害。这些人为灾害会造成公众焦虑、人员伤亡和财产损失，有时还会导致社会动荡、政局不稳。

（二）《兵库行动框架》和《国家战略行动计划》实施进展

鉴于菲律宾易受天灾人祸的影响，在过去若干年中，菲律宾努力加强防灾抗灾能力建设。这符合菲律宾为实现千年发展目标和 2005 年通过《兵库行动框架》时关于建设御灾型社区的承诺。《兵库行动框架》在日本神户举行的世界减灾大会上，经 168 国政府批准通过，旨在加强国家和社区的御灾体系建设，减少脆弱性，降低灾害风险，其目标包括：①将灾害风险因素有效地纳入各级可持续发展政策、规划和方案中，同时特别强调防灾、减灾、备灾和降低脆弱性；②发展和加强各级体制、机制和能力；③在受灾社区重建过程中，将减灾方法系统地纳入其备灾、应灾和恢复方案的设计和实施中。

这 3 项战略目标将通过 5 项优先行动来实现。

《兵库行动框架》优先行动

1. 将减少灾害风险列为优先事项

　　确保减灾成为国家和地方优先事项，同时配有强有力的体制基础以保证行动的实施

2. 明确风险，采取行动

　　识别、评估和监测灾害风险，加强早期预警

3. 加强对灾害的理解和认识

　　运用知识、创新和教育，在各个层次建立起安全文化和御灾文化

4. 降低风险

　　减少潜在风险因素

5. 随时做好行动准备

　　各级加强备灾，实现有效响应

2010 年 6 月 21 日，菲律宾时任总统格洛丽亚·马卡帕加尔·阿罗约（Gloria Macapagal Arroyo）通过第 888 号行政命令，批准了《2009—2019 年国家减灾战略行动计划》。它是菲律宾的减灾路线图，明确了未来 10 年的减灾愿景和战略目标，其基础包括：①对灾害风险、脆弱性和能力的评估；②通过差距分析确定并筹划持续进行的重要举措；③以《兵库行动框架》为基础的减灾行动，经利益相关方审核确认为可实现的国家优先事项，且在未来 3~10 年中有充足的资源支持行动的实施。

《2009—2019 年国家减灾战略行动计划》根据一组前提、情境和截至 2006 年的减灾管理信息制订而成，其制订和实施遵循两个指导原则：①减灾与减贫和可持续发展直接相关；②要将减灾纳为社会相关部门的常规事项，要求各利益相关方的多方参与。

菲律宾《2009—2019 年国家减灾战略行动计划》符合全球承诺，旨在增强社区对灾害的抵御能力，以"减少灾害造成的死亡人数以及社区和国家的社会、经济、环境资产损失"。《2009—2019 年国家减灾战略行动计划》有 5 个战略目标和 18 个优先项目，并确定了短期（2009—2010 年）、中期（2011—2015 年）和长期（2016—2019 年）的执行目标。

2007—2010 年，利益相关方为制订《2009—2019 年国家减灾战略行动计划》进行了广泛磋商。然而，该文件的定稿最终却与菲律宾新减灾法案的讨论和审议并列进行，一个特别原因在于，后者是《2009—2019 年国家减灾战略行动计划》的第一优先行动。

2010 年 5 月 27 日，菲律宾通过共和国第 10121 号法案，又称《菲律宾减灾管理法》，为"积极主动地采取整体、全面、综合性减灾管理方法，减少灾害（包括气候变化）对社会经济和环境的影响，并推动各级部门和利益相关者，特别是地方社区全员参与"这一后继需求铺平了道路。该法案推动了相关政策和计划的制定、行动的实施以及具体措施的

落实，包括善治、风险评估、早期预警、知识建构、提高公众意识、降低潜在风险因素以及有效响应与早期恢复的准备等减灾管理的多个方面。

正因为如此，即使《2009—2019年国家减灾战略行动计划》的优先行动方案尚未完全实施，该文件也整合了其优先项目，同时将其经验和不足（如建立监测和评估机制）纳入考虑范围。在《国家减灾管理计划》的制订过程中，菲律宾对《2009—2019年国家减灾战略行动计划》的实施进行了全面审查，以了解18个优先项目中已执行的项目及其执行阶段和执行时间。审查评估了该计划的5个战略目标、18个优先项目、22项产出、3个时期和106项行动是否仍然符合菲律宾共和国第10121号法案和向新的《国家减灾管理计划》框架所要求的范式转变，并将其与《兵库行动框架》承诺的行动进展进行了比较。

根据《兵库行动框架》进展报告和对《2009—2019年国家减灾战略行动计划》的审查结果，按照菲律宾共和国第10121号法案规定的4个主题划分，菲律宾在减灾管理方面取得的成就包括以下几点。

（1）防灾减灾：①在各地开展多项风险评估；②开发并建成多个早期预警系统；③成功开发风险评估工具；④地方政府部门与社区的灾害风险管理参与度提高；⑤减灾管理常规化工具纳入国家和地方规划体系；⑥形成全国性减灾制度和法律框架；⑦形成跨职能平台；⑧资源配置。

（2）备灾：①进行减灾管理研究；②开展多方利益相关者对话；③开展多种能力建设活动；④制定应急预案，并进行定期审查；⑤编制信息、教育与宣传资料；⑥信息开发与数据库生成；⑦将减灾纳入学校课程（尤其是基础教育）；⑧建立救灾通信规程。

（3）应灾：①建立灾害响应行动的制度机制；②提高搜寻、救援和恢复行动的能力。

（4）灾后恢复与重建：①将减灾纳入社会、经济及人类居住区发展规划常规事项；②开展灾后评估；③将减灾融入灾后恢复与重建过程中；④将减灾要素纳入人类居住区的规划管理。

（三）经验与不足

在过去几年中，减灾这个话题在菲律宾广受关注，减灾事业也得到有力的推进。各组织和利益相关方已开展许多减灾项目和活动，但为改变人们的生活和生计而持续努力的这个过程充满挑战，威胁依然存在，人们面对灾害时的脆弱性和风险也仍在上升。

1. 从根本上解决脆弱性问题

减少灾害风险的核心在于从根本上解决脆弱性问题。在过去几年中，菲律宾的减灾工作更多地侧重于备灾和应灾，但并未着力于确定灾害易发区和导致人类暴露于灾害的因素，未将风险分析纳入发展计划，未提高国民能力，使他们拥有更多的可持续生计方式。尽管减灾已得到社会各界的广泛关注，但从"灾害是危险因素的直接产物"到"灾害是国民脆弱性的后果"这一范式转变尚未形成。如要降低灾害风险，就必须持续开展适当的灾害风险评估（危险、脆弱性和暴露程度），将评估结果与减灾管理、适应气候变化及优先领域的行动计划相结合，从根本上解决脆弱性问题。为实现这一目标，不同生计方式的可行性也应被视为减少民众灾害脆弱性的一种方式。

2. 减少灾害风险与适应气候变化

虽然此二者之间本质上互相联系，但在概念和行动上仍然存在着差异。我们需要明白，这二者有一个共同的目标，即提高人们适应气候变化和灾害的能力、降低其脆弱性。在菲律宾，减少灾害风险与适应气候变化被视为两个对立的概念，二者在制度安排上也互相隔离，彼此孤军作战。由于气候变化的影响，预计会有更多的灾害发生，反过来又会影响最脆弱的社区，使人们的生活和生计暴露于更高的风险之中。通过减少灾害风险来增强人们对灾害的抵御能力，人们就能够适应气候变化的影响，降低脆弱性。

3. 将减少灾害风险与适应气候变化纳入发展计划常规事项

由于大多数机构和社区未将减灾管理和适应气候变化这两个议题放在可持续发展的框架内进行审视，相关计划的制订都是断断续续的，要么只是作为灾难后的紧急响应。此外，这些方案和项目很少能持续进行，因为它们没有被纳入发展计划，更重要的是，没有纳入国家和地方政策——二者都是持续性资金支持和政策支持的重要保障。

4. 减灾管理与适应气候变化的信息、能力和技能

尽管目前存在大量与灾害相关的教育与宣传指导资料，但大多数还是把重点放在备灾和应灾两方面。因此，编写合适的信息和宣传资料至关重要，这些资料将加深人们对减灾管理与适应气候变化之间关联性的认识，帮助人们理解二者对减灾的促进作用。同样，建立制度化的知识开发、共享和管理机制，将有助于记录、复制和推广减灾管理与适应气候变化的良好方法。

5. 减灾管理与灾害响应互相补充（而非互相排斥）

随着减灾管理行动的增加与持续开展，人们设想未来需要的灾害应对措施会相应减少。但是，在菲律宾这样一个新的灾害不断发生的国家，必须在减灾的同时不断加强应灾行动。在保证国家全面实施减灾、防灾、备灾以及灾后恢复与重建措施时，建立起更好的、可持续性更强的体制机制，并将减灾管理的良好方法与经验广泛应用之后，应灾行动自然就会更加高效。

11

6. 人员与机构能力建设

在减灾管理和适应气候变化方面，应制定持续、有针对性、以能力为基础的能力建设方案，并切实落实到位，从而有效应对民众、社区和机构的需求。这些能力建设活动有助于提高他们的认识和技能，促进减灾管理和适应气候变化相关原则和概念的应用，同时推进具体行动，实现灾害抵御能力建设。

7. 重建更美好

通过加深认识与提高能力相结合，将减灾纳入发展规划与计划常规事项，建设制度化的监测、评估和学习机制，方能实现"重建更美好"。假以时日，我们一定能看到减灾管理和适应气候变化等问题的解决方式发生变化。如若能将多项行动联合，提高各利益相关方能力，增强其对灾害和气候风险的抵御能力，就能够也必将实现减灾管理。

二、发展政策、挑战与机遇

（一）《菲律宾发展规划》

《菲律宾发展规划》（2011—2016 年）是菲律宾的发展路线图，其将菲律宾的发展议程——"与菲律宾人民的社会契约"转化成了具体的优先行动和项目。它设想通过一个致力于夯实和调动人民的技能和精力以及负责任地使用国家自然资源的政府，来实现国家经济的有序发展、广泛共享、快速扩张。实现这一愿景需要每个菲律宾人都做出改变："做正确的事，重视卓越和诚信，拒绝平庸和欺诈，以他人为先。"

《菲律宾发展规划》的基础目标是实现包容性增长，创造就业机会，减少贫困。包容性增长意味着至少 6 年保持每年 7%～8% 的经济增长，创造大量就业岗位，实现甚至超额实现千年发展目标。

减贫和增加就业的目标将通过三项广泛战略实现：①持续的经济高增长；②平等的发展机会；③有效、反应迅速的社会安全网。具体而言，包括稳定的宏观经济环境，减轻环境因素的潜在影响，推进和平进程、保障国家安全。

《菲律宾发展规划》已将减灾管理和适应气候变化确定为主要的跨领域议题。因此，它们已被纳入不同部门和分部门，采用各种战略，直击脆弱性问题要害，促进灾害风险的降低。一般来说，《菲律宾发展规划》中的减灾管理和适应气候变化措施围绕以下方面展开。

（1）将减灾管理与适应气候变化作为常规事项纳入现有政策（即《土地利用法》《建筑法》《综合拨款法》等）与计划项目（如研究、学校课程等）中。

（2）长期持续进行评估，尤其是在高危地区，以减少脆弱性。这一点将通过地理灾害地图绘制和风险评估（尤其是针对高度易感社区和/或地区）来实现，其结果将作为制订和实施减灾管理计划的基础。此外，还包括通过基于生态系统的管理方法、保护就业机会和可持续环境，减少气候变化相关风险以及降低自然生态系统和生物多样性的脆弱性。

（3）将减灾管理与适应气候变化纳入各级教育以及专业技术培训和研究项目中。此外，使用基于科学的工具和技术来支持灾害潜在影响的确定以及防灾、减灾决策。

（4）制订并实施减灾管理与适应气候变化宣传计划，提高公众减灾意识，减轻自然灾害的影响。此外，还包括通过利益相关方的多方协作，开展广泛的信息、教育与宣传活动，增强公众的减灾意识，加强备灾。

（5）开发气候变化敏感型技术和系统，向最脆弱的社区提供支持服务，增强社区恢复力。

（6）加强社区对气候灾害、其他自然灾害和人为灾难的应对能力。包括：加强民间社会基础部门的参与和公私合作伙伴关系；鼓励志愿服务，提高机构的社会服务能力。

（7）将减灾管理和适应气候变化融入各部门，提高地方政府和社区参与度。

（8）推动水资源综合管理的实践与运用，优先在高度脆弱地区建立洪水管理系统，同时将减灾管理和适应气候变化战略应用于洪水管理结构的规划设计中。

（9）加强可再生能源和环保型替代能源/技术的开发利用。包括评估能源设施面对气候变化和自然灾害（如"厄尔尼诺"现象和"拉尼娜"现象）的脆弱性。

《菲律宾发展规划》希望通过这些措施，实现透明、可靠的治理；帮助并赋权穷人和弱势群体，增强其应灾能力；通过基础设施建设、战略性公私合作伙伴关系和优化治理的政策环境，实现经济增长；推动可持续发展。

（二）《气候变化国家行动计划》

《气候变化国家行动计划》列出了 2011—2038 年期间菲律宾应对和减缓气候变化的议程纲要。与菲律宾《国家气候变化战略框架》一致，《气候变化国家行动计划》的终极目标是"提高社区居民的适应能力，增强脆弱部门和自然生态系统对气候变化的抵御能力，优化减灾措施，实现性别平等、以权（利）为本的可持续发展"。《气候变化国家行动计划》以适应和减缓气候变化为长期目标，其七大战略目标包括：①粮食安全；②水资源利用率；③生态系统与环境稳定性；④人类安全；⑤气象智能化行业和服务；⑥可持续能源；⑦知识和能力发展。

在菲律宾《气候变化国家行动计划》的七大战略目标中，生态系统与环境稳定性、人类安全与减灾管理直接挂钩。

生态系统给人类提供服务，降低了灾害风险。人类福祉高度依赖于自然生态系统及其所给予的恩惠。生态系统服务是人类从生态系统中获得的效益，特别是在不断变化的气候条件下，维持健康、稳定的生态系统是一项必然要求。但是，如果人类持续破坏环境，生态系统的减灾功能也必定不能持久。

《菲律宾发展规划》将人类安全定义为这样一种状态：菲律宾的所有家庭和个人，特别是穷人和脆弱群体的权利通过获得教育、健康、住房和社会保障而得到保护和促进，同时确保环境可持续性。与气候变化相关的安全问题包括在极端气候下海平面上升或其他大规模人道主义灾难造成的以争夺自然资源为目的的冲突、百姓流离失所和人口流动。因此，在气候变化风险中，人类安全的概念必须考虑到让个人和社区拥有可供选择的方案，能够结束、减轻或适应灾害事件对其人权以及环境和社会权利的威胁；拥有行使选择并参与实施过程的能力和自由。人们日益认识到，与洪水、干旱和其他气候事件相关的灾害可能越来越多。这需要我们对减灾管理、适应气候变化与人类安全之间的联系进行更深入、更广泛的评估。

因此，减灾管理和适应气候变化的方法和规划需要综合考虑，如果未能制定合适流程帮助社区做好准备，无法降低风险，那么与气候和水有关的灾害就可能带来重大灾难。气候在不断变化，预计极端天气事件的严重性和频率也会有所增加，因此仅靠减灾管理是远远不够的。在《气候变化国家行动计划》中，减灾管理只与七大战略目标中的两个挂钩或关联，与此不同的是，《国家减灾管理计划》从头至尾体现了减灾管理和适应气候变化的全面融合。这是因为二者的基础目标一致，即减少面对灾害的脆弱性。

（三）国家安全政策

除了天灾之外，菲律宾人民还饱受恐怖主义活动、内乱、劫机事件与人质劫持事件等人祸之患。这些灾难和危机会引起公众焦虑、人员伤亡和财产损失，甚至可能导致社会动荡、政局不稳。菲律宾棉兰老岛部分地区长期遭受叛乱纷扰，同时，私人武装团体不断扩张，这些因素都给菲律宾国内安全带来威胁。恐怖集团阿布萨耶夫组织与国际恐怖组织联系紧密，进一步加剧了菲律宾国内的动乱。

国家安全政策为增进人民福祉、促进国家繁荣提供了总体框架。国家安全政策旨在明确应对威胁的战略与方案，降低其对菲律宾的和平与稳定以及菲律宾国民福祉的负面影响。它主要围绕四大关键要素进行，即治理、基本服务供给、经济重建和可持续发展以及安全部门改革。

国家安全政策将采取以下战略促进国内社会政治稳定：①争取受屈民众支持，维持其他民众的衷心；②增强国家机构的诚信，推动政府善治；③加快和平进程，以此作为国内安全计划的核心；④制订主动、全面的打击恐怖主义计划。

（四）《国家减灾管理框架》

2011年6月16日，菲律宾国家减灾管理委员会执行委员会批准了《国家减灾管理框架》，该框架与菲律宾共和国第 10121 号法案协调一致，深深抓住了后者的精髓和重点。

该框架的愿景是建成一个"更安全的、有适应能力的御灾型菲律宾社会，实现可持续发展"。从提高民众的御灾能力、减少脆弱性的角度来看，这一框架反映了减灾管理从被动反应型向前瞻主动型的转变，民众对减灾管理的认识和了解大大提高。其目的是赋权领袖和社区，发展"正确的"思维模式和积极的行为变化，以减少风险，降低灾害影响。这个框架中的关键词包括："重建更美好"；总结经验，吸取教训，建立良好行为规范和研究体系；从根本上解决脆弱性问题；提高适应能力。有了适应能力，我们就能学会创新，进入一个新的高度。

当减灾措施取得成功、民众更加强大（更加积极，而非仅仅在于应对机制）、灾后恢复能力增强时，御灾型社区就能够实现。重要的是，要通过增强民众的恢复能力、降低灾害带来的损失和影响来逐渐灌输安全文化。减灾管理旨在从根本上解决人们的脆弱性问题，加强个人、集体和机构能力建设，实现重建更美好、持续改善人们的生活。

由各种天灾人祸、暴露程度与民众的脆弱性和能力等多重因素动态组合造成的灾害和气候风险日益增加，给菲律宾带来重大挑战。这个国家迫切需要通过利益相关方多方合作，需要强大的体制机制和方法，团结一致，携手并进，从而让菲律宾公民生活在一个"更安全的、有适应能力的御灾型菲律宾社会，实现可持续发展"。

《国家减灾管理框架》强调，假以时日，菲律宾在防灾、减灾、备灾和适应气候变化等方面投入的资源将更有效地促进建成"更安全的、有适应能力的御灾型菲律宾社会，实现可持续发展"这一目标。该框架表明，减轻现有灾害和气候风险的潜在影响，防止灾害和小型紧急事件扩大为灾害事故，为灾害做好准备，将大大减少生命、财产损失及其对社会、经济和环境资产的影响。此外，还强调需要有效、协调的人道主义援助和灾害应对措施以便在灾害发生时和灾害后挽救生命，保护弱势群体。进一步来说，灾后"重建更美好"，建设更好的生活，将在恢复和重建过程之后带来可持续发展。

三、《国家减灾管理计划》

鉴于以上种种，菲律宾必须制订一项国家计划作为减灾路线图，明确减灾管理将如何通过包容性增长实现可持续发展，提高社区居民适应能力，增强脆弱部门的抗灾能力，优化减灾措施，从而增进人民福祉，改善安全现状，实现性别平等、以权（利）为本的可持续发展。

总体而言，《国家减灾管理计划》概括了旨在加强国家政府、地方政府部门以及合作利益相关方能力建设的各项活动，以加强社区的御灾能力建设，将各项减灾安排和措施制度化，包括制订气候风险预测计划以及加强各级防灾准备和响应能力。《国家减灾管理计划》还强调，应将减灾管理和适应气候变化作为常规事项纳入政策制定、社会经济发展规划、预算和治理等过程中，尤其是环境、农业、水、能源、卫生、教育、减贫、土地利用、城市规划、公共基础设施和住房等领域。这一常规化进程带来新的要求，即必须开发出一套常用工具，用来分析给社区和民众带来伤害的各种危害和脆弱性因素。

《国家减灾管理计划》强调，需要实现减灾管理政策、结构、协调机制和规划的制度化，此外，从国家到地方的各级政府应继续为减灾提供预算拨款。借助常态性机制，可以开展以资格和科学为基础的能力建设活动，并通过知识发展和对好的减灾行为规范的管理培养持续学习能力。

非常特别的一点是，菲律宾《国家减灾管理计划》还根据共和国第 10121 号法案将人为灾害纳入了减灾管理，这意味着，该计划将减灾管理纳入和平进程常规事项，同时，还包含了冲突解决途径。按照该计划采取行动可以最大限度地减少生命和财产损失，灾害地区和冲突地区的流亡者也可以尽早恢复正常生活。

最后，但同样重要的是，《国家减灾管理计划》以扶贫和环境保护语境下的善治原则为指导，努力推动多方合作，让民间组织、私营部门和志愿者参与政府的减灾管理行动，从而实现资源互补，为公民提供有效的服务。

（一）减灾管理优先领域和长期目标

根据《国家减灾管理框架》，菲律宾旨在通过《国家减灾管理计划》建成一个"更安全的、有适应能力的御灾型菲律宾社会，实现可持续发展"。这将通过四个各不相同却又相辅相成的优先领域来实现，包括：防灾减灾、备灾、应灾和灾后恢复与重建。每个优先领域都有自己的长期目标，共同支持菲律宾关于减灾管理的总体目标和愿景的实现。

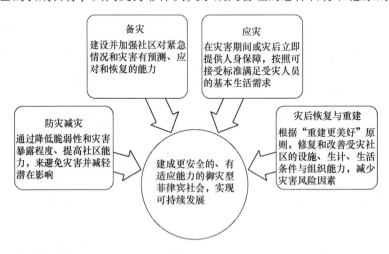

这四个优先领域并非互相独立，也没有明确的时间分界，所以不能仅仅视为始于防灾减灾止于灾后恢复与重建的一个周期。本质上而言，它们：

（1）相互作用，相辅相成。即每个优先领域的行动可能直接或间接地相互影响。因此，可以推测，如果适当的防灾减灾措施已落实到位，那么备灾和应灾活动的强度水平就会相应降低。

（2）不会、不应也不能各自孤立。因为它们彼此之间互相关联，我们不能仅考虑其中一个方面，而忽略其他方面。

（3）互相重叠，无明显的起止时间点。有些领域仅以灰色做简单区分，但这些行动应在两个领域之间充分融合。本计划中，重叠活动被归于最能反映特定领域本质且符合相关指标的优先领域。

防灾减灾	备灾	应灾	灾后恢复与重建	防灾减灾
将减灾和适应气候变化纳入国家和地方规划与计划常规事项； 地方减灾管理办公室制度化； 灾害与风险区划图编制； 早期预警系统建立				
	采取各项行动确保： （a）人员做好充分准备； （b）应急响应工作能高效展开			
		恢复重要生命线和基础设施； 早期恢复； 灾后心理援助		
			长期恢复以及备灾减灾——"重建更美好"	

（4）以问题需要和资源优势为中心。该计划力图找出加深脆弱性的多种因素，重点关注如何从根源上解决问题。同样，该计划明确了菲律宾社会和国家现有的和固有的资源和优势，这将有助于取得该计划设定的成果。

指向同一方向，即减少脆弱性并提高民众能力。各项成果、产出和行动可以侧重于具体的优先领域，但整个文件应全面看待，必须牢记所有具体行动的一切努力，都是为了实现建成更安全的、有适应能力的御灾型菲律宾社会这一国家愿景。

总之，《国家减灾管理计划》包括：

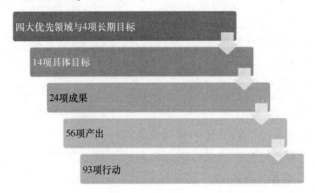

四大优先领域与4项长期目标

14项具体目标

24项成果

56项产出

93项行动

（二）防灾减灾

根据菲律宾共和国第 10121 号法案第三部分，防灾与减灾定义如下：

防灾——彻底杜绝危险因素和相关灾害的不利影响。它所表达的概念和内涵是通过提前采取行动彻底消除潜在不利影响，例如：建筑大坝或堤坝消除洪水风险，通过土地使用规定禁止在高危地区定居，重要建筑采用抗震工程设计，在地震发生时可保障人员生命和建筑的正常功能等。

减灾——减少或限制危险因素和相关灾害的不利影响。减灾措施包括采用工程技术方法和御灾性建设以及完善环境政策，提高公众意识。

防灾减灾基于对造成脆弱性、风险以及灾害暴露程度的多种潜在因素的科学、合理分析，提供了围绕灾害风险评估与减灾、脆弱性分析、灾害易发区识别和减灾管理常规化等方面的关键战略行动。

长期目标

    通过降低脆弱性和灾害暴露程度、提高社区能力，来避免灾害并减轻潜在影响

具体目标

    降低社区面对所有灾害的脆弱性和灾害风险暴露程度

    增强社区降低风险和应对灾害影响的能力

为实现上述目标，《国家减灾管理计划》应实现以下成果。

1. 实现减灾管理和适应气候变化在国家、部门、区域和地方发展政策、规划和预算中的常规化

减灾管理不是也不应成为任何政府或国家的一个孤立项目，而是应该整合并纳为国家和地方政策、计划和方案，包括预算中的常规事项。在地方层面，减灾管理和适应气候变

化需要纳入地方政府部门的省级发展与物质框架计划、综合发展规划和土地利用总体规划。

关键行动包括：

（1）实现减灾管理和适应气候变化在国家、部门、区域和地方发展政策、计划、方案及预算，尤其是区域物质框架计划、省级发展与物质框架计划、综合发展规划和土地利用总体规划中的常规化。

（2）为减灾管理和适应气候变化的常规化开发科学工具。

（3）实现减灾管理委员会和减灾管理办公室的体制化。

（4）地方减灾管理资金的使用。

2. 建立减灾管理与适应气候变化敏感型环境管理模式

减灾应成为土地利用、自然资源管理和适应气候变化等环境相关政策和计划的总体目标。

关键行动包括：

（1）将减灾管理和适应气候变化纳入土地使用、自然资源管理等环境相关政策和规划。

（2）根据《国家减灾管理计划》和《气候变化国家行动计划》制订联合工作计划。

3. 加强基础设施体系的抗灾能力

在菲律宾，城市灾害引起的担忧日益加剧，已成为减灾管理的一大重要问题。城市贫困人口的数量呈越来越快的增长趋势。他们生活在拥挤的城市社区，居住在老旧不堪、摇摇欲坠、高度脆弱的房舍之中。因此，必须重视如何降低基础设施系统的风险。

关键行动包括：

（1）对关键设施的数量、脆弱性和风险进行评估。

（2）为基础设施的重新设计、修整或操作性改进制定指导方针。

（3）将减灾管理和适应气候变化纳入建筑规范。

（4）倡导建筑规范的严格落实和绿色技术的有效使用。

4. 实施基于社区的、科学的减灾/适应气候变化评估、绘图、分析和监测

要为国家和地方规划提供更加有效的指导方针，首先必须编制基于社区的、科学的减灾/适应气候变化灾害风险地图。这项行动不仅能够验证结果，还能让社区了解哪些因素会增加它们的风险和灾害暴露程度，并参与到评估、分析和监测行动中来。

关键行动包括：

（1）开展灾害地图绘制和脆弱性评估。

（2）开展武装冲突局势和气候变化影响下的灾害风险预防干预措施研究。

（3）在民防局内部建立可开展减灾管理能力建设和研究活动的知识管理中心。

（4）与多个媒体合作进行知识宣传。

5. 社区能够得到有效、适用的灾害风险资金和保险

通过灾害风险筹资和保险计划形成风险转移机制，特别是在社区一级，有助于预防和减轻灾害。通过这种方式，人们拥有可用的选择方案和缓冲措施，脆弱性也会随之降低。

关键行动包括：

（1）开展研究，为风险筹资方案开发新的筹资方式。

（2）制订宣传和风险沟通计划，鼓励社区积极利用风险融资方案。

（3）更新地方政府部门可用的风险融资窗口目录。

6. 建立和/或改进端到端监测、预报及早期预警系统

根据菲律宾共和国第 10121 号法案的定义，早期预警系统是指及时产生并发布有意义的警告信息，以使受灾害威胁的个人、社区和组织有足够的时间做好准备、采取适当行动、降低危害和损失的可能性所需的各项能力。以人为本的早期预警系统由四个要素组成：①了解风险知识；②监测、分析、预测危害；③通报或发布警报和警告；④地方接到警报后的响应能力。"端到端预警系统"则强调从灾害探测到社区反应的所有步骤都被纳入预警系统。

关键行动包括：

（1）在地方政府部门、社区和国家政府之间建立早期预警系统信息共享和交流机制，并使其制度化。

（2）为早期预警系统制定标准和/或认证标准。

（3）采购早期预警设备，建设早期预警设施。

（4）建立基于社区和地方的，针对各类灾害的早期预警系统。

（三）备灾

根据菲律宾共和国第 10121 号法案第三部分，备灾定义如下：

备灾——运用政府、专业响应与救援组织、社区和个人的知识和能力，有效地预测和响应可能发生、即将发生或正在发生的危险事件或环境影响并从中迅速恢复。在减灾管理语境下实施的备灾行动旨在促进各种类型紧急情况管理和从响应到可持续性恢复这一有序转变所需的能力建设。备灾工作以对减灾的合理分析以及与预警系统的密切联合为基础，包括应急规划、设备和物资储备、协调机制制定、疏散和公开资料制作以及相关培训和实地演习等活动。这些活动都必须依靠正式的机制和法律权力以及财务预算上的支持。

此项优先领域的关键战略行动侧重于社区的认识和理解、应急规划、地方演习的开展和国家灾害响应计划的制订等内容。同样，在社区和政府的备灾过程中，基于现有信息事先确定需求至关重要。从防灾减灾活动中得到的灾害相关信息必不可少，以便备灾活动能够适应人民的需要和实际情况。此外，防灾减灾过程中建立的政策（及预算）和体制机制也将通过能力建设活动和协调机制的发展得到进一步加强。这些措施将确保灾害风险管理行动和基本服务各项工作的协调性、互补性和互通性。

应该指出的是，本优先领域下的各项活动不是线性的，而是周期性的，并且会随着时间的推移不断改进。备灾活动产生的行为转变最终将根据人们面对灾害时反应能力的改善来衡量。地方政府部门、地方长官和社区是备灾活动的先锋主力。总体而言，备灾的本质是让公民和政府做好更充足的准备。

> **长期目标**
> 　　建设并加强社区对紧急事件和灾害消极影响的预防、应对和恢复能力
> **具体目标**
> 　　提高社区对所有灾害、风险和脆弱性的威胁和影响的认识水平
> 　　为社区提供应对灾害后果所必需的技能
> 　　提高机构的能力
> 　　在国家和地方层面制定并实施全面的备灾政策、计划和制度
> 　　加强所有关键参与者和利益相关者的伙伴关系

为实现上述目标，《国家减灾管理计划》应实现以下成果。

1. 社区对灾害风险和影响的认识水平提高，应对能力加强

在大多数情况下，人和社区之所以容易受到灾害伤害，是因为他们不了解灾害，不知道如何做好应对准备、如何降低影响他们生命和生计的灾害风险。当他们对灾害的认识和理解水平提高以后，应灾准备也会更加充分。

关键行动：制订关于减灾管理和适应气候变化的信息、教育与宣传方案和宣传计划。

2. 社区具备应对灾害影响所必需的技能和能力

仅仅意识到灾害还远远不够，人民、社区和政府还需要配备相应的技能和能力，来帮助社区做好应灾准备。其中，包括制订应急计划、灾前疏散、事故指挥系统、物资储备和设备预置等。进行灾难准备包括一个分析过程，分析对社区造成威胁的潜在事件和环境，并确定该事件的根本原因。此举不仅能提前做好安排，以便及时、有效、适当地应对这些

事件和情况，而且还能确定和制订灾害风险战略计划，以应对生命和财产面临的紧迫威胁。

关键行动包括：

（1）制定减灾管理标准培训方案。

（2）开展培训与模拟演练。

（3）为特定群体（如决策者、应急响应人员、儿童和公共部门雇员等）量身制定专门的减灾管理能力建设行动方案。

（4）将减灾管理和适应气候变化纳入学校课程、教材、手册中。

3. 地方各级减灾管理委员会、办公室和行动中心的减灾管理和适应气候变化能力得到加强

为了使社区能够具备应对灾害不利后果所必需的技能，有必要开展技能/能力建设以及各种演习活动。这些活动能加强人们的应灾准备，同时减轻他们在灾害发生时的不知所措以及由此产生的恐惧。

关键行动包括：

（1）选择并委派非政府组织代表。

（2）制订地方减灾管理计划。

（3）制定应急预案。

（4）地方减灾管理委员会和办公室进行资源清查。

（5）资源储备与部署。

（6）建立减灾管理指挥中心。

4. 国家和地方层面的全面备灾政策、计划和制度制定完成并得到落实

灾害发生时社区和政府的行动和反应主要取决于灾害发生前所做的准备活动。全面、协调的备灾政策、计划和机制的制定与实施与否会带来截然不同的效果。机构的能力增强后，应对行动也将变得更加高效、及时。

关键行动包括：

（1）制订和/或改进基于真实场景的备灾与应灾计划。

（2）制定和/或改善应急指挥系统的沟通协调机制。

（3）编制和/或改进应急指挥中心工作手册。

（4）编制和/或改进紧急响应小组指南。

（5）制定和/或改进议定的信息收集与汇报规程。

（6）制定和/或改进常用的综合响应评估工具与机制。

（7）对现有应灾救灾资源进行清查。

5. 所有关键参与者和利益相关者之间的合作与协调关系得到加强

要想减灾管理取得成功，就需要采取全政府方法。减灾管理的主要参与者和利益相关方应共同努力，在行动、力量和资源方面互相补充，以做好适当的应灾准备，降低灾害风险。

关键行动包括：

（1）建立、维护并更新合作伙伴和关键利益相关者数据库。

（2）在应急计划中加入合作协调机制和指导方针，达成合作安排。

（3）民间组织在备灾行动中的参与度提高。

（四）应灾

菲律宾共和国第 10121 号法案对应灾定义如下：

应灾——在灾害期间或灾后立即提供应急服务和公共援助，以挽救生命、减少灾害对健康的负面影响、确保公共安全、满足受灾人员的基本生活需求。应灾主要针对即期和短期需求，有时也被称为"救灾"。

《菲律宾共和国第 10121 号法案实施细则》第 2 条第 1 款对灾后早期恢复定义如下：

早期恢复——开始于人道主义场景下的多维恢复过程。它遵循以人道主义计划为基础，促进可持续发展机会的发展原则，旨在形成自力更生、国家自主、迅速的灾后恢复过程。灾后早期恢复围绕恢复基础服务、生计、治理、安全和法治、环境和社会等各个方面，包括让灾民回归。

在《国家减灾管理计划》中，应灾的关键行动侧重于灾害实际发生期间的响应行动，如需求评估、搜救、救济和灾后早期恢复等。该部分的活动将在真正的响应行动开始之前或灾害事件发生时进行。需在真正的响应行动开始之前完成的活动与备灾阶段确立的某些活动有密切关联。然而，为确保给应灾提供合适的响应角度，本部分也会包含这些内容。总体而言，该主题领域下各项活动的成功开展在很大程度上依赖于防灾减灾和备灾行动的圆满完成，包括制定协调和沟通机制。主要利益相关方之间的实地合作和水平与垂直的协调工作将有助于应灾行动的顺利开展及其与早期和长期恢复工作之间的顺畅过渡。

长期目标
在灾害发生期间或之后，保障民众生命安全，根据可接受的标准满足受灾人口的基本生活需要
具体目标
减少可预防的死亡和受伤人数
满足受灾人口的基本生活需要
迅速恢复基础社会服务

为实现上述目标，《国家减灾管理计划》应实现以下成果。

1. 完善的应灾工作流程

有效的应灾行动关键在于要认识到信息顺畅流动的重要性，尤其是在灾害发生期间。这一点能确保精确可靠的数据能被及时收集、共享，从而促进应灾行动的有效开展。

关键行动包括：

（1）激活国家和地方各级应急指挥系统和联络中心服务机制。

（2）根据制定的规程发布公告。

（3）建立高效、有效的灾害救援行动协调机制。

（4）启动救济分配点/中心。

2. 及时展开充分的需求与损害评估

灾中及灾后需要及时开展充分的需求与损害评估。相应地，这包括一个迅速的损害与需求评估时间框架（即24~48小时）。关键行动包括收集数据、访谈及实地观察和编制报告。为了及时完成并提交损害与需求评估报告，必须在正常期间（备灾阶段）提前成立损害与需求评估小组，灾害期间启动工作。灾害应急行动的有效性取决于迅速有效地信息收集、整合、分析和使用。

关键行动包括：

（1）必要时激活各级评估小组启动评估。

（2）使用最新的损害与需求评估工具开展评估，并提供信息给相应的减灾管理委员会使用。

3. 综合、协调的搜救能力

死亡和失踪人口的管理可能是应灾行动中最困难的方面之一。它对遇难者、幸存者、家属和社区有着深刻而持久的影响。因此，在应灾规划中绝不能忽视对死者和失踪者的关怀，必须为死者和失踪者提供综合、协调的服务，以确保死者保持尊严、失踪者能被找到。

关键行动：与相关机构制定并落实搜索与救援机制。

4. 受灾社区居民及时、安全地疏散/撤离

疏散决定必须要及时做出。时机对于疏散的秩序、安全和有效性至关重要。政府部门必须确保撤离时一个不漏，所有想要/需要撤离的人都应得到妥善安置。尽管时机很重要，但却并不是促使疏散行动成功的唯一因素。运输是一项关键保障，而灾害本身（如恶劣天气）的规模也是一个重要因素。因此，必须与相关机构保持良好的协调合作，确保疏散机

制/程序的顺畅执行。

关键行动：激活疏散机制和/或程序。

5. 临时避难所和/或结构性需求得到充分满足

灾害使很多人无家可归。临时避难所在某种程度上为受害者提供了一个舒适和安全的环境。在灾难期间，为受灾人群提供充足的临时避难所是非常重要的。作为灾民临时的家，避难所是灾民的生计资源和重要物品在灾害期间的安全存放地。临时避难所不仅需要考虑结构，在灾前、灾中和灾后还需要考虑许多因素。

关键行动包括：

（1）确定标准化的救济场所和场地。

（2）提供帐篷和临时避难所所需的其他设施。

（3）制定并实施临时避难所最低标准。

（4）在疏散中心设立儿童专用区和临时学习区。

（5）在疏散中心为灾民的家畜、家禽和宠物提供空间。

（6）为国内流离失所者开展与生计相关的援助活动。

6. 为疏散中心内外的灾民提供基本的社会服务

灾后，重要的生命线资源（如供水系统）可能会崩溃，即使居住在疏散中心的人群也可能无法得到充足的营养，受灾人员的健康可能会受到影响。因此，有必要采取措施保障受灾社区人口的身心健康。

关键行动包括：

（1）开展医疗会诊和营养评估。

（2）对水质进行评估，开展快速损坏修复和道路清理作业。

（3）确定现有的和可用的医疗服务。

（4）立即恢复生命线。

7. 满足受灾人口的心理社会需求

灾难结束后，有些灾民可能需要专业帮助才能恢复正常，克服创伤，找到应对心理压力的方法。因此，必须提供精神卫生和社会心理服务，来应对受灾人口的社会心理需求。除了确保灾民的身心健康外，这项服务对保护灾民的尊严也同样重要，特别是老人、残疾人、妇女和儿童。同时，应始终确保男女两性的不同角色和权利得到保障。

关键行动包括：

（1）确保精神卫生和社会心理服务负责人能互相协调配合。

（2）制定并实施社会心理服务项目和/或转诊机制。

（3）开展心理创伤和/或心理疏泄治疗。

8. 建立综合、协调的早期恢复机制

必须建立一个功能齐全、协调一致的机制帮助受灾者早日恢复。这项工作的成功取决于国家和地方政府的政治承诺水平。早期恢复是在灾害发生后立即开始的一个过渡期，应将重点放在迅速为脆弱群体带来即时成效，增加恢复的机会。随着时间的推移，应灾阶段会逐渐转入长期恢复阶段。

关键行动包括：

（1）开展灾后损害与需求评估。

（2）制定和实施早期恢复机制，包括针对已确定需求的具体行动。

（3）与公用设施供应者和主要利益相关者建立合作机制。

（4）制定并实施临时生计和/或创收活动（例如：以工代赈/以工换粮；微型和小型企业恢复）。

（五）灾后恢复与重建

根据菲律宾共和国第 10121 号法案第三部分，灾后恢复与重建定义如下：

灾后恢复——通过恢复生计和受损的基础设施，增强社区组织能力，确保受灾社区和/或地区恢复正常运作。

《菲律宾共和国第 10121 号法案实施细则》第 2 条第 1 款中对灾后重建定义如下：

灾后重建——在合适的情况下，根据"重建更美好"原则，修复和改善受灾社区的设施、生计与生活条件，包括采取措施减少灾害风险因素。

灾后恢复与重建涉及就业和生计、基础设施和生命线设施以及住房和重新安置等相关问题。这些是在人们撤出疏散中心之后开展的恢复工作。

长期目标
恢复和改善受灾社区的设施、生计、生活条件和组织能力，按照"重建更美好"的原则，减少灾害风险
具体目标
恢复民众的生计，以及经济活动和经营的连续性
恢复避难所和其他建筑物/设备
重建基础设施和其他公共设施
协助受灾民众身心康复

为实现上述目标，《国家减灾管理计划》应实现以下成果。

1. 完成损害、损失与需求评估

对损害、损失与需求进行评估或核算是为受灾地区制定灾后恢复方案、项目和行动的基础。

关键行动包括：

（1）在灾害发生一个月后，由菲律宾民防局牵头，以民防局区域办公室在灾害现场实地收集的初步数据为基础开展灾后需求评估。

（2）协调受灾地区战略行动计划的制订。

2. 恢复、（如可能，还应）加强、扩展经济活动

受灾民众的迅速恢复能力在很大程度上依赖于收入来源和生计的恢复。通过了解当前情况，政府可以有针对性地制定适当的方案，帮助灾民实现"重建更美好"。

关键行动包括：

（1）确定所需援助，制订并实施相应计划。

（2）确定并整合筹资渠道。

3. 将减灾管理和适应气候变化要素纳入居住区建设过程

本行动旨在发展具有抗灾能力的住房设计，引进更先进的现代化建筑系统和方案。其中，还包括为生活在危险地区，因自然和人为灾难而流离失所的人们寻找安全的定居地。

关键行动包括：

（1）设计并建设抗灾型住房。

（2）确定并为受影响人口提供适当的定居场所。

（3）为收容社区和即将迁移的受灾社区开展准备培训，以减少冲突。

4.（重新）建成抗灾和抗气候变化型基础设施

长期恢复应确保恢复或重建的基础设施对灾害和气候变化具有抵抗力。

关键行动包括：

（1）对受损的基础设施进行必要的修复或维修。

（2）实施建筑规范和其他相关规范，推动绿色技术的使用。

（3）监测和/或跟踪基础设施项目和许可证的批准。

5. 民众心理良好、得到安全保障和保护，可免受灾害影响，在灾害结束后能迅速恢复正常生活

灾难具有很大的破坏力，通常会给人类带来巨大的痛苦，包括失去生命、牲畜死亡、

财产损失、生计损失和身体伤害以及破坏发展。在身体治疗和康复的同时，心理和精神健康问题也很重要，需要加以解决。突发事件也会在个人、家庭、社区和社会层面上产生广泛的问题。

关键行动包括：

（1）制定适当的风险防范措施体系。

（2）为受灾社区开展灾后/需求冲突评估。

（3）建立关键利益相关者之间的支持和沟通体系。

（4）开展社会心理护理人员能力建设。

（六）优先项目

《国家减灾管理计划》的优先项目或示范项目所列如下。这些优先项目或示范项目旨在复制良好的减灾管理举措或在最需要它们的地区实施相关项目。所有优先项目将在2011—2013年，即近期或短期内实施。

优先项目应具备可行性，有资金支持，影响大，相互联系，相互依赖，可持续发展。

（1）制订计划：①减灾管理和气候变化联合工作计划；②地方减灾管理计划；③国家灾害响应计划（包括搜索与救援机制、情景化的备灾应灾计划）；④风险融资计划。

（2）编制关于菲律宾共和国第10121号法案、减灾管理和适应气候变化的信息、教育与宣传材料，材料应易于理解、前后一致。

（3）制定指导方针：①灾前、灾中、灾后通信和信息规程指导方针；②减灾管理小组成立指导方针；③地方洪水早期预警系统标准指导方针；④疏散指导方针；⑤基础设施重新设计和/或修改指导方针；⑥灾害应急指挥中心工作指南指导方针。

（4）制定以下工具：①减灾管理和适应气候变化在国家与地方规划中的常规化工具；②灾中和灾后损害与需求评估工具；③社会心理问题解决工具。

（5）建立/成立以下内容：①减灾管理培训机构；②端对端的地方洪水早期预警系统对布拉干省、莱特岛、阿尔拜省、北苏里高省、南苏里高省、北阿古桑省、武端市、卡加延-德奥罗、伊里甘市等地的河流盆地和流域进行综合可持续管理。

（6）按照菲律宾共和国第10121号法案设立地方减灾管理委员会、办事处及应急指挥中心。

（7）对现有减灾管理和适应气候变化资源和服务进行清查。

（8）利用年度国家预算或根据《综合拨款法》所拨款项的5%开展和实施减灾管理和适应气候变化活动。

（9）在国家灾害风险最高的地区开展灾害与风险测绘（例如，在北阿古桑省和武端市的基特查劳镇和圣地亚哥市开展基于社区的减灾管理和适应气候变化风险测绘）。

（10）为决策者、公共部门雇员和主要利益相关方开展减灾管理和适应气候变化制度能力建设行动。

（11）将减灾管理和适应气候变化纳入常规事项（例如，卡拉加大区南阿古桑省埃斯佩伦萨镇和肯莫特斯岛圣弗朗西斯科镇）。

（12）加强国家政府机构、区域相关机构和地方办公室的灾后需求评估能力建设。

（13）审查、修改和/或修正以下内容：①建筑规范和其他相关规范，并将减灾管理和适应气候变化纳入其中；②菲律宾共和国 1993 年第 72 号行政命令，其中规定了地方政府部门《土地利用总体规划》的制定和实施；③菲律宾共和国第 10121 号法案实施条例与细则；④将减灾管理和适应气候变化纳入各项环境政策（如菲律宾共和国第 26 号行政命令）。

（七）跨领域议题

《国家减灾管理计划》认识到有些议题横跨四个优先领域，这些议题包括公共卫生、人为灾害、性别主流化、环境保护、文化敏感性/本土做法以及以人民权利为本的方针。每一个优先领域都应将这些议题纳入考虑范围。

1. 公共卫生

随着气候变化，人类对灾害的脆弱性变得越来越复杂。洪水和热浪等单一灾害事件可能会互相重叠，造成大范围影响。生态系统周边环境的微小变化可能会给人们造成深远的影响，使人类对禽流感（与候鸟栖息地的变化有关）、疟疾和登革热（与高温和潮湿地区蚊虫种类增多有关）等疾病的暴露程度显著提高。同样，海平面上升和越来越多的洪水灾害通过影响水源卫生对穷人造成影响。因此，在《国家减灾管理计划》的各优先领域下审视这些议题十分重要。

2. 人为灾害

在菲律宾，人们不仅饱受天灾之苦，而且经常遭遇与武装冲突、恐怖主义和战争相关的人祸。在整个《国家减灾管理计划》中，应时时考虑到导致这些风险的因素，深入认识人们脆弱性的根本原因。

3. 性别主流化

性别主流化就是承认、接受、识别和处理男人、女人、儿童、残疾人、老人和其他人群不同角色、需求、能力和脆弱性的问题。《国家减灾管理计划》致力于在所有减灾管理活动中推动性别敏感型的脆弱性和能力分析，鼓励在应急计划中平衡男女两性的角色、责任、需求、利益、能力和应急计划对不同性别的影响以及社区活动的实施。性别主流化是为了将男女两性的灾害脆弱性降至最低，并促进不同性别在减灾管理行动及其决策过程中角色的平衡。

4. 环境保护

减灾管理的四个方面均需爱护环境，确保当前的活动不会对自然资源造成额外负担。

5. 文化敏感性/本土做法

《国家减灾管理计划》认识到在各个级别降低文化敏感性风险的重要性。人民的灾害脆弱性及其适应变化的能力通常与文化和本土做法相关。对本土做法和当地知识保持敏感能使减灾管理措施的效果大有改观，也更容易为人们所理解和接受。

6. 以人民权利为本的方针

菲律宾之所以将减灾管理列为首要任务，是因为菲律宾人民受《菲律宾共和国宪法》保护，依法享有生活、安全、信息、教育、文化信仰和改善生活的权利。

（八）一般问题与规划前提

在《国家减灾管理计划》的制订过程中，很多可能影响该计划及其组成部分成功实现的外部因素都得到了充分考虑。这些几乎都是国家政府无法控制的因素。

前提条件包括：①国际/地方组织援助可用；②有利的政策机制到位；③为高效行动制定的参数；④搜救单位具备全任务能力；⑤善治；⑥项目管理能力；⑦资源可用性；⑧强大的政治意愿和领导力；⑨强有力的公私合作伙伴关系；⑩地方政府部门和国家政府的大力支持；⑪社会经济支持的可持续性。

风险包括：①资金发放是否及时；②文化差异；③计划/项目进度延迟；④和平与秩序的扰乱；⑤政治意愿不强，领导力不足；⑥建议的补救措施未得到实施；⑦政策得不到落实；⑧灾难复发；⑨搜救单位/团队不具备全任务能力；⑩领导力薄弱；⑪地方政府部门的反馈机制和结构弱化。

同样，菲律宾政府还制定了一些方法来检验各优先领域下的各项行动是否完成。评估实施进展的指标达成率所需的信息/数据及其来源包括：①出勤表；②数据库；③制作的文件（如教师手册、教科书、计划、信息、教育与宣传方案、培训材料）；④减灾管理和适应气候变化相关的法律、政策和/或法令；⑤评估报告（状态）和反馈；⑥制定的信息、教育与宣传材料；⑦采访；⑧盘存报告；⑨通函/联合通函或政策出版物；⑩备忘录和/或决议；⑪会议纪要；⑫培训后评估；⑬地方政府部门发布的决议和法令；⑭签署的谅解备忘录/协议备忘录；⑮验证报告。

（九）时间轴

《国家减灾管理计划》定于 2011 年启动，经菲律宾国家减灾管理委员会批准后立即开始实施。总体而言，这些行动分三个阶段进行，具体为：短期（2011—2013 年）、中期（2014—2015 年）、长期（2017—2028 年）。

短期和中期阶段的时间节点刚好与菲律宾选举时间一致——2013 年进行全国和地方性中期选举，2016 年举行总统大选和全国与地方性选举。这有助于国家领导人和地方行政长官在任期内完成减灾议题在国家与地方规划中的常规化以及减灾管理相关行动。

《国家减灾管理计划》计划在中期阶段或在 2015 年履行义务，以实现千年发展目标和《兵库行动框架》承诺。

此外，该计划短期和中期阶段的行动与《菲律宾发展规划》（2011—2016 年）的目标相一致，其是对后者的补充。

该计划的长期阶段行动和项目预计将与菲律宾《气候变化国家行动计划》同时完成，以加强二者之间的联合，共同支持国家的可持续发展目标。

在应灾及灾后恢复与重建的优先事项中，行动时间安排主要用于为人道主义行动和灾后恢复行动在时间上的"迅速"程度提供全面的指导。同样，行动时间安排也将指导上述两个优先领域的计划实施和监测活动。具体的行动时间安排为：近期——灾害发生后的 1 年之内；短期——灾害发生后的 1~3 年内；中期——灾害发生后的 3~6 年内；长期——灾害发生 6 年以后。

（十）实施战略与机制

为实现《国家减灾管理计划》四个优先领域的关键目标，特制定如下战略。

1. 倡议和信息、教育与宣传

只有国家和地方全力投入，才能挽救处于天灾人祸威胁下的众多人口的生命和生计。要实现这一目标，需要提高公众对减灾管理和适应气候变化问题的认识和了解，动员多方合作，鼓励各方积极采取行动，争取公众支持，以保证各项活动的顺利开展。《国家减灾管理计划》将采用基于证据的宣传方法来改变公众、政策、结构和体系，通过提高公众认识、与媒体和关键利益相关方合作，建成一个御灾型菲律宾社会。《国家减灾管理计划》将根据风险评估和良好的减灾管理举措制定倡议策略、信息、教育与宣传策略和其他各种沟通策略。

2. 基于职能的能力建设

必须制定和实施定制化培训方案，确保根据减灾管理不同方面的能力需求对不同人员进行有针对性的训练。不同人的需求和能力各不相同，制订基于职能的能力建设计划，确保不同人员的知识、技能和认识进一步增强。

3. 应急规划

以前，应急预案通常仅作为备灾行动的一部分，而现在则得到更新，并广泛应用于减灾管理的各个优先领域。在制定各级应急预案时，应充分借鉴过去的经验教训，并考虑到各地区之间的补充行动。

4. 全民减灾管理和适应气候变化教育

应通过将减灾管理和适应气候变化概念纳入基础教育课程、高校国家服务培训项目和大学本科学位课程，实现减灾管理在正规教育中的主流化。此外，还包括根据法律规定对所有公共部门雇员进行减灾管理和适应气候变化培训。

5. 减灾管理委员会和地方减灾管理办公室的制度化

在各地设立常设地方减灾管理办公室和工作委员会，是保证减灾管理相关行动、计划和方案（尤其是在地方层面）得到落实和持续执行的有效方法之一。这种趋同的重要性还在于能够保证减灾措施相互补充，并使其与降低人员和机构的灾害脆弱性的目标相结合。此举也将通过加强减灾措施，推动地方规划从被动反应向主动应对的范式转变。

6. 将减灾纳为所有规划的常规事项

《国家减灾管理计划》的四个优先领域均要求必须将减灾管理和适应气候变化纳为国家和地方政府部门，包括私营部门团体和社区其他成员的各种方案、计划、项目的常规事项。这主要是指不同机构、组织和部门在制定政策和计划时，应考虑到灾害风险分析和影响，使其成为该政策和计划的一部分。

7. 研究、技术开发与知识管理

随着气候的变化和技术的进步，定期进行研究和技术开发能够带来更具创新性、适应性的机制和方法，以实现减灾目标，适应气候变化。除了新的信息之外，通过数据库开发、文档编制、识别和复制良好实践的知识管理，有助于资源、知识和经验的有效运用，从而实现《国家减灾管理计划》的目标和指标。

8. 监测、评估和学习

反馈机制是衡量绩效目标和从实践经验中学习的重要方面。《国家减灾管理计划》是一项超出行政机关任期和领导人任期等政治期限的长期计划，需要对其适用性及其对不断变化的实际情况的影响进行持续审查。

9. 利益相关者、媒体和不同级别政府之间的联络和伙伴关系建设

建设弹性社区不可能也不应该由某个机构或组织独自完成。这项目标的成功达成高度依赖于不同利益相关者之间的紧密配合与密切合作。建立有效的、相辅相成的合作伙伴关系和不断发展的联络网，能够确保不同利益相关方和不同部门多方参与减灾管理行动。

（十一）牵头机构与合作实施机构

《国家减灾管理计划》的各项行动均明确了牵头机构、合作实施机构和/或团体，详情如下。

1. 菲律宾国家减灾管理委员会副主任单位

根据菲律宾共和国第 10121 号法案，各优先领域的总负责/领导机构是菲律宾国家减灾管理委员会的四家副主任单位，分别是：①防灾减灾副主任单位——菲律宾科技部；②备灾副主任单位——菲律宾内务和地方政府部；③应灾副主任单位——菲律宾社会福利和发展部；④灾后恢复与重建副主任单位——菲律宾国家经济发展局。

2. 牵头机构

（1）带头实施相关行动。
（2）与不同合作实施机构协调合作，确保各项行动得到落实。
（3）监控工作进展情况。
（4）评估实施进展和执行效率。
（5）汇编合作实施机构的报告，并提交至分管各优先领域的副主任单位。

3. 合作实施机构

（1）开展相应活动，达成具体结果。
（2）与其他实施机构互相配合、密切合作。
（3）向牵头机构提交报告。

4. 国家层面

《国家减灾管理计划》在国家层面的落实方式主要包括：将减灾管理纳入《菲律宾发展规划》以及根据减灾管理的四大方面制定国家路线或政府机构减灾管理计划。将减灾管理融入国家和地方的各类方案，目标在于从根本上解决人类脆弱性问题。此外，将减灾管理视为可持续发展不可或缺的一部分，而不仅仅局限于应灾或备灾等某一方面。这是菲律

宾的减灾管理方式从被动反应型向前瞻主动型转变的核心所在。

然而，当前的政府计划，尤其是国家级计划，已经在为《国家减灾管理计划》的各项目标和具体目标的实现贡献了力量，只是表达方式不尽相同。明确《国家减灾管理计划》下的各项具体方案和计划及其牵头机构与合作实施机构将有助于制定具体预算，推动国家和地方层面制定合理有效的减灾投资规划，促进不同政府方案/计划与规划制定和实施之间的协同效应。

5. 菲律宾国家减灾管理委员会

菲律宾共和国第 10121 号法案明确规定，菲律宾国家减灾管理委员会全面负责《国家减灾管理计划》的审批工作，同时应确保其与《国家减灾管理框架》的一致性。此外，它的主要职责还包括：监管各机构和组织按照该法案要求，制定并执行各项法律、计划、方案、方针、规范或技术标准；管理和调配包括国家减灾管理基金在内的减灾管理资源；监管地方减灾管理基金的发放及其使用、核算和审计，并提供必要的指导和规程。

6. 菲律宾民防局

按照菲律宾共和国第 10121 号法案规定，菲律宾民防局的主要职责是确保《国家减灾管理计划》的实施并对其实施情况进行监管。具体来说，它的任务是根据《国家减灾管理计划》的要求，对菲律宾国家减灾管理委员会和各地区减灾管理委员会的成员机构进行定期评估和绩效监测。它需要确保社区、城市和各省的物质框架以及社会、经济、环境规划符合《国家减灾管理计划》。此外，菲律宾民防局还要负责确保所有需要区域和国际支持的减灾方案、项目和活动符合适当的国家政策和国际协定。

在区域和地方层面，菲律宾民防局需审查、评估地方减灾管理计划，以便将减灾措施纳入地方《综合发展规划》和《土地利用总体规划》。

7. 区域减灾管理委员会

在区域层面，区域减灾管理委员会应负责确保减灾管理敏感型地区发展计划能够促进并符合《国家减灾管理计划》。地区减灾管理委员会由主席统一领导。

8. 省、市、镇各级减灾管理委员会

在地方政府层面，地方减灾管理委员会的主要职责是确保减灾管理作为可持续发展和减贫战略的一部分被纳入各地的《综合发展规划》和《土地利用总体规划》以及各地的其他计划、方案和预算。这样一来，地方政府部门将确保在每个财政年度将各自的减灾管理方案纳入地方财政预算。但是在减灾管理被纳入《综合发展规划》和《土地利用总体规划》之前，地方减灾管理办公室应以《国家减灾管理计划》为指导制订出地方减灾管

理计划。

9. 地方减灾管理办公室

省、市、镇各级地方减灾管理办公室和乡区发展委员会应根据《国家减灾管理计划》设计、规划、协调减灾管理行动，并为各地方政府部门制订减灾管理计划。地方减灾管理计划应与《国家减灾管理计划》相一致，并符合其各项规定。地方减灾管理办公室还将带头实施地方减灾管理计划。

为此，办公室应：

（1）促进、支持地方层面的风险评估和应急规划行动。

（2）汇编包括自然灾害、脆弱性和气候变化风险的当地灾害风险信息，并维护当地的风险区划图。

（3）与地方发展委员会密切协调，根据国家、区域和省级减灾框架和政策制订并执行综合、完善的地方减灾管理计划。

（4）拟定（a）地方减灾管理办公室年度计划与预算，（b）关于地方减灾管理基金、其他减灾管理专用资源、地方减灾管理办公室/乡区减灾管理委员会其他常规资金来源和预算支持的规划建议书，并通过地方减灾管理委员会和地方发展委员会提交供地方政府参考。

（5）持续进行灾害监测。

（6）确定、评估和控制当地可能发生的危害、脆弱性和风险事件。

（7）传播信息，提高公众意识。

（8）制定并实施具有成本效益的减灾措施/战略。

（9）建立并维护涵盖人力资源、设备、名录以及医院和疏散中心等地方关键基础设施及其能力的数据库。

（10）建立、加强并实施与私营部门、民间组织和志愿者团体的合作或联络机制。

（十二）资源调动

在国家和地方层面，可利用以下资源为各减灾管理方案和项目提供资金。

（1）综合拨款法——通过国家和政府机构的现有预算。

（2）国家减灾管理基金。

（3）地方减灾管理基金。

（4）优先发展援助经费。

（5）捐赠资金。

（6）适应和风险融资。

（7）灾害管理援助金。

（8）其他资源。

除上述资金来源外，《国家减灾管理计划》还将利用现有的非货币资源，帮助实现该计划确定的目标，即：①可复制和推广的基于社区的良好做法；②关于减灾管理的本土做法；③公私合作伙伴关系；④（减灾和适应气候变化）主要利益相关者网络。

（十三）监测、评估与学习

监测和评估是基于结果的减灾管理规划过程中的重要组成部分，因为这将确保《国家减灾管理计划》的按时实施，并使过去的经验教训全部变成新的信息资源。此外，通过监测和评估活动，我们还能够发现更合适的行动和实施机制，进而对现有行动和机制进行适当的、必要的修订和/或更改。监测和评估活动将由菲律宾民防局与菲律宾国家减灾管理委员会及其分支机构密切协调、共同领导，重点关注该计划的适用性、有效性、效率、效果和可持续性。菲律宾民防局将与技术管理小组成员一起制定监测评估标准模板。

监测与评估将主要以《国家减灾管理计划》各个主题领域确定的指标、目标与行动为基础。《国家减灾管理计划》中的指标将应用于国家和地方各级监测与评估行动。牵头机构和合作实施机构将与区域和地方减灾管理委员会密切合作，共同监测国家层面的行动目标。每个牵头机构须向负责相应主题领域的国家减灾管理委员会副主任单位提交报告。

地方一级的目标将根据各地方政府部门的需求和实际情况进行落实，该计划需由地方政府部门通过地方减灾管理办公室和委员会根据各地的风险评估和分析结果来制订。地方减灾管理计划将被纳入《综合发展规划》和《土地利用总体规划》，成为地方政府强制性计划。

监测与评估活动还包括编写一份关于国家减灾管理基金的使用和状况的审计报告，表明该基金对《国家减灾管理计划》实施具有促进作用。

所有活动的主要目标都是确保建成一个"更安全的、有适应能力的御灾型菲律宾社会，实现可持续发展"。至关重要的一点是，让各利益相关方、牵头机构和合作实施机构领会这一观念并达成共识。在整个实施过程中，各种媒体和合作伙伴将跟进报道《国家减灾管理计划》的实施进展情况，确保有效的信息共享。随后，这些将作为《国家减灾管理计划》调整的信息来源和依据，使其适应不断变化的情况和实地需求。在监测与评估活动中，必须将《国家减灾管理计划》实施过程中得到的信息与《气候变化国家行动计划》和其他相关计划联系起来。

菲律宾共和国第10121号法案要求，菲律宾国家减灾管理委员会应通过菲律宾民防局于次年第一季度内向总统办公室、参议院和众议院提交一份《国家减灾管理计划》执行进展情况年度报告。

《兵库行动框架》监测工具

菲律宾共和国第 10121 号法案第 2-B 节规定，作为一项政策，国家需要遵守并采取人道主义援助和全球减灾工作的普遍准则、原则和标准，以体现这个国家抵御灾害和减少人类苦难的承诺。

根据这一点，《国家减灾管理计划》也将使用《兵库行动框架》在线监测工具来获取多方利益相关者审查产生的《兵库行动框架》实施进展信息。该工具的主要目的是协助各国根据"兵库框架"的优先事项，监测和审查其在国家一级实施的减灾和恢复行动的实施进展和遭遇到的挑战。

菲律宾国家减灾管理委员会将借鉴这一工具，开展国家利益相关方多方磋商进程，审查减灾和恢复行动的实施进展和挑战。该工具将有助于国家协调机构系统地讨论和记录各合作伙伴的投入情况。

第二章 马绍尔群岛共和国《国家灾害风险管理行动计划》（2008—2018 年）

一、背景资料

（一）简介

1. 地理环境

马绍尔群岛共和国地处太平洋中部，位于夏威夷与澳大利亚之间，由 29 个低洼的珊瑚环礁和 5 个岛屿组成，总面积为 70 平方英里（181.3 平方千米①）。相比之下，其专属经济区海域广袤，超过 70 万平方英里。这些岛礁均由海底圆顶火山上附着生长的珊瑚礁层构成，结构独特。马绍尔群岛呈两列平行的链状分布：东部为拉塔克群岛（日出群岛），西部为拉利克群岛（日落群岛）。两条环礁岛链相隔约 129 英里（约 208 千米），为西北—东南走向，位于北纬 4°—15°，东经 160°—173° 之间。首都位于东南部的马朱罗环礁，陆地面积为 3.56 平方英里（约 9 平方千米）。马朱罗与最偏远的乌杰朗环礁距离约 700 英里（约 1 127 千米）。马朱罗位于檀香山西南约 2 300 英里（约 3 701 千米），关岛东南约 2 000 英里（约 3 219 千米）处。该国超过 2/3 的人口聚集在马朱罗和夸贾林环礁上。这两座环礁基本上已经发展为城市，而其余的环礁与岛屿——通常被称为"外岛"——还属于农村。该国的行政中心主要位于马朱罗、夸贾林、贾卢伊特和沃特杰。

2. 人口

据估计，1988 年马绍尔群岛的人口约为 57 000 人。尽管它是太平洋地区出生率最高的国家之一，但自 1988 年官方人口普查以来，年人口增长率却仅为 1.2%。人口净流出②缓和了国家人口增长的问题。然而，规划者更关心的是境内人口流动导致的中心城市人口

---

① 马绍尔群岛国家概况参见：外交部网站，http://www.fmprc.gov.cn/web/gjhdq_676201/gj_676203/dyz_681240/1206_681492/1206x0_681494/，2017 年 5 月 10 日。

② 根据有关船舶净载客数据，1990—2004 年期间，离开该国的人数比到达的人数多出 13 000 人。

的快速（并且在很大程度上不受管制）增长。2006 年，社区和家庭调查预估马朱罗的人口将超过 28 000 人。这意味着 1958—1999 年，人口增长了 7 倍，1980—1999 年，人口密度翻了一番。马朱罗的人口密度是每平方英里 7 500 人。相比之下，埃贝耶（夸贾林环礁）岛上的人口密度约为每平方英里 83 000 人，相当于人口稠密的城市地区。实际上，该岛的陆地面积仅为 0.12 平方英里（约 0.3 平方千米），却居住着约 10 000 人。在过去 50 年里，马绍尔群岛共和国的总人口密度增加了 5 倍，估计到 2006 年人口密度将达到每平方英里 800 人。

马绍尔群岛共和国地图：

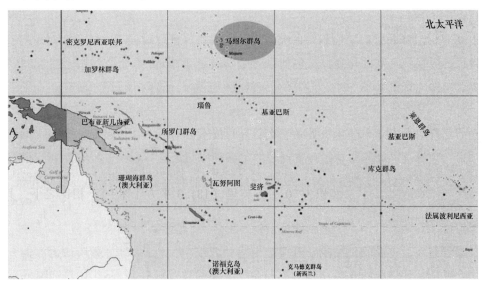

3. 治理

1986 年，马绍尔群岛在被美国统治近 40 年后获得独立。[①] 在独立之前，它是太平洋群岛托管地的一部分，经联合国委托，于 1947—1951 年由美国海军管理，后于 1951—1994 年由美国内政部管理。该国每 4 年举行一次大选，共有 24 个选区，每个选区选出 1 名参议员到马绍尔群岛共和国两院制议会中的下议院。上议院-大酋长委员会是由 12 个部落首领组成的顾问团，其就所有关于风俗习惯和土地争议的问题提出建议。总统是国家元首和政府首脑，由下议院选举产生。内阁由总统任命并经下议院批准的 10 名部长组成。马绍尔群岛的公共服务由秘书长负责，其对负责各机构和政府部门工作总方向的内阁负责。

地方政府由内政部主管。每个有居民的岛屿都有一个以市长为首的地方委员会。国家每年根据所服务人口的规模向地方委员会提供资金。地方委员会的职能包括：地方警务、

---

① 1979 年该国实现自治。

固体废弃物收集和地方道路维护。有时还会从捐助资金或美国联邦赠款中拨款用于资助其他项目。市长每3个月向内政部汇报1次。

地区中心会在当地任命官员和警察队伍。地区中心的资金来自国家政府的拨款和地方收入。

马绍尔群岛的司法权力独立于立法权和行政权，隶属于最高法院、高等法院、传统权利法院以及地区与社区法院。

根据1986年生效的《自由联系条约》，马绍尔群岛共和国与美国有着非常紧密的互助关系。该条约的某些条款，包括经济援助，于2001年到期后进行了重新谈判，从2004年5月起延长20年。

根据《自由联系条约》所确定的关系，美国提供保证财政援助，该资金由岛屿事务办公室管理，以换取一定的防御权，包括租借夸贾林环礁中的11个岛屿用于建设罗纳德·里根弹道导弹防御试验场。由于美国在一些环礁上进行核试验，马绍尔群岛还在继续要求赔偿。

马绍尔群岛积极参与岛屿事务办公室所有的技术援助活动，并且能够参与美国的许多国内项目，包括美国联邦紧急事务管理署的灾害响应与恢复计划以及减灾计划。根据《自由联系条约》，马绍尔群岛共和国公民可以自由进入美国，不需要签证或工作许可证。

除美国外，马绍尔群岛的其他主要国际发展援助伙伴包括中国台湾、日本、欧盟和亚洲开发银行。

马绍尔群岛最重要的公民社会组织是当地社区组织，包括家长-教师协会、体育俱乐部、妇女俱乐部和活跃的教会（其中许多提供重要的教育服务）。马绍尔群岛有一些非政府组织，它们都设在马朱罗，提供从教育到职业培训等各种服务，或者支援妇女议题。然而，马绍尔群岛共和国的非政府组织部门并不是特别活跃，只能发挥有限的支持作用。部分原因在于其对政府资金的依赖以及非对抗性的文化规范的普遍性。私营部门的代表是同样位于马朱罗的商会。在历史上，商业部门对公共政策有更大的影响力。马绍尔群岛共和国的媒体界相对开放和活跃。无线电广播对于大多数马绍尔群岛居民来说是主要的媒体来源，尤其是政府控制的调频电台，其信号可以抵达外岛。马朱罗还有一份每周订阅量约为20 000（印刷版和电子版）份的独立报纸和几家私人运营的调频广播电台。

4. 国家发展政策和发展重点

2001年，马绍尔群岛共和国政府将"2018愿景"作为未来15年《政府战略发展计划》的第一部分。它包含了广泛的"国家愿景"，即2018年人们在可持续发展方面想实现的愿望。该文件清楚说明了"愿景"的长期目标、具体目标和战略。这些长期目标、具体目标和战略的制定先是经过第二次国家经济和社会峰会以来的漫长协商，然后由内阁组建的各个工作委员会进行了更深入的审议形成。《政府战略发展计划》的第二部分和第三部分将包括侧重于主要政策领域的总体计划以及部委和法定机构的行动计划。这项《国家灾害风险管理行动计划》是一个跨部门行动计划的范例。这些文件将详细阐明计划、项目以及适当的成本核算。所有环礁上的地方政府也打算为实现国家愿景而制订相应的行动计划。

马绍尔群岛共和国的国家目标可概括为：①促进自力更生；②加快经济增长；③公平分配；④改善公共卫生；⑤提高教育成效；⑥增强国际竞争力；⑦环境可持续发展。

马绍尔群岛政府优先发展的领域包括教育、卫生、环境和基础设施的建设和维护。

5. 经济

马绍尔群岛共和国的国民经济主要由公共部门支出和美国政府的捐款推动，经济规模较小。根据《自由联系条约（修正版）》的规定，美国将持续支持马绍尔群岛的发展直至 2023 年，届时将由美国和马绍尔群岛共和国组成的信托基金开始长期负担年度开支。马绍尔群岛共和国的商业发展高度依赖政府支出。自 2004 年起，政府部门，包括国有企业的产值约占国内生产总值的 40%，雇佣人数占正式就业的 41%。

埃贝耶和夸贾林环礁的美国罗纳德·里根弹道导弹防御试验场是马绍尔群岛经济的关键组成部分，占全国经济的 1/3。

马绍尔群岛面临的一个持续挑战是，在私营部门发展疲软的情况下实现经济和财政稳定。这是因为该国经济非常容易受到外部市场和其他因素的不利影响，这些因素会干扰经济增长前景，危及生活水平。过去发生的例子包括："9·11"事件带来的旅游业衰退和 2001—2004 年的禽流感危机；在 2003 年和 2004 年经历了由于鱼类洄游而导致的捕捞量和相关收入的减少。最近，2004 年和 2005 年燃料价格的上涨在整个经济中产生了反响。在过去 10 年中，私营部门稳步增长，然而增长率太低，无法显著降低现在高达 31% 的失业率。旅游业，现在只是外汇来源中的很小一部分，雇佣的劳动力不到 10%，只能寄望它以后能多多创汇。

马绍尔群岛共和国的国内生产总值约为 1.44 亿美元，人均国内生产总值约为 2 900 美元。主要经济部门包括：农业和渔业，31.7%；工业，14.9%；服务业，53.4%（2004 年估算值）。

重要的出口产品包括椰子饼、椰子油、手工艺品和鱼。重要的行业包括干椰肉、金枪鱼加工、旅游以及贝壳、木头和珍珠工艺品。与大多数小岛屿国家一样，马绍尔群岛的进口价值（5 470 万美元）大大超过出口价值（910 万美元）。[①] 政府精简、干旱、建筑业和旅游业不景气再加上渔船许可证续期造成的收入减少，导致过去 10 年该国的国内生产总值增长受到限制，平均仅为 1%。

---

① 此数据为 2000 年进出口数据。

马绍尔群岛共和国的总预算约为 1.5 亿美元。在为国家预算筹集的资金中，只有 25%来自于国内。超过 60%的政府收入来源于《自由联系条约》中的基金、联邦赠款和核赔偿基金。对政府收入贡献最大的是税收（所得税和进口税）、捕捞许可证、船舶登记费、营业税和旅游业。

自 2004 年以来，政府将支出集中到优先发展的领域：教育、卫生、环境和基础设施建设和维护。政府支出的战略方法包括：精简政府和提高公共服务的效率与效益、为以私营部门为主导的经济增长和就业增加创造环境、提高所有马绍尔群岛公民的生活水平。

（二）风险背景

风险被认为是危险性和脆弱性结合的产物。虽然马绍尔群岛共和国并不处于台风走廊地带，但因其物理特性和不可持续的发展过程而面临着很多危险并存在诸多脆弱性。

可能对马绍尔群岛共和国产生负面影响的主要自然灾害包括：热带风暴和台风、高海浪和干旱，这些灾害的频率和强度都可能由于气候变化而升高。然而，与地震、火山爆发和海啸相比，我们认为这些灾害发生的风险较低。

人为或由人类活动引起的主要灾害包括火灾、供水系统污染、流行病暴发、危险废弃物接触和商业运输事故（包括海洋石油泄漏）。

造成马绍尔群岛共和国的高风险特征的因素包括：①一些岛屿的人口密度极高，如埃贝耶、马朱罗等；②贫困程度高——有 20%的人口每天生活费不足 1 美元，除了外岛的贫穷率上升外，在马朱罗和埃贝耶等中心城市也出现了赤贫情况；③低海拔［马绍尔群岛的平均海拔仅高出海平面 7 英尺（约 2.1 米）］；④国家广泛分布在大洋中；⑤脆弱的岛屿生态系统——包括由能保护海岸线的珊瑚礁所提供的宝贵生态系统；⑥有限且脆弱的淡水资源，极易遭受过度使用和污染；⑦经济发展水平低，易受全球影响。

马绍尔群岛本身的社会经济和物理构造条件，再加上对人类活动的薄弱管理，以及对开发活动带来的风险缺少考虑，带来了巨大风险，使得整个国家异常脆弱。例如，由于可用陆地空间有限，人口增长压力巨大。同时，马朱罗和埃贝耶的废弃物管理问题日益严重。虽然在委派一家私营公司处理这些问题后，废弃物收集和填埋场的管理有所改善，但关键水源的潜在污染和对公共健康的普遍威胁仍然存在。

除了固体废弃物，卫生仍然是马绍尔群岛共和国的一个主要挑战。尽管马朱罗和埃贝耶的大部分地区都已经拥有污水网管，但污水在排放入海之前的处理仍然不够。因此，无盖沉淀池以及海边污水排放口附近居民的健康都面临着威胁，特别是妇女和儿童。此外，还有很多家庭使用化粪池——这也增加了地下水污染的可能性。没有定期排空化粪池意味着污物常会溢出，这也是增加疾病可能性的一大因素。

最近的一项研究显示，在马朱罗人口密集的郊区吉洛克村，25%的家庭没有厕所，67%的家庭有化粪池。水质测试显示，水井和沿海水域的污染程度很高。由于未支付账单，211 户家庭中有 102 户遭遇断水处理，这反映了吉洛克村日益贫困的状况。在剩余的 109 家用户中，超过 2/3 的用户在支付水费的 90 天后才重获供水。

最近对外岛水源进行的测试同样显示出水源污染严重。许多家庭依靠雨水维持生计，但集水池通常卫生条件很差。在干旱期间没有雨水可用时，许多人不得不使用受到污染的地下水源。根据经济、政策、计划和统计办公室与卫生部联合进行的研究，在马朱罗，每 15 人中就有 1 人患有胃肠炎，而在埃贝耶，每 8 人中就有 1 人患此疾病。经济、政策、计划和统计办公室计算，在 2004 年，卫生部为胃肠炎门诊花费的资金超过 358 309 美元。鉴于埃贝耶的情况，2000—2001 年期间的霍乱暴发一点也不令人吃惊，当时发现 103 例阳性病例，6 例死亡。

另一项导致马绍尔群岛脆弱性增加的活动是开采珊瑚礁作建筑材料。这是一个日益严重的问题，特别是在马朱罗，因为现代化进程而导致建设活动增加。这既适用于个人住房项目——居民将房屋改为水泥砖固体结构，也适用于大型私人部门投资的建筑项目。由于珊瑚被开采，能起到保护作用的珊瑚礁越来越少，使岛屿更容易受到风暴潮和海岸侵蚀的影响。

为了连接环礁内的岛屿而修建的堤道，由于设计不当，破坏了沉积物的自然流动，是海岸侵蚀的另一个原因。坚固的海堤也会产生同样的影响。固体水泥砖房可能更适合抵御极端天气事件，但与传统房屋不同的是，在面临海岸侵蚀的情况下，这样的房屋不可搬迁。

直到最近，沿海地区的发展基本上仍没有受到管制。重新强调执行《环境影响评估》规则以及新的《海岸管理条例》将有望为马绍尔群岛脆弱的海岸线提供更可持续的管理条件。

对于马绍尔群岛而言，一个特别的挑战是目前在实行的复杂的土地保有制度。政府本身拥有的土地很少，大多数土地都是从土地所有者（酋长、族长或同族工人）手中租赁的。由于马绍尔群岛用地紧张，土地所有权被认为是神圣不可侵犯的，这一点不足为奇。土地所有者拥有巨大的权力和影响力，使得负责土地管理的机构难以运用规划和环境管理法规。为了更好地管理马绍尔群岛稀缺和脆弱的土地资源，必须让土地所有者参与进来。

与上述问题相关的是居民点规划和建筑规范的问题。对快速城市化管理的不足导致居民点人口稠密、规划不当，通常包括建筑结构的缺陷。煤油（43% 的家庭）和木炭/木材（20% 的家庭）的高频度使用令火灾发生的可能性大大增加，并且由于住宅之间距离较近，火灾可能迅速蔓延。居民点规划不当和管理不足意味着这里没有紧急通道，这使得消防车难以到达火灾现场或者难以使用消火栓。缺乏火灾和事故准备在商业和工业领域同样明显。

外岛的风险特征主要与其位置偏远以及与现代化相关的行为变化相关联。虽然这些岛屿上的人口数量往往很少，但在灾害时期几乎没有紧急基础设施来支援。这些岛屿面临的主要危险是台风和干旱以及由此造成的水和粮食短缺。由于与货币经济的融合，大部分的岛屿社区不再自给自足，而是严重依赖汇款和购买商品，其中包括购买食品。这使得他们特别依赖与马朱罗和埃贝耶空路和海路的联系。传统的应对策略，如食品保存和建筑方法，也同样受到损害。由于对汇款的依赖，从前生计活动的各项资源变得更加有限。

马绍尔群岛共和国的风险源自其脆弱的岛屿环境以及现代化（快速城市化，传统知识损失等）的负面影响和不考虑未来风险的不可持续发展过程。虽然马绍尔群岛政府和人民努力通过发展进程改善他们的生活，但需要更多地注意和管理现代化带来的负面结果，其中就包括风险管理。由于发展过程不是某个具体的领域，而是跨越政府和整个社会，因此，重要的是要更加重视"减少灾害风险"的"全政府"和"全国"方法，包括需要让所有相关的非政府开发参与者参与进来。《国家灾害风险管理行动计划》中也大力提倡这种方法。

（三）现行的灾害风险管理措施

随着《国家灾害管理计划》的通过，正式的灾害管理于1987年首次登上马绍尔群岛的政治舞台。7年后，该计划随着《灾难援助法案》的颁布变得更加稳固，该法案规定在秘书长办公室设立一个国家灾害管理委员会和一个国家灾害管理办公室。[①] 1994年，还通过了《减灾计划》《国家灾害手册》和《机场灾难应急计划》。1996年通过了一项《旱灾计划》，1997年起草了一项修订版《国家灾害管理计划》。最近，在灾害风险管理方面进行的立法活动是在2005年制订的《标准减灾计划》。

在《自由联系条约》[②] 方面，马绍尔群岛共和国符合美国政府通过国土安全部/美国联邦紧急事务管理署提供的灾害防备、响应和恢复计划的资格。这最后一项措施于2008年12月到期。美国和马绍尔群岛共和国将寻求达成一项协议，修改灾害应对安排，使美国国际开发和联合国发挥更大的作用。从美国联邦紧急事务管理署到美国国际开发署的过渡将需要审查和修改相关机构之间的现有协议和操作程序。这一过程需要谨慎地进行管理，以确保各方都始终了解他们的角色和责任。

根据修正后的协议，马绍尔群岛共和国能够在利用国家灾害援助紧急基金（其是根据经修订的协议作为灾害应急的第一资源建立的）和通过联合国请求国际援助之后，在宣布进入紧急状态时向美国国际开发署请求救灾援助。

现行的灾害风险管理措施迄今为止大量集中于灾害管理常规的方法，而疏于将注意力集中在作为同样重要的组成部分的减少灾害风险上，即灾害的防备、响应和恢复。目前的制度变革提供了一个"机遇之窗"，不仅审查现有的灾害风险管理的立法和体制安排，而且确保马绍尔群岛共和国在基于响应的灾害管理和减少灾害风险之间有更好的平衡。

---

① 随后改名为国家应急管理和协调办公室。
② "特别方案和服务协定"第10条。

迄今为止，灾害管理主要由国家灾害委员会及其执行部门国家应急管理和协调办公室负责，但《国家灾害风险管理行动计划》努力将灾害风险管理纳入到更广泛的部门领域。这是因为减少灾害风险需要一种综合的跨部门方法，在所有与发展相关的规划中需要综合考虑灾害风险的所有考量因素。这包括将灾害风险管理纳入预算分配体系。

在现状分析中明确的马绍尔群岛共和国灾害风险管理的主要领域包括：①规划；②财政；③地方政府；④环境；⑤渔业；⑥卫生；⑦农业；⑧旅游业；⑨公用事业（电力、水、交通等）；⑩私人领域；⑪公民社会组织。

二、《国家灾害风险管理行动计划》的制订

（一）导言

尽管早就有了灾害风险管理举措，但马绍尔群岛共和国的居民社区却越来越容易受到自然和人为灾害的影响，这一点是马绍尔群岛共和国决定制订《国家灾害风险管理行动计划》的动力所在。《国家灾害风险管理行动计划》为马绍尔群岛共和国重新审查现有政策、制订一项协调的行动计划提供了机会，该计划侧重于主要的弱点、风险问题以及优先级的差异。

马绍尔群岛共和国总统凯塞·诺特（Kesai Note）在兵库减少灾害风险会议上发言支持《2005—2015 年太平洋区域灾害风险管理框架》，进一步表明了其承诺。

2005 年在马当，太平洋论坛领导人会议一致通过《太平洋区域行动框架》，并呼吁各国政府利用国家行动计划制定一项"全政府"参与的综合方法，以让关键部门与地方、国家、区域和国际利益攸关方密切协调，以降低灾害风险、实现灾害管理。《太平洋区域行动框架》的愿景是："更安全、更灵活地应对太平洋岛屿国家和社区的灾害，使太平洋各国人民可以实现可持续的生计，过上自由、有意义的生活。"

同样，马绍尔群岛外交部长杰拉尔德·查奇奥（Gerald Zackios）在国家灾害风险管理讲习班上的开幕致辞中也做出了同样的承诺：

> "我相信这是马绍尔群岛共和国应对灾难新时代的开始。我们的灾害准备和应对计划并不是仅对灾害做出反应，而是同样重视在灾害来袭前，降低灾害对我们岛屿的潜在影响。我也相信，目前制订减少灾害风险和灾害管理国家行动计划的进程使我们有机会重新审查马绍尔群岛共和国降低风险以及应对风险的能力。除非我们已认识到灾害有可能阻碍经济、社会和政治发展目标的实现，否则我们还会继续坚持目前对灾害的应对方式。"

（二）区域政策背景

灾害可能导致短期的和长期的社会、经济和环境后果，通常整个国家都会受到影响。

这些影响通常在小型环礁岛得到放大，有可能使发展成果倒退。《太平洋灾害风险管理区域行动框架》认识到了问题的多面性，呼吁太平洋岛屿国家制订减少灾害风险和灾害管理战略国家行动计划。该区域政策文件进一步倡导与主要机构采用"全政府"的综合办法，与相关地方、国家、区域和国际利益攸关方密切协调。

马绍尔群岛共和国《国家灾害风险管理行动计划》的总体目标反映了《太平洋行动框架》的愿景，旨在促进和实现"更安全、迅速地恢复马绍尔群岛共和国"的目标。虽然马绍尔群岛共和国《国家灾害风险管理行动计划》是第一个突出马绍尔群岛灾害风险管理优先事项的国家文件，但是它也位于区域政策的广泛框架内。在同一背景下，马绍尔群岛共和国《国家灾害风险管理行动计划》也是国家对卡利波波路线图——以及《太平洋计划》和《2006—2015年太平洋区域气候变化行动框架》的相关目标——的回应。

马绍尔群岛共和国《国家灾害风险管理行动计划》与区域框架的映射表明两个规划框架之间的高度一致性以及减少灾害风险、灾害风险管理和交叉行动之间的良好平衡。

马绍尔群岛共和国《国家灾害风险管理行动计划》与太平洋区域减少灾害风险和
灾害管理框架的一致性

结果	区域行动框架 （主题）	《国家灾害风险管理行动计划》 （目标）
减少灾害风险（减轻、预防、适应或转移灾害风险，预警＊）	主题三：危险、脆弱性和风险因素的分析与评估 主题六：减少潜在的风险因素	目标五：随时可以获取安全和充足的水＊ 目标六：沿海地区的可持续发展 目标七：减少外岛的经济依赖＊ 目标八：加强对区划、建筑规范和灾害脆弱性之间联系的理解
灾害管理（防备、早期预警、响应和恢复）	主题四：规划有效的防备、响应和恢复措施 主题五：有效、综合和以人为本的早期预警系统	目标三：提高各级应急准备和响应能力 目标四：建立强大的、弹性的灾害管理早期预警和应急通信系统
交叉（治理、能力建设及意识与教育）	主题一：治理——组织、体制、政策与决策框架 主题二：知识、信息、公共意识与教育	目标一：在马绍尔群岛建立一个有利于改善灾害风险管理的环境 目标二：将灾害风险管理纳为国家和地方层面规划、决策和预算的常规事项 目标九：提高公众对灾害风险管理的认识

注：＊也包含灾害管理的关注方面。

（三）国家政策背景

2001 年，马绍尔群岛共和国政府制定了"2018 愿景"作为未来 15 年政府《政府战略发展计划》的第一部分，并通过广泛的全国性磋商程序得以完善。它阐述了实现国家发展愿景所需的长期目标、具体目标和战略。

《政府战略发展计划》的第二部分包括侧重于人力资源开发、外岛开发、文化和传统、环境、资源和发展、信息技术、私营部门发展、基础设施和旅游等主要政策领域的总体计划。第三部分是对总体计划的补充，它是通过更详细的部委和法定机构行动计划来制订的，以说明实现总体计划中确定目标的各项行动计划。

《国家灾害风险管理行动计划》实质上是《政府战略发展计划》第三部分中的跨部门灾害风险管理行动计划。因此，《国家灾害风险管理行动计划》是根据与《政府战略发展计划》直接和间接的联系而制订的。这种方法的理由是，它将有助于减少灾害对实现发展愿景的影响，即灾害可能破坏"2018 愿景"阐述的一半以上目标的实现。在这方面，《国家灾害风险管理行动计划》的实施可以帮助实现"2018 愿景"以及总体规划中的大多数目标。

人们绘制了示意图来确定《国家灾害风险管理行动计划》是在哪里并如何才能与实现"2018 愿景"联系。对《国家灾害风险管理行动计划》草案中的每个目标的初步筛选表明了与"2018 愿景"大量的直接联系，例如，《国家灾害风险管理行动计划》的目标三（"提高各级应急准备和响应能力"）与"2018 愿景"中目标十的具体目标二（制订并确立一个应急/适应计划，以应对气候变化不利影响所带来的新威胁，包括国家灾害应对计划）。在《国家灾害风险管理行动计划》中目标一、目标二、目标八、目标九和目标十与"2018 愿景"中的目标四、目标五、目标六和目标七的间接联系中，确定了其他的直接联系。

在类似的示意图中，人们在"2018 愿景"中确定了灾害风险管理问题。这项工作的目的是帮助指导"2018 愿景"规划的后续修订，以确保灾害风险管理能够充分体现在国家战略优先事项中。所有其他风险减少的提法都被归类为间接的，例如，"2018 愿景"中的目标二中的具体目标一（"发展、多样化和加强经济基础"），这有助于降低灾害脆弱性。

（四）《国家灾害风险管理行动计划》的制订过程

《太平洋区域灾害风险管理行动框架》（2005—2015 年）的高级宣传小组访问了马绍尔群岛共和国，以对政府 2006 年 12 月制订《国家灾害风险管理行动计划》的协助要求做出回应。高级宣传小组由南太平洋应用地学委员会与太平洋灾害风险管理伙伴关系网络进行协调，访问的目的是推广《太平洋区域灾害风险管理行动框架》（2005—2015 年）以及宣传通过全国和全政府方法制定减少灾害风险和灾害管理国家行动计划的必要性。

马绍尔群岛"2018愿景"以及与《国家灾害风险管理行动计划》的联系：

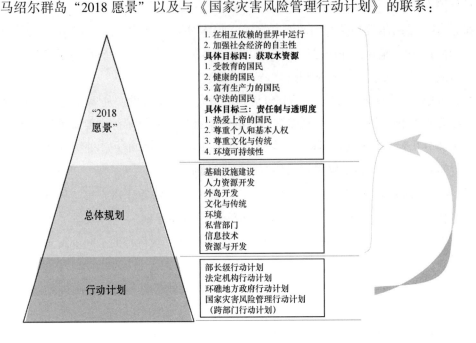

马绍尔群岛共和国政府设立了一个"智囊团"来指导国家行动计划的制订过程。"智囊团"是现有国家灾害委员会的真实写照。一个跨部门"特别工作组"作为促进国家磋商和为国家行动方案的制定提供国内援助的核心小组得以成立。

由南太平洋应用地学委员会、太平洋岛国论坛秘书处、联合国开发计划署太平洋中心、太平洋共同体秘书处和东西方中心组成的太平洋灾害风险管理伙伴关系网络的一个分组协助马绍尔群岛的特别工作组通过下列步骤制定其国家行动方案。

1. 灾害风险管理情况分析

规划过程的第一步是对马绍尔群岛共和国中灾害风险管理的状况进行情境分析。所采用的方法是基于桌面研究和与关键利益攸关方的国内磋商相结合。在编写情境分析的结果时采用了部门方法。通过这一进程，我们可以确定灾害风险的性质和每个发展部门易受灾性的"根本原因"，强调了每个部门的灾害风险管理的关键问题。情境分析有助于确定灾难风险是如何损害发展的以及发展是如何在马绍尔群岛共和国产生风险的。它还讨论了减少灾害风险和灾害管理的体制和组织安排，涉及法律和体制框架、部门计划、战略和活动、能力评估、灾害、历史灾害经验、发展挑战以及与国家发展战略的联系。

2. 领导力和变革管理培训

特别工作组会经历三天的领导力和变革管理培训。该培训旨在增强主要国家参与者的能力，使他们能够共同提供领导力并建立一个国家团队，通过综合和全国性的方法将灾害风险管理纳为主流事务。

3. 国家利益攸关者研讨会

特别工作组和来自政府、社区、非政府组织和私营部门的代表参加了为期两天的国家利益攸关者研讨会，以制订《国家灾害风险管理行动计划》。研讨会的目的是就各区域当前灾害风险管理安排和活动的优缺点与大范围的利益攸关者进行磋商，并更深入地了解目前受到影响的社会、经济和政治发展优先事项。利益攸关者有机会集思广益地讨论他们希望提出的问题。然后，研讨会对新出现的问题进行排序，将最重要的六个问题进一步纳入小组讨论。国家利益攸关者研讨会还包括一些关于灾害风险管理的演讲，以加强当前利益攸关者之间的了解。

4. 国家行动计划的起草

通过情境分析，国家利益攸关者研讨会和特别工作组领导力培训研讨会①确定的关键问题为技术合作计划在太平洋灾害风险管理伙伴关系网络的技术支持下开展更详细的规划工作奠定了基础。简而言之，规划由全体会议和工作组共同进行，其中采用了问题/解决方案树方法来优先处理关键问题，并为国家行动方案形成目标、成果、具体目标和行动。每个问题都用系统的方式解答，并通过确定原因和结果来进行客观分析。所得到的国家行动方案矩阵反映了这些讨论的结果。

制订《国家灾害风险管理行动计划》中采用的步骤是：

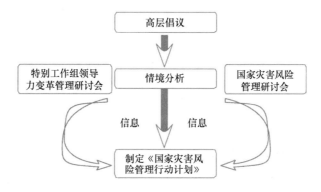

需要注意的是，由此产生的《国家灾害风险管理行动计划》并未涵盖马绍尔群岛共和国对减少灾害风险和灾害风险管理相关的所有问题。相反，《国家灾害风险管理行动计划》

---

①　在领导力和灾害风险管理变革管理培训研讨会期间进行的问题/解决方案树使用了真实的情境分析，这些信息的一部分被纳入《国家灾害风险管理行动计划》的草案。

的范围由在情境分析、特别工作组领导力变革管理研讨会以及国家利益攸关者研讨会①中确定的关键问题决定的。这些关键问题是情境分析中确定的"差距"以及国家利益攸关方视为"优先问题"的结合体。

5. 《国家灾害风险管理行动计划》的实施计划

《国家灾害风险管理行动计划》成功的关键在于马绍尔群岛政府承诺会予以实施。本章第五节包含国家行动方案的执行安排，其中包括成本核算；第六节包含执行的详细框架。

三、《国家灾害风险管理行动计划》

（一）愿景

《国家灾害风险管理行动计划》的愿景是：让当今以及未来的国民充分掌握灾害相关知识，做好应灾准备，建立一个更安全、恢复能力更强的马绍尔群岛共和国。

为了实现这一愿景，灾害风险管理需要纳入国家和地方政策、计划、预算规定和决策过程。这必须在所有部门以及各级政府和社区进行落实，强调灾害风险管理是整个国家的责任，而且是每个人的责任。该愿景将通过《国家灾害风险管理行动计划》得以实现。

在制订《国家灾害风险管理行动计划》时，特别工作组应该认识到以下 4 个指导原则：①运用全国性办法确定目标；②在国家、地方和社区各级采取协商办法；③从短期和长期来看，《国家灾害风险管理行动计划》都可实现；④通过持续的监测和评估，可以衡量其成果。

《国家灾害风险管理行动计划》以表格形式呈现，包含 10 个特定目标，每个目标都旨在达到特定的结果。

（二）《国家灾害风险管理行动计划》的结构

《国家灾害风险管理行动计划》包含 10 个目标，每个目标都有一个特定的"结果"。结果描述了每个目标作为具体目标、行动和成果的一个部分可能发生的变化。《国家灾害风险管理行动计划》本身可被划分为以下内容。

具体目标：其针对十大目标中的每一个。综合起来，一系列具体目标可以被认为是用于实现更高阶目标的策略。

行动：将每个目标拆成一系列战略和/或具体行动。

---

① 即国家灾害风险管理研讨会。

成果：已完成行动产生的有形产物将共同产出更高阶的成果。

成果指标：监测和评估每项成果进展情况的手段。

牵头机构：被提名担任领导角色以确保实现具体目标及其行动的机构。支持机构列在临时实施方案中。

《国家灾害风险管理行动计划》目标与成果

目标	成果
目标一：在马绍尔群岛建立一个有利于改善灾害风险管理的环境	运作良好的灾害风险管理机构与体系
目标二：将灾害风险管理纳为国家和地方层面规划、决策和预算的常规事项	灾害风险管理成为所有级别、所有相关部门、所有相关进程的常规事项
目标三：提高各级应急准备和响应能力	各级组织和机构做好充分应灾准备
目标四：建立强大而灵活的灾害管理早期预警和应急通信系统	马朱罗、埃贝耶和外岛之间有效的早期预警和通信
目标五：随时有充足、安全的净水供应	减少与水相关的危害和灾害造成的水短缺情况
目标六：实现沿海地区的可持续发展	降低沿海地区面对灾害的脆弱性
目标七：降低外岛的经济依赖性	提高外岛抵御危害的能力
目标八：加强对区划、建筑规范和脆弱性之间联系的理解	决策者和公众更容易接受适当区划和降低脆弱性的建筑规范
目标九：提高公众对灾害风险管理的认识	公众更好地了解国家和外岛的灾害风险管理问题
目标十：定期监测和评估《国家灾害风险管理行动计划》的实施和效果	《国家灾害风险管理行动计划》得到有效实施并实时更新

《国家灾害风险管理行动计划》设计的逻辑和结构是：

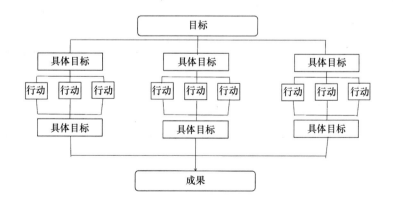

四、《国家灾害风险管理行动计划》表

目标一	在马绍尔群岛建立一个有利于改善灾害风险管理的环境			
成果	运作良好的灾害风险管理机构与体系			
具体目标	行动	结果	牵头机构	具体目标指标
1.1 加强国家和地方政府层面的灾害风险管理组织安排	1.1.1 审查所有相关灾害风险管理政策和立法（包括 1987 年《灾难援助法案》），以评估、明确和/或建立灾害风险管理组织安排和责任 1.1.2 根据批准的政策框架，实施灾害风险管理组织安排 1.1.3 起草新法律或修正案，以实现组织变革	加强灾害风险管理组织安排，给予适当的政策和立法框架支持	政务司	《国家灾害风险管理行动计划》实施的前三年中，《国家灾害风险管理行动计划》纳入国家和地方层面主要组织任务的比例
1.2 在国家和地方政府层面为灾害风险管理关键组织配备充足的资源	1.2.1 评估关键组织对灾害风险管理的资源需求 1.2.2 为灾害风险管理的关键组织制订资源需求实施计划	优先满足主要灾害风险管理机构的资源需求，以提高组织绩效	政务司	在通过评估确定的资源需求中，每年获得的资源比例
1.3 增强国家和地方政府层面灾害风险管理关键组织的人力资源能力	1.3.1 评估现有人力资源能力，制定最低人力资源标准，并根据组织规定进行分析 1.3.2 审查灾害风险管理机构重要部门和主要工作人员的岗位职责 1.3.3 对负责灾害风险管理的关键机构进行灾害风险管理培训需求评估 1.3.4 制订并实施长期的灾害风险管理培训计划	对具有合适技能和经验的工作人员给予奖励，吸引他们加入或留在组织内	政务司	《国家灾害风险管理行动计划》实施后年度报告中灾害风险管理相关机构的绩效改进水平

具体目标	行动	结果	牵头机构	具体目标指标
1.4 增强马绍尔群岛主要社区团体和非政府组织的能力	1.4.1 评估马朱罗和在灾害风险管理中发挥重要作用的外岛上关键社区团体的作用和能力 1.4.2 制订和实施适当的计划，根据需要加强其作用和能力 1.4.3 委托开展一项研究，以明确传统知识及其在灾害风险管理中的应用 1.4.4 通过磋商，确定将传统知识纳入适当级别灾害风险管理的机制	提高社区团体和非政府组织在地方风险管理中的积极性	内政部	社区团体、非政府组织以及相关国家和地方政府机构在灾害风险管理计划中确定的合适传统知识的整合水平
目标二 成果	将灾害风险管理纳为国家和地方层面规划、决策和预算的常规事项 灾害风险管理成为所有级别、所有相关部门、所有相关进程的常规事项			
2.1 在国家和地方政府层面加强规划者和决策者的能力建设，使其能够将灾害风险管理纳为常规事项	2.1.1 确定灾害风险管理常规化的关键合作伙伴以及各级机构灾害风险管理的当下水平 2.1.2 审查现有规划、决策和预算过程，确定灾害风险管理常规化的位置和方式 2.1.3 与主要合作伙伴开展灾害风险管理在国家发展规划和与年度预算申报相关的预算过程（与 2.2.1 相关）方面的常规化培训	机构具有将灾害风险管理常规化的能力； 灾害风险管理是各级规划、决策和预算过程中不可或缺的组成部分	经济、政策、计划和统计办公室以及政务司	负责灾害风险管理的主要机构中成功完成灾害风险管理常规化培训的工作人员人数
2.2 将灾害风险管理的相关事项纳为宏观经济政策、财政管理和国家预算的常规事项	2.2.1 收集灾害损失和灾害风险相关信息，以将其纳入宏观经济和财政政策以及经济增长预测和监测中 2.2.2 通过在政务司下建立单独的减少灾害风险和灾害管理特别周转基金，为灾害风险管理提供可持续的资金来源	各级组织都积极参与灾害风险管理； 灾害风险管理措施在国家和地方层面的规划和预算过程得到落实	财政部与经济、政策、计划和统计办公室	灾害风险管理计划成为宏观经济政策、财政管理和国家预算过程的重要组成部分

具体目标	行动	结果	牵头机构	具体目标指标
2.3 提高下议院对灾害风险管理常规化问题的认识	2.3.1 拟定灾害风险管理简报并递交至议会	下议院成员对灾害风险管理政策的了解和支持得到加强，在资金问题上给予灾害风险管理较高优先级	政务司	下议院对灾害风险管理项目的支持水平提高
目标三成果	提高各级应急准备和响应能力各级组织和机构做好充分应灾准备			
3.1 加强国家应急行动指挥中心基础设施建设，以更好地准备和应对灾害事件	3.1.1 在合适位置建造一个设备齐全的国家应急行动指挥中心大楼	建成一个安全、设备齐全的、能在灾难期间继续有效运作的国家应急行动指挥中心	政务司	灾害评估（备灾报告，应急演练和灾后报告）表明国家应急行动指挥中心运作良好
3.2 加强灾害期间的协调能力	3.2.1 审查并批准标准运行程序草案用于国家应急行动指挥中心的运行和协调 3.2.2 提高相关联络点和机构对标准运行程序的认识	提高灾害期间国家和地方灾害风险管理机构的协调能力	政务司	在实施这些行动后，"团队工作"协作水平和对标准运行程序的认识得到提高
3.3 加强国家和地方各级相关部委的应对能力	3.3.1 国家和地方各有关部委积极维护应急资源数据库并对应急资源（避难场所、应急设备等）进行年度审计 3.3.2 各部门要根据需要采购应急响应资源和设备 3.3.3 支持相关部门拟订或更新应急响应计划和标准运行程序 3.3.4 包括外岛在内，定期进行各级应急演练	各部委做好有效的应灾准备	政务司	灾害评估（备灾报告，应急演练和灾后报告）表明政府能够及时、有效响应

具体目标	行动	结果	牵头机构	具体目标指标
3.4 公开宣传紧急通信计划和程序	3.4.1 持续开展关于紧急响应基本程序的公众宣传活动（例如安全避难场所的位置、需要保存公务文件等）	公众做好充足准备，能够有效报告灾害并做出恰当反应	政务司	灾害评估（备灾报告，应急演练和灾后报告）表明公众能够及时、有效响应
3.5 协助外岛各社区建立自己的机制，作为对国家和地方政府应急准备和响应计划的补充	3.5.1 协助非政府组织和社区团体在外岛开展宣传活动（与 3.4 有关） 3.5.2 社区所有团体共同制订社区准备和响应计划并开展演练	每个社区各自的应灾能力得到增强	内政部	社区的伤亡人数和受影响人数
目标四 成果	建立强大而灵活的灾害管理早期预警和应急通信系统 马朱罗、埃贝耶和外岛之间有效的早期预警和通信			
4.1 加强地方能力建设，保证通信设施的有效使用和安全维护	4.1.1 审查应急通信的基础设施和政策 4.1.2 市长和相关委员会成员每两年接受一次应急通信程序培训 4.1.3 持续为外岛无线电报务员提供无线电维护技术培训（包括使用马绍尔语编写的手册） 4.1.4 定期进行测试，检查所有通信系统 4.1.5 严格限制占用官方应急广播高频频道	马朱罗、埃贝耶和外岛之间建成有效的早期预警通信系统	政务司	灾害评估（备灾报告，应急演练和灾后报告）表明与外岛之间通信顺畅
4.2 确保所有关键联络点随时开放，且可以与其社区保持联系	4.2.1 确保所有联络点和机构都有应对设备故障的应急计划 4.2.2 设计并建立基于社区的通信基础设施	当地政府的响应时间缩短； 公众在 12 小时内收到预警通知	政务司	灾害评估（备灾报告，应急演练和灾后报告）表明与地方政府之间的沟通及时有效； 在社区通信系统测试中，95% 的人口收到通知

具体目标	行动	结果	牵头机构	具体目标指标
4.3 在各个通信阶段增强所有灾害的早期预警能力	4.3.1 评估国家和地方各级针对主要灾害类型的早期预警能力和信息需求及其与国际预警系统的联系 4.3.2 根据需要，在国家和地方各级加强技术能力和人员能力建设，以建立针对所有灾害的早期预警系统	建成主要针对重要灾害类型的早期预警系统	政务司	在一年内建立、测试并向公众公开的正常运行的早期预警系统的数量
目标五 成果	随时有充足、安全的净水供应 减少与水相关的危害和灾害造成的水短缺情况			
5.1 强化国家供水协调机制，改善淡水资源管理	5.1.1 建立代表制的国家水资源规划协调委员会	马朱罗和埃贝耶居民的供水规划与协调机制得到改进	环境保护局	提前建成有广泛代表性的国家水资源委员会
5.2 增强马朱罗和埃贝耶供水机构的技术能力，以改善水基础设施的管理，并减少水资源浪费和污染	5.2.1 为马朱罗供水与污水处理公司和夸贾林环礁公用资源股份有限公司的工作人员制订和实施不间断的能力建设计划	减少因基础设施故障导致的水资源浪费和水污染	马朱罗供水与污水处理公司与夸贾林环礁公用资源股份有限公司	在实施能力建设计划第一年后，马朱罗供水与污水处理公司和夸贾林环礁公用资源股份有限公司具有技术能力的工作人员数量增加50%
5.3 减少污水和固体废弃物对地下水和地表水的污染，以降低疾病风险	5.3.1 加强马朱罗和埃贝耶的污水收集和污水处理基础设施建设	改善污水和固体废弃物的管理	环境保护局与马朱罗供水与污水处理公司	每个报告年度所报告的污染案例数减少

续表

目标五	随时有充足、安全的净水供应			
成果	减少与水相关的危害和灾害造成的水短缺情况			
具体目标	行动	结果	牵头机构	具体目标指标
5.4 加强能力建设，降低灾害事故引起的水资源短缺造成的影响	5.4.1 为外岛社区提供检测和报告水质/水量的方法 5.4.2 为外岛安装（集中式）太阳能反渗透装置和太阳能水净化系统 5.4.3 制定政策，为所有新的公共建筑和家庭住宅安装雨水蓄水箱 5.4.4 向马绍尔群岛的所有家庭提供雨水蓄水箱 5.4.5 将安装蓄水箱作为向当地银行申请住房贷款的资格标准	在干旱和其他灾害期间有足够的净水可用	政务司	灾害评估（备灾报告，应急演练和灾后报告）表明公众能够及时、有效地做出响应
5.5 提高公众对与水有关风险的认识水平	5.5.1 开展公共宣传活动，提高公众对水、污染和公共卫生之间联系的认识 5.5.2 为社区提供净化水的知识和方法 5.5.3 推动土地所有者、私营部门和管理机构之间定期开展磋商会议	改善家庭层级的水资源管理	环境保护局	缺水、污染和有关疾病报告的病例数比上一报告年度减少
目标六	实现沿海地区的可持续发展			
成果	降低沿海地区面对灾害的脆弱性			
6.1 强化沿海地区综合管理政策，以改善环境管理并减少应对灾害时的脆弱性	6.1.1 加强沿海地区自然系统综合管理政策 6.1.2 将减少灾害风险的标准纳入环境影响评价的规则体系	加强对沿海地区综合管理的扶持政策	环境保护局	及时批准并落实沿海地区综合管理政策

具体目标	行动	结果	牵头机构	具体目标指标
6.2 加强对沿海地区可持续发展决策的信息支持	6.2.1 编制关于沿海生态系统的基准线信息（与6.2.2和6.2.3相关） 6.2.2 绘制沿海高风险地区分布图（与6.2.1和6.2.3相关） 6.2.3 对沿海高风险地区开展沿海灾害和脆弱性评估 6.2.4 与其他灾害风险管理参与者共享信息	有优质的科学信息和空间信息，能够为沿海地区的可持续发展决策提供支持	环境保护局	在关于沿海地区管理和开发的年度报告中，决策逐年改善
6.3 增强沿海地区综合管理计划的规划和制定能力，以改善沿海环境管理	6.3.1 与其他灾害风险管理行动者合作，为所有环礁制订沿海地区综合计划	沿海地区管理计划得到改善，以减少人类对环境的影响，降低灾害风险	环境保护局	一年内批准的沿海地区综合管理计划的数量
6.4 提高沿海系统监测技术，以加强沿海地区的管理，恢复其生态和环境适应力	6.4.1 制定和实施针对沿海生态系统监测的在职培训	培养有效沿海综合管理和规划所需的能力，以减少灾害风险	环境保护局	在《国家灾害风险管理行动计划》的落实过程中建立的监测系统
6.5 推动沿海管理条例的执行	6.5.1 为执法机构提供关于沿海生态系统管理、沿海自然和人为灾害以及沿海地区可持续发展相关法规的培训 6.5.2 在总检察长办公室中设立环境问题专员 6.5.3 推动土地所有者、私营部门和管理机构之间定期开展磋商会议	对减灾和环境法规的遵守度提高	环境保护局	每年报告的法规遵守水平提高

续表

具体目标	行动	结果	牵头机构	具体目标指标
6.6 开展更有效的公共宣传活动,重点宣传沿海退化和易受灾性之间的联系	6.6.1 制订一个协调、有新意的公众宣传计划	公众更多地支持和参与沿海地区的管理	环境保护局	每年监测宣传活动开展前后的公众意识水平
目标七 成果	降低外岛的经济依赖性 提高外岛抵御危害的能力			
7.1 提高地方粮食生产和保存的能力,作为一种方式以在自然灾害造成的隔绝期增强经济自给能力,降低对主岛的依赖	7.1.1 评估当地粮食产量增加和保存的范围 7.1.2 确定和实施关键的实用性策略,以增加粮食产量和品种 7.1.3 开展关于地方粮食生产与灾害脆弱性之间联系的公众宣传运动	提高当地粮食生产和保存水平	资源发展部	与以前的危害相比,在危害事件发生时对政府食品救济的需求减少
7.2 强化外岛岛民的创收活动并使其多样化,以降低其脆弱性	7.2.1 审查外岛的现有创收活动,找到适合当地条件的并且财务上可行的替代创收活动 7.2.2 确定替代创收活动的主要制约因素,制定适当的应对战略,包括小组储蓄和小额信贷体系 7.2.3 制定方案,促进替代性创收活动,包括通过将小企业发展方案扩大到外岛促进小企业的能力建设	多样化的生计和收入来源,增强了岛民的恢复、适应能力	资源发展部	家庭收入增加
7.3 通过开发岛上可再生能源,减少外岛对岛外能源的依赖	7.3.1 审查外岛目前的可再生能源生产方式 7.3.2 支持和加强外岛现有的用椰子油生产生物燃料的举措 7.3.3 支持和加强外岛现有的太阳能电气化举措	价格实惠的、更可靠的能源供应	资源发展部	更多家庭得到电力供应; 能源价格下降

目标八	加强对区划、建筑规范和脆弱性之间联系的理解			
成果	决策者和公众更容易接受适当区划和降低脆弱性的建筑规范			
具体目标	行动	结果	牵头机构	具体目标指标
8.1 为各级决策者（国家和地方政府；土地所有者、私营部门等）建立知识库，阐明土地利用和居民点规划与脆弱性之间的联系	8.1.1 审查土地利用、居民点规划以及灾害脆弱性的现状 8.1.2 制订关于马绍尔群岛共和国土地利用和居民点规划与灾害脆弱性之间联系的公共宣传计划	决策者对建筑规范和正式规划的认同程度提高	政务司	在《国家灾害风险管理行动计划》实施的前三年，政府重新引入土地使用规划和建筑规范政策
8.2 强化私营部门在确保安全和风险相关的建筑实践和防灾建筑规范采纳中的作用	8.2.1 积极鼓励贷款机构在住房贷款申请中纳入建筑规范要求	公众对土地使用、居民点规划和建筑规范需求的认同程度提高	政务司	减少规划引入倡议的阻力
目标九	提高公众对灾害风险管理的认识			
成果	公众更好地了解国家和外岛的灾害风险管理问题			
9.1 增强现有能力，提高公众对灾害风险管理的认识	9.1.1 审查现有能力，提高公众对灾害风险管理的认识 9.1.2 为所有参与灾害风险管理公共宣传活动的机构提供沟通和媒体技能培训	协调开展灾害风险管理公共宣传活动的能力得到提升	政务司	主要机构中完成灾害风险管理传播和媒体技能培训的工作人员人数
9.2 建立灾害风险管理知识库作为公众宣传活动的资料来源	9.2.1 建立一个关于灾害风险管理信息的"一站式"资源中心 9.2.2 建立并积极维护灾害风险管理网站和其他大众传媒工具	及时更新、使用方便的灾害风险管理知识库	政务司	公众很容易获得灾害风险管理信息
9.3 通过正规教育系统制订和实施不间断的灾害风险管理教育和宣传计划	9.3.1 将灾害风险管理纳入学校课程	提高公众对灾害风险管理问题的认识	教育部	监测显示，学生更加理解人类行为和灾害风险之间的联系

目标十	定期监测和评估《国家灾害风险管理行动计划》的实施和效果			
成果	《国家灾害风险管理行动计划》得到有效实施并实时更新			
具体目标	行动	结果	牵头机构	具体目标指标
10.1 确保《国家灾害风险管理行动计划》的实施得到有效管理	10.1.1 成立适格的国家灾害风险管理行动计划实施单位 10.1.2 管理并领导国家灾害风险管理行动计划实施单位的运行	记录《国家灾害风险管理行动计划》的实施效果，并确保其能够应对新兴的和优先挑战事项	政务司	及时落实《国家灾害风险管理行动计划》
10.2 确保对《国家灾害风险管理行动计划》进行有效监控和评估	10.2.1 建立有效的监测和评价机制	确保《国家灾害风险管理行动计划》中纳入了新兴的和优先挑战事项	政务司	在实施过程中，使《国家灾害风险管理行动计划》与国家的其他优先事项保持一致

五、《国家灾害风险管理行动计划》实施方案

（一）简介

本节包含《国家灾害风险管理行动计划》的临时实施方案。虽然《国家灾害风险管理行动计划》的实施期限为 2008—2018 年，但《国家灾害风险管理行动计划》的实施方案确定了 2008—2010 年 3 年内需要开始实施的优先行动及其子行动。

《国家灾害风险管理行动计划》实施方案由马绍尔群岛政府特别任命的国家灾害风险管理行动计划特别工作组制定。按计划，特别工作组也会在《国家灾害风险管理行动计划》实施方案中发挥重要作用。

（二）实施方案的制定方法

临时实施方案的制定采用了一种具有广泛包容性的方法，在此过程中与特别工作组和马绍尔群岛其他政府官员进行了广泛磋商，包括：特别工作组审议太平洋伙伴关系网络编制的执行表草案，随后举办关于技术合作的研讨会，并与马绍尔群岛政府的其他官员进行个别协商。

临时实施方案通过以下步骤制定而成。

（1）确定与《国家灾害风险管理行动计划》中的总体行动、具体目标以及总体行动有关的具体子行动；

（2）确定每个子行动顺利执行所需的资源；

（3）确定满足资源需求所需的具体成本或资金；

（4）开发合适的结构和支持系统，以协调和促进《国家灾害风险管理行动计划》的实施。

（三）执行表的结构

为保证一致性和易于实施，执行方案（执行表）借鉴了《国家灾害风险管理行动计划》，采用以下结构，为确定每个目标、具体目标、行动和子行动的资源和成本要求奠定了基础。

执行方案

具体目标1.1：

结果：

行动	子行动	支持机构	行动指标	开始日期

考虑到需要确定每个子行动的具体资源需求，标准项目管理成本核算工具通过改编，用于临时实施方案的执行。成本核算工具采用 Excel 电子表格的形式，但由于文件过大而被排除在本文档之外，有需求者可到马绍尔群岛政府政务司索取。

（四）指示性成本核算方法

执行表与用于实施《国家灾害风险管理行动计划》的总成本数字有关。值得注意的是，这个总成本数字包括实施《国家灾害风险管理行动计划》所需的"增量"成本，即在现有预算项目（国家或捐助方）已经考虑的项目之上实施《国家灾害风险管理行动计划》所需的额外成本。因此，用于实施《国家灾害风险管理行动计划》的总成本数字可分为以下几个部分。

（1）三年实施方案中所有行动和子行动的总成本；

（2）预计将由马绍尔群岛政府通过实物或现金捐助形式承担的所有行动和子行动的成本；

（3）预计将从捐款中支付的所有行动和子行动的成本。

从制定子行动开始，便采用以下步骤实现成本估算（以及制定《国家灾害风险管理行动计划》的筹资策略等）。

步骤 1：制定每个行动的子行动；

步骤 2：根据三年实施期间所需的经常性和非经常性项目，估算子行动所需的关键资源需求（或投入）水平；

步骤 3：估计这些资源需求的成本（主要使用单位成本估算），并乘以资源需求；

步骤 4：确定这些成本是在现有（捐助者和/或政府）预算下分配，还是属于增量成本。

（五）指示性成本

下表说明了在 2008—2010 年期间实施《国家灾害风险管理行动计划》的总体指示性成本。注意，总成本估计值不包括任何可能已指定为由捐款拨付的项目。这主要是由于在马绍尔群岛共和国现有（或即将到来的）捐助者计划或项目下没有可以确定的行动和子行动。

《国家灾害风险管理行动计划》的总体指示性成本（2008—2010 年）　　单位：美元

《国家灾害风险管理行动计划》的目标	马绍尔群岛共和国的预算	增量	总计
在马绍尔群岛建立一个有利于改善灾害风险管理的环境	112 613	179 202	291 814
将灾害风险管理纳为国家和地方层面规划、决策和预算的常规事项	31 054	47 600	78 654
提高各级应急准备能力	39 858	36 900	76 758
建立强大而灵活的灾害管理早期预警和应急通信系统	683	65 665	66 347
随时有充足、安全的净水供应	79 989	203 159	283 148
实现沿海地区的可持续发展	62 949	297 540	360 489
降低外岛的经济依赖性	78 400	207 439	285 839
加强对区划、建筑规范和脆弱性之间联系的理解	11 550	11 280	22 830
提高公众对灾害风险管理的认识	37 992	324 471	362 463
定期监测和审查《国家灾害风险管理行动计划》的实施及其效果	55 500	662 980	718 480
总计	510 587	2 036 235	2 546 822

最初 3 年的总实施成本估计约为 250 万美元。其中，80%（约 200 万美元）将作为后继资金，而剩余的 20%（约 50 万美元）将根据马绍尔群岛政府的时间安排以实物形式提供。

（六）实施方法

实施《国家灾害风险管理行动计划》至关重要的是，需要一个适当的安排或协调机构来代表马绍尔群岛政府监督这个实施过程。考虑到《国家灾害风险管理行动计划》的实施时刻需要监督和协调，这种安排是最有效的。因此，想要让现有部门或机构内的某一单位来履行这一职能是不合理的。

与此相关的另一个问题是需要延续《国家灾害风险管理行动计划》在制订过程中产生的灾害风险管理改善趋势。在这方面，认识到监督和协调的责任不应分配给政府的现有职能部门是非常重要的，因为《国家灾害风险管理行动计划》的实施可能会因其他优先事项的竞争而面临资源问题。

为了促进《国家灾害风险管理行动计划》的实施，下面列出了多种方法。

（1）太平洋灾害风险管理伙伴关系网络提供资金/资源/技术支持，以建立一个实施机制，从而促进/协调《国家灾害风险管理行动计划》下优先事项的实施。

（2）由马绍尔群岛政府指定一个实施小组与国家灾害风险管理行动计划特别工作组和太平洋灾害风险管理伙伴关系网络（以及其他捐助者和合作伙伴）密切协商，对《国家灾害风险管理行动计划》中的优先事项实施进行全面领导和协调。

（3）执行机制将逐步淘汰，由加强后的国家应急管理和协调办公室，或者在灾害安排审查和立法完成后由后续组织予以取代，以便为马绍尔群岛共和国各个层次的灾害风险管理常规化过程提供持续支持。

（七）实施体系安排

为了促进对《国家灾害风险管理行动计划》实施过程的全面领导、管理和协调，将在政务司下设立一个名为"国家灾害风险管理行动计划实施单位"的实施体系安排。国家灾害风险管理行动计划实施单位将由政务司副司长直接管理，并包括副司长、技术专家、行政助理、公共事务/传播顾问的职位

国家灾害风险管理行动计划实施单位将具有以下职能。

（1）经与国家灾害风险管理行动计划特别工作组密切协商，协调并领导《国家灾害风险管理行动计划》的实施。

（2）经与国家灾害风险管理行动计划特别工作组和公共服务委员会协商，安排相关技术专家的职权范围和招聘，以促进《国家灾害风险管理行动计划》行动和子行动的实施。

（3）促进与捐助国政府和机构的联系，为《国家灾害风险管理行动计划》的实施争取资金。

（4）与国家灾害风险管理行动计划特别工作组合作制定和实施传播战略，以确保国家和社区层面对《国家灾害风险管理行动计划》的高水平认知，尤其是马绍尔群岛面临的灾

害风险以及为应对这些风险而制定的措施。

（5）与国家灾害风险管理行动计划特别工作组举行定期会议，以确保选定的行动和子行动在相关部门内得到及时有效的实施。

（6）推动与顾问组的半年度会议举办，提出政策问题，（作为监测和评价的一部分）报告实施进展。

（7）推动和实施适当的监测和评价机制，确保根据国家行动方案的执行情况作出报告。

国家灾害风险管理行动计划实施单位的履职期有限，因此，在最初三年之后不要求对《国家灾害风险管理行动计划》的实施情况进行监督。在国家应急管理和协调办公室得到加强后，能够正常运行时，国家灾害风险管理行动计划实施单位将在可行的情况下尽快被终止职能。预计国家应急管理和协调办公室的强化将在灾害管理安排和立法审查完成后不久进行。灾害安排和立法审查是实施《国家灾害风险管理行动计划》的前三年内需执行的一项重要行动。

国家灾害风险管理行动计划实施单位的组织体系安排如下所示：

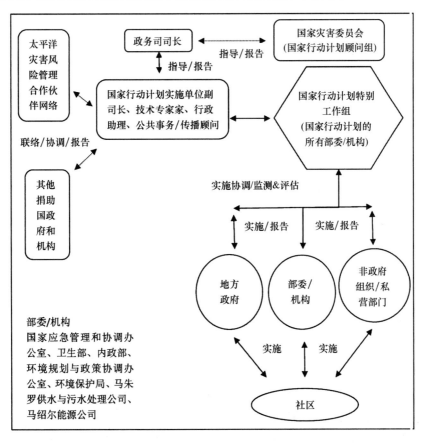

《国家灾害风险管理行动计划》实施中的关键角色包括以下几个。

1. 副司长和国家灾害委员会

政务司副司长将全面领导和指导国家灾害风险管理行动计划实施单位，并担任与《国家灾害风险管理行动计划》实施相关的技术专家的主要联系人。副司长还需要确保持续支持国家灾害风险管理行动计划特别工作组，定期召开会议，为各机构实施《国家灾害风险管理行动计划》提供指导，并接收有关进展的反馈。副司长将为国家灾害风险管理行动计划实施单位提供向政务司司长汇报的渠道，并通过司长进一步与国家灾害委员会（由马绍尔群岛政府正式任命为国家灾害风险管理行动计划顾问组）联络汇报。

国家灾害风险管理行动计划顾问组是《国家灾害风险管理行动计划》实施的主要政策协调委员会。顾问组每 6 个月至少举行一次会议，讨论《国家灾害风险管理行动计划》的实施进展，审议关键政策问题，讨论和批准半年度或年度实施计划。国家灾害风险管理行动计划实施单位将承担《国家灾害风险管理行动计划》实施相关的顾问组会议秘书处角色。

2. 技术专家

国家灾害风险管理行动计划实施单位的技术专家是一个重要职位。任职者将主要负责确保和协调每项商定行动的执行。因此，在这方面，技术专家将担任项目管理的角色以及提供可靠的灾害风险管理建议和支持。

考虑到技术专家的关键性作用，因此，必须在国家灾害风险管理行动计划实施单位正式成立之前招聘适当的人员担任这一角色。实际上，在为国家灾害风险管理行动计划实施单位的其他岗位以及正式设立的办事处招募人员时，技术专家也将起到主要作用。

3. 公共事务/传播顾问

公共事务/传播顾问将就宣传或公关活动方面提供专业建议。顾问需要制定宣传活动的具体细节，与媒体和其他相关组织保持联系，并向国家灾害风险管理行动计划特别工作组成员提供相关支持，以确保宣传活动的开展。

4. 国家灾害风险管理行动计划特别工作组

国家灾害风险管理行动计划特别工作组是制订国家行动计划的主力军，并将在《国家灾害风险管理行动计划》的实施中持续发挥主要作用。预计特别工作组成员在《国家灾害风险管理行动计划》的实施中将扮演两个关键角色。首先，国家灾害风险管理行动计划实施单位和特别工作组应是实施《国家灾害风险管理行动计划》的关键机构，二者将定期（每月或每季度）举行会议，以确定实际的实施情况，并讨论相关的任何问题。其次，特别工作组成员作为国家行动计划（或灾害风险管理）在其各自机构内的联络中心，需就各自机构中行动和子行动的实施向国家灾害风险管理行动计划实施单位提供建议，在这方面他们发挥着至关重要的作用。特别工作组成员在监测和评估《国家灾害风险管理行动计划》的实施进展方面也将起到主要作用，因为每个成员都将协助编制定期报告。

（八）筹资策略

筹资策略的主要目标是确定可持续的资金来源，帮助实现《国家灾害风险管理行动计划》中的十大目标。这些资金可能来自现有国家预算（可根据年度预算申请书和中期支出框架确定）和外部支援（如捐助者、区域合作伙伴等）。

支持资金是计划实施过程中的一个关键问题，建议以下列方式推动《国家灾害风险管理行动计划》的筹资。

（1）经与太平洋灾害风险管理伙伴关系网络进行磋商，政务司应尽快召开捐助者圆桌会议，以加强国家灾害风险管理行动计划捐助者的认识，获得理解。

（2）政务司应在伙伴关系网络的支持下，与相关捐助者接触，为国家灾害风险管理行动计划实施单位争取财力物力支持（作为《国家灾害风险管理行动计划》具体目标和行动筹资之前的第一步）。

（3）应由新成立的国家灾害风险管理行动计划实施单位与特别工作组有关成员协商后，拟定针对《国家灾害风险管理行动计划》具体目标/行动的项目计划书，并应提交给潜在捐助者审议。

（4）关于第 3 点，国家灾害风险管理行动计划实施单位应争取/跟进马绍尔群岛政府的拨款。

（5）国家灾害风险管理行动计划实施单位应确保为其提供的捐助资金被存入由政务司或财政部设立的专门账户。

（6）国家灾害风险管理行动计划实施单位应保证可能需要的资金支出，来推动制定《国家灾害风险管理行动计划》临时实施方案。各机构的实施情况将通过相关的国家行动计划特别工作组成员进行管理。

（7）国家灾害风险管理行动计划实施单位应确保根据各捐助者的捐资指南提供全面的履职报告。

需要注意的是，欧盟、世界银行和澳大利亚国际发展署等潜在捐助者均为太平洋灾害风险管理伙伴关系网络的成员。

国家行动计划实施短期基金

（1）欧盟。

欧盟建立了名为太平洋地区国家集团/欧盟自然灾害基金的筹资机制，向太平洋非加太国家提供资助，以支持《国家灾害风险管理行动计划》的制订和实施。太平洋国家的基金由南太平洋应用地学委员会管理，因此，马绍尔群岛共和国将需要与南太平洋应用地学委员会联络，为《国家灾害风险管理行动计划》的实施争取资金。

（2）世界银行。

2006年9月，世界银行建立了全球减灾和灾后恢复基金。该基金的资金有三种用途走向。第二个用途即与《国家灾害风险管理行动计划》的实施相关，马绍尔群岛共和国已被世界银行列入2009年财政年度资助名单。资金的申请过程于2007年7月开始，因此，马绍尔群岛共和国必须尽快启动申请流程，以便在2009年使用该资金。

马绍尔群岛共和国的申请需要直接提交给世界银行。

（3）全球环境基金。

全球环境基金在生物多样性、气候变化、海洋法、臭氧消耗物质、土地退化和荒漠化等领域的项目支持方面间接为灾害风险管理提供资金支持。《国家灾害风险管理行动计划》的目标六可能符合获得全球环境基金支持的资格，马绍尔群岛政府需要在这方面提交具体的项目申报书。

（4）澳大利亚国际发展署。

澳大利亚国际发展署表示热衷于支持《国家灾害风险管理行动计划》的实施，并正在为此目的设立一项基金。南太平洋应用地学委员会与澳大利亚国际发展署直接参与该基金的设立，一旦进行实质性安排就会立即通知马绍尔群岛共和国。

与实施《国家灾害风险管理行动计划》相关的太平洋灾害风险管理伙伴关系网络成员（合作能力表）所感兴趣的一般和特定领域的完整列表可从南太平洋应用地学委员会和国家应急管理和协调办公室获得，并可供参考，用于确定捐助机构和合作伙伴，支持《国家灾害风险管理行动计划》的实施。

（九）宣传策略

《国家灾害风险管理行动计划》的成功实施将在很大程度上依赖于其不仅有马绍尔群岛政府的参与和支持，而且得到所有经济部门和社区层面的广泛参与和支持。这种参与和支持将通过一种机制实现，这种机制不仅持续、集中地加强人们对《国家灾害风险管理行动计划》的认识和理解，而且更重要的是，让人们认识到灾害风险管理对马绍尔群岛共和国长期可持续发展的重要意义。

《国家灾害风险管理行动计划》与灾害风险管理的宣传采用了一种双管齐下的方法：

（1）全面宣传《国家灾害风险管理行动计划》及其预期成果，特别是关于将马绍尔群岛共和国打造成一个更安全和更具弹性的国家，来加强公众认识；

（2）具体目标和相关行动及子行动的宣传与推广①。

公共宣传策略的实施将由国家灾害风险管理行动计划实施单位负责。在这方面，国家灾害风险管理行动计划实施单位将与特别工作组成员和伙伴关系网络成员协商制定宣传战略的具体内容。

（十）监测与评估

对《国家灾害风险管理行动计划》实施计划的监测和评估旨在实现以下目标：①定期向马绍尔群岛政府提交《国家灾害风险管理行动计划》实施进展情况报告；②关于第 1 点，建立一种机制确定在目标行动的执行过程中可能产生的新灾害风险管理举措；③建立反馈和履职报告机制，向捐助伙伴和组织说明《国家灾害风险管理行动计划》实施过程中的资金使用以及进展情况。

《国家灾害风险管理行动计划》的监测和评估将由国家灾害风险管理行动计划顾问组（国家灾害委员会）负责，该小组将接收国家灾害风险管理行动计划实施单位递交的监测和评估报告。顾问组的所有待审议报告均需经政务司事先批准。国家灾害风险管理行动计划实施单位将为所有报告编制提供适当的模板。

为了确保能从监测和评估报告的结果中进一步产生与灾害风险管理相关的战略规划（从而确保维持一个动态的规划过程），国家灾害风险管理行动计划实施单位将在实施的最初三年后启动对《国家灾害风险管理行动计划》的正式审查。该审查的结果可能编入灾害风险管理行动计划的“第二阶段”。最终，马绍尔群岛面临的挑战是将与灾害风险管理有关的问题正式纳入国家可持续发展战略、部门和企业计划及预算或使其常规化。这一点实现以后，将不再需要单独的《国家灾害风险管理行动计划》。

六、《国家灾害风险管理行动计划》临时实施方案

目标一：在马绍尔群岛建立一个有利于改善灾害风险管理的环境

成果：运行良好的灾害风险管理机构与体系

---

① 对于《国家灾害风险管理行动计划》的部分目标，公众只需要了解到具体目标，因此可能不需要涉及行动和子行动。

《国家灾害风险管理行动计划》目标一临时实施方案

具体目标1.1：加强国家和地方政府层面的灾害风险管理组织安排

结果：加强灾害风险管理组织安排，给予适当的政策和立法框架支持

行动	子行动	负责机构	行动指标	开始日期
1.1.1 审查所有相关灾害风险管理政策和立法（包括1987年《灾难援助法案》），以评估、明确和/或建立灾害风险管理组织安排和责任	（a）明确审查指导委员会的职权范围，并设立审查指导委员会 （b）制定审查项目任务书 （c）顾问开展审查工作并领导审查，以及1.1.2 （d）审查相关文献资料 （e）根据文献审查和利益攸关者磋商的反馈编写报告，提出新的安排建议 （f）向指导委员会提交报告和建议，供其审议，争取支持 （g）向国家发展委员会提交（修订版）报告/政策文件和建议以供批准 （h）向内阁提交政策文件以供批准	政务司、国家应急管理和协调办公室、内政部、地方政府、国家灾害风险管理行动计划相关单位	经过审议，在《国家灾害风险管理行动计划》实施的第一年批准灾害风险管理常规化以及加强灾害风险管理组织安排和任务相关的政策文件	2008年第一季度
1.1.2 根据批准的政策框架，实施灾害风险管理组织安排	（a）起草新的国家灾害风险管理安排 （b）向指导委员会提交新的灾害风险管理安排以争取支持 （c）向国家发展委员会提交新的灾害风险管理安排以供批准 （d）向内阁提交新的灾害风险管理安排以供批准 （e）发布新的灾害风险管理安排	—	新组织安排的执行方案制定完成，并且在《国家灾害风险管理行动计划》实施的第二年里正式实施	2009年第一季度
1.1.3 起草新法律或修正案，以实现组织变革	（a）根据批准的安排起草新法规 （b）将政务司司长纳入下议院 （c）新法案颁布 （d）在各级实施新法案的宣传活动	—	组织变革相关立法或修正提案得到批准	2008年第三季度

续表

具体目标 1.2：在国家和地方政府层面为灾害风险管理关键组织配备充足的资源

结果：优先满足主要灾害风险管理机构的资源需求，以提高组织绩效

行动	子行动	负责机构	行动指标	开始日期
1.2.1 评估关键组织对灾害风险管理的资源需求	对每个部门/部委进行需求评估	政务司、国家及地方政府层面所有相关职能部门以及国家灾害风险管理行动计划实施单位	在《国家灾害风险管理行动计划》实施的第一年完成评估报告并获得批准	2008 年第二季度
1.2.2 为灾害风险管理关键组织制订资源需求实施计划	每个部门/部委落实实施计划	—	在《国家灾害风险管理行动计划》实施的第二年开始进行资源强化与升级	2009 年第一季度

具体目标 1.3：增强国家和地方政府层面灾害风险管理关键组织的人力资源能力

结果：对具有合适技能和经验的人员给予奖励，吸引他们加入或留在组织内

行动	子行动	负责机构	行动指标	开始日期
1.3.1 评估现有人力资源能力，制定最低人力资源标准，并根据组织规定进行分析	（a）制定人力资源能力审查项目任务书 （b）根据项目任务书委任顾问，完成 1.3.1、1.3.2、1.3.3 和 1.3.4 的各项任务 （c）进行评估和确定培训需求 （d）评估报告提交至国家发展委员会和太平洋科学委员会	政务司、国家灾害风险管理行动计划实施单位、国家训练委员会与减灾和灾害管理关键组织合作，直到这些组织能够独立运作	《国家灾害风险管理行动计划》实施的第二年完成能力评估	2008 年第二季度
1.3.2 审查灾害风险管理机构重要部门和主要工作人员的岗位职责	—	—	—	2008 年第三季度

行动	子行动	负责机构	行动指标	开始日期
1.3.3 对负责灾害风险管理的关键机构进行灾害风险管理培训需求评估	（a）顾问审查报告（与1.3.1相关） （b）审查工作说明 （c）根据差距分析，制定培训需求评估报告 （d）培训需求评估报告提交至国家发展委员会以供批准	—	《国家灾害风险管理行动计划》实施的第二年完成培训需求评估	2009年第二季度
1.3.4 制订并实施长期的灾害风险管理培训计划	（a）顾问根据培训需求评估制订培训计划 （b）培训计划提交至太平洋科学委员会以供批准 （c）太平洋科学委员会（和国家发展委员会）制定项目任务书，以便聘用合适的培训师 （d）顾问与太平洋科学委员会/工作组审查招标项目 （e）选定培训师名单提交至太平洋科学委员会／国家发展委员会以供批准 （f）太平洋科学委员会为培训师提供指导并共同制定单元/课程内容 （g）培训师开展培训，并进行协调 （h）定期审查灾害风险管理机构开展的培训计划，并根据需要对培训计划进行修改	—	灾害风险管理相关的关键工作人员接受定期培训（持续）	—

具体目标1.4：增强马绍尔群岛主要社区团体和非政府组织的能力

结果：提高社区团体和非政府组织在地方风险管理中的积极性

行动	子行动	负责机构	行动指标	开始日期
1.4.1 评估马朱罗和在灾害风险管理中发挥重要作用的外岛上关键社区团体的作用和能力	（a）为评估和1.4.2（另见1.3.1）制定项目任务书 （b）任命一名来自马绍尔群岛的顾问人员与顾问合作 （c）与马朱罗主要社区团体和非政府组织进行重点小组磋商 （d）将报告提交至国家发展委员会以供批准 （e）顾问根据报告结果和国家发展委员会的批准制订能力发展计划	内政部、国家应急管理和协调办公室、国家灾害风险管理行动计划实施单位以及地方政府、大酋长委员会	在评估报告中确定社区团体和非政府组织的灾害风险管理的优先能力需求	2009年第四季度

行动	子行动	负责机构	行动指标	开始日期
1.4.2 制订和实施适当的计划，根据需要加强其作用和能力	（a）在竞争性选择过程之后，向供应商宣传实施能力发展计划 （b）顾问审查国家灾害风险管理行动计划特别工作组的招标，并就供应商在竞争性选择过程之后实施能力发展计划发表意见 （c）顾问介绍中标者 （d）中标者根据需要推动培训计划的实施	—	在某一年份中积极参与灾害风险管理的社区团体和非政府组织的数量	2010 年第一季度
1.4.3 委托开展一项研究，以明确传统知识及其在灾害风险管理中的应用	（a）制定研究项目任务书 （b）委任当地顾问进行研究 （c）进行利益攸关方磋商 （d）编制传统知识报告 （e）报告提交至国家发展委员会以供批准 （f）制定方案，酌情强化传统知识	—	研究完成并得到良好宣传，产生一份有用的传统知识文件以供共享	2009 年第四季度
1.4.4 通过磋商，确定将传统知识纳入适当级别灾害风险管理的机制	—	—	—	—

目标二：将灾害风险管理纳为国家和地方层面规划、决策和预算的常规事项
成果：灾害风险管理成为所有级别、所有相关部门、所有相关进程的常规事项

《国家灾害风险管理行动计划》目标二临时实施方案

具体目标 2.1：在国家和地方政府层面加强规划者和决策者的能力建设，使其能够将灾害风险管理纳为常规事项

结果：机构具有将灾害风险管理常规化的能力；

灾害风险管理成为各级规划、决策和预算过程中不可或缺的组成部分

行动	子行动	负责机构	行动指标	开始日期
2.1.1 确定灾害风险管理常规化的关键合作伙伴以及各级机构的灾害风险管理当下水平	—	经济、政策、计划和统计办公室，政务司，国家灾害风险管理行动计划实施单位与各部门合作	参与灾害风险管理常规化的机构数量增加	2009 年第一季度

行动	子行动	负责机构	行动指标	开始日期
2.1.2 审查现有规划、决策和预算过程，确定灾害风险管理常规化的位置和方式	（a）制定审查项目任务书 （b）任命顾问进行审查 （c）准备审查报告，包括明确确定的常规化渠道 （d）向国家发展委员会提交报告 （e）在规划和预算流程方面制定新的程序 （f）向国家发展委员会和内阁介绍新的程序 （g）培养对新的程序指南的总体认知	—	在任何一个报告年度，纳入主要组织年度工作计划中并得到资助的关键灾害风险管理优先事项和国家行动计划活动的数量	2009 年第一季度
2.1.3 与主要合作伙伴开展灾害风险管理在国家发展规划和与年度预算申报相关的预算过程（与 2.2.1 相关）方面的常规化培训	（a）根据新的指导方针制订培训计划 （b）与选定机构的关键官员一起实施教员培训计划 （c）在相关机构实施培训计划	—	修订后包含减少灾害风险规定的程序和过程的数量	2009 年第三季度

具体目标 2.2：将灾害风险管理的相关事项纳为宏观经济政策、财政管理和国家预算的常规事项

结果：各级组织都积极参与灾害风险管理；

　　　灾害风险管理措施在国家和地方层面的规划和预算过程得到落实

行动	子行动	负责机构	行动指标	开始日期
2.2.1 收集灾害损失和灾害风险相关信息，以将其纳入宏观经济和财政政策以及经济增长预测和监测中	（a）使用合乎常规的方法编制以前灾害成本的数据和信息 （b）根据（a）产生的信息编写报告 （c）报告提交至国家发展委员会批准 （d）报告提交至内阁以供批准 （e）制定损失评估操作指南 （f）提供损失评估培训	财政部，经济、政策、计划和统计办公室、国家应急管理和协调办公室、国家灾害风险管理行动计划实施单位	在关键部委/部门年度规划、决策和预算过程中纳入的灾害风险管理任务（包括《国家灾害风险管理行动计划》的行动）数量； 为所有主要发展项目和高风险地区的项目制定强制性风险分析指南	2009 年第一季度

行动	子行动	负责机构	行动指标	开始日期
2.2.2 通过在政务司下建立单独的减少灾害风险和灾害管理特别周转基金，为灾害风险管理提供可持续的资金来源	（a）制定拟议基金的概念文件 （b）与相关利益攸关方（其他部委/机构）进行磋商 （c）完成概念文件并提交至国家发展委员会签字 （d）将概念文件提交至内阁以供批准 （e）文件提交至下议院 （f）提出新的筹资计划 （g）筹措新的资金	—	循环基金/特别收入基金到位	2009 年第一季度

具体目标 2.3：提高下议院对灾害风险管理常规化问题的认识

结果：下议院成员对灾害风险管理政策的了解和支持得到加强，在资金问题上给予灾害风险管理较高优先级

行动	子行动	负责机构	行动指标	开始日期
2.3.1 拟定灾害风险管理简报并递交至议会	（a）为简报研究明确宽广的观念 （b）就简报草案进行磋商 （c）简报提交至国家发展委员会批准 （d）简报提交至内阁以供批准 （e）简报提交至下议院	政务司、国家应急管理和协调办公室、国家灾害风险管理行动计划实施单位	通过下议院批准的灾害风险管理提案的数量	2008 年第三季度

目标三：提高各级应急准备和响应能力

成果：各级组织和机构做好充分应灾准备

《国家灾害风险管理行动计划》目标三临时实施方案

具体目标 3.1：加强国家应急行动指挥中心基础设施建设，以更好地准备和应对灾害事件

结果：建成一个安全、设备齐全的、能在灾难期间继续有效运作的国家应急行动指挥中心

行动	子行动	负责机构	行动指标	开始日期
3.1.1 在合适位置建造一个设备齐全的国家应急行动指挥中心大楼	（a）制定国家应急行动指挥中心的设计要求 （b）进行新国家应急行动指挥中心的设计 （c）设计报告经过审查并得到批准 （d）项目招标和设计委托 （e）选定适当的捐助者资助新国家应急行动指挥中心的建设 （f）国家应急行动指挥中心的建设 （g）确定国家应急行动指挥中心所需设备并进行采购	政务司、国家应急管理和协调办公室、国家灾害风险管理行动计划实施单位	参与灾害风险管理常规化的机构数量增加	2009 年第一季度

具体目标 3.2：加强灾害期间的协调能力

结果：提高灾害期间国家和地方灾害风险管理机构的协调能力

行动	子行动	负责机构	行动指标	开始日期
3.2.1 审查并批准标准运行程序草案用于国家应急行动指挥中心的运行和协调	（a）根据经批准的灾害风险管理安排和立法为国家应急行动指挥中心制定标准运行程序草案 （b）进行桌上推演，测试标准运行程序草案 （c）完成标准运行程序并提交国家发展委员会批准 （d）召开学习会议提高认识	政务司、国家应急管理和协调办公室、地方政府、国家灾害风险管理行动计划实施单位	修订版标准运行程序到位	2009 年第一季度
3.2.2 提高相关联络点和机构对标准运行程序的认识	设计并实施年度演习，以测试国家应急行动指挥中心的协调能力和相关机构的反应	—	灾害评估（备灾报告、应急演练和灾后报告）和/或演习表明，灾害期间各部门能严格执行标准运行程序	2009 年第二季度

具体目标 3.3：加强国家和地方各级相关部委的应对能力

结果：各部委做好有效的应灾准备

行动	子行动	负责机构	行动指标	开始日期
3.3.1 国家和地方各有关部委积极维护应急资源数据库并对应急资源（避难场所、应急设备等）进行年度审计	（a）制定形成年度审计方法与方法论 （b）进行审计 （c）汇集审计结果并编写报告 （d）向国家发展委员会提交报告，并为每个机构列出额外资源建议	政务司、内政部、国家应急管理和协调办公室、地方政府、国家灾害风险管理行动计划实施单位	审计完成	2008 年第二季度
3.3.2 各部门要根据需要采购应急响应资源和设备	各机构根据编制的清单采购物资	—	相关部委已获得灾害风险管理所需的资源与设备	2008 年第三季度

续表

行动	子行动	负责机构	行动指标	开始日期
3.3.3　支持相关部门拟订或更新应急响应计划和标准运行程序	（a）为顾问制订应急响应计划和标准运行程序审查项目任务书，确保其与新的灾害风险管理安排、立法和国家应急行动指挥中心的标准运行程序一致 （b）顾问开展审查工作 （c）开展演习，测试修订版计划和标准运行程序	—	通过演练体现出应急响应计划/标准运行程序是有效的，符合新的灾害风险管理安排	2009 年第二季度
3.3.4　包括外岛在内，定期进行各级应急演练	（a）制定外岛演练方案 （b）在外岛进行年度演练	—	进行年度演练	2008 年第三季度
具体目标 3.4：公开宣传紧急通信计划和程序 结果：公众做好充足准备，能够有效报告灾害并做出恰当反应				
3.4.1　持续开展关于紧急响应基本程序的公众宣传活动（例如安全避难场所的位置、需要保存公务文件等）	（a）为公众宣传负责人制定宣传项目任务书 （b）制定公众宣传活动的概念和细节 （c）将以上概念和具体细节提交至国家发展委员会以供批准 （d）开展活动	国家应急管理和协调办公室、国家灾害风险管理行动计划实施单位以及相关部委/部门	定期开展公众宣传活动	2009 年第二季度
具体目标 3.5：协助外岛各社区建立自己的机制，作为对国家和地方政府应急准备和响应计划的补充 结果：每个社区各自的应灾能力得到增强				
3.5.1　协助非政府组织和社区团体在外岛开展宣传活动（与 3.4 有关）	（a）调整 3.4.1 的公众宣传活动方案供非政府组织和社区团体使用 （b）明确支持公众宣传活动的合作伙伴 （c）开展活动	国家应急管理和协调办公室、内政部、地方政府、国家灾害风险管理行动计划实施单位	定期在外岛在开展灾害风险管理宣传活动	2009 年第四季度
3.5.2　社区所有团体共同制订社区准备和响应计划并开展演练	（a）与社区协商制订计划 （b）每年定期进行备灾和应灾演练	—	社区备灾和应灾计划到位，其有效性在年度演练中得到证明	2009 年第四季度

目标四：建立强大而灵活的灾害管理早期预警和应急通信系统

成果：马朱罗、埃贝耶和外岛之间有效的早期预警和通信

《国家灾害风险管理行动计划》目标四临时实施方案

具体目标4.1：加强地方能力建设，保证通信设施的有效使用和安全维护

结果：马朱罗、埃贝耶和外岛之间建成有效的早期预警通信系统

行动	子行动	负责机构	行动指标	开始日期
4.1.1 审查应急通信的基础设施和政策	（a）审查国家和地方层面的现有基础设施和政策 （b）审查结果提交至国家发展委员会，供其参考并采取下一步行动 （c）（根据国家发展委员会要求）制定/修订政策，以纳入审查结果 （d）必要时提供新的通信基础设施（包括备用基础设施）	政务司、国家发展委员会、国家应急管理和协调办公室、气象服务办公室、内政部、警察部门、国家灾害风险管理行动计划实施单位、运输与通信部（通信部门）、全国技术协会	应急通信的政策和能力得到及时改善	2009年第一季度
4.1.2 市长和相关委员会成员每两年接受一次应急通信程序培训	—	—	培训报告提交至国家应急管理和协调办公室与国家灾害风险管理行动计划实施单位	—
4.1.3 持续为外岛无线电报务员提供无线电维护技术培训（包括使用马绍尔语编写的手册）	（a）编写（英语和马绍尔语）手册 （b）为外岛报务员举办培训讲习班	—	这项行动的结果是，外岛的无线电维修技术专家人数增加	
4.1.4 定期进行测试，检查所有通信系统	—	—	测试报告提交至国家应急管理和协调办公室与国家灾害风险管理行动计划实施单位	—
4.1.5 严格限制占用官方应急广播高频频道	—	—	签订协议	—

续表

具体目标4.2：确保所有关键联络点随时开放，且可以与其社区保持联系

结果：地方政府的响应时间缩短；

　　　公众在 12 小时内可收到预警通知

行动	子行动	负责机构	行动指标	开始日期
4.2.1　确保所有联络点和机构都有应对设备故障的应急计划	确保（在 3.3.3 中进行编制和更新的）标准运行程序中包含设备故障应急计划	政务司、国家应急管理和协调办公室、国家发展委员会、气象服务办公室、内政部、国家灾害风险管理行动计划实施单位、运输与通信部（通信部门）、全国技术协会	一年之内至少 75% 的联络点和机构的应急计划制订、批准和测试完成	2009 年第二季度
4.2.2　设计并建立基于社区的通信基础设施	（a）审查和确定适当的基于社区的早期预警系统（例如广播和互联网信息网络） （b）根据审查结果实施新的或加强现有的基于社区的早期预警系统	—	社区层面的早期预警和紧急通信系统（与现有状态相比）得到改进	—

具体目标4.3：在各个通信阶段增强针对所有灾害的早期预警能力

结果：建成主要针对重要灾害类型的早期预警系统

行动	子行动	负责机构	行动指标	开始日期
4.3.1　评估国家和地方各级针对主要灾害类型的早期预警能力和信息需求及其与国际预警系统的联系	制定审查项目任务书，以审查国家和地方各级针对所有灾害的全部早期预警系统	政务司、国家应急管理和协调办公室、气象服务办公室、内政部、地方政府、国家灾害风险管理行动计划实施单位、运输与通信部（通信部门）、全国技术协会、公共安全部、卫生部、港口管理局、环境保护局	对早期预警系统能力和信息需求的了解加深； 国家早期预警系统及其与区域和国际早期预警系统的联系改进建设策略完成制定，并批准实施	2009 年第三季度

行动	子行动	负责机构	行动指标	开始日期
4.3.2 根据需要，在国家和地方各级加强技术能力和人员能力建设，以建立针对所有灾害的早期预警系统	委任适格专家评估各级针对所有灾害的预警系统和技术与人力资源能力	—	定期培训、资源配备（待审查后确认）	—

目标五：随时有充足、安全的净水供应
结果：减少与水相关的危害和灾害造成的水资源短缺情况

《国家灾害风险管理行动计划》目标五临时实施方案

具体目标5.1：强化国家供水协调机制，改善淡水资源管理

结果：马朱罗和埃贝耶居民的供水规划与协调机制得到改进

行动	子行动	负责机构	行动指标	开始日期
5.1.1 建立代表制的国家水资源规划协调委员会	（a）审查现有委员会的职权范围 （b）制定国家委员会职权范围，规定成员资格条件 （c）与相关机构协商 （d）准备文件并提交至内阁批准 （e）使委员会开始运转	环境保护局、马朱罗供水与污水处理公司、内政部、政务司、国家灾害风险管理行动计划实施单位	及时建立一个具有广泛代表性的国家水资源委员会；委员会会议季度报告	2009年第三季度

续表

具体目标5.2：增强马朱罗和埃贝耶供水机构的技术能力，以改善水基础设施的管理，并减少水资源浪费和污染

结果：减少因基础设施故障导致的水资源浪费和水污染

行动	子行动	负责机构	行动指标	开始日期
5.2.1　为马朱罗供水与污水处理公司和夸贾林环礁公用资源股份有限公司的工作人员制订和实施不间断的能力建设计划	（a）制定项目任务书，通过技术援助和地方对口部门进行能力需求评估 （b）对马朱罗供水与污水处理公司和夸贾林环礁公用资源股份有限公司进行能力需求评估 （c）制定能力建设战略和计划以及筹资和实施方案 （d）落实能力建设计划的实施资金 （e）对马朱罗供水与污水处理公司和夸贾林环礁公用资源股份有限公司的教员进行在职培训 （f）对于在能力评估中确定的水资源管理关键领域，开展两次正式培训（本科生或研究生） （g）对水务相关组织/公司进行短期资助，落实资助项目的实施——项目将根据能力评估审查而定	马朱罗供水与污水处理公司和夸贾林环礁公用资源股份有限公司、国家训练委员会、国家灾害风险管理行动计划实施单位	在马朱罗供水与污水处理公司和夸贾林环礁公用资源股份有限公司持续开展的能力建设计划中成功完成培训的工作人员人数	2010 年第二季度

具体目标5.3：减少污水和固体废弃物对地下水和地表水的污染，以降低疾病风险

结果：改善污水和固体废弃物的管理

行动	子行动	负责机构	行动指标	开始日期
5.3.1　加强马朱罗和埃贝耶的污水收集和污水处理基础设施建设	（a）为技术委员会制定项目任务书 （b）开展可行性研究 （c）升级并扩展中央污水系统，为指定的城市地区提供污水处理服务 （d）采购配备污泥泵的油罐车以排空化粪池 （e）购置水质检测设备，检测城市水域水质	马朱罗供水与污水处理公司，夸贾林环礁公用资源股份有限公司，经济、政策、计划和统计办公室，国家灾害风险管理行动计划实施单位	在《国家灾害风险管理行动计划》实施的前三年中，污水收集和处理的基础设施和技术的改进水平	2010 年第二季度

具体目标 5.4：加强能力建设，降低灾害事故引起的水资源短缺造成的影响

结果：在干旱和其他灾害期间有足够的净水可用

行动	子行动	负责机构	行动指标	开始日期
5.4.1 为外岛社区提供检测和报告水质/水量的方法	（a）制订未来三年水质检测单位的培训和分配计划 （b）为外岛购置水质检测工具包 （c）监测、评估计划的实施效果	环境保护局、内政部、地方政府、社区团体、私营部门、马朱罗能源公司、银行、国家灾害风险管理行动计划实施单位	在《国家灾害风险管理行动计划》实施的前三年之内，在该行动下水质监测和报告能力得到改进的社区数量	2011 年第二季度
5.4.2 为外岛安装（集中式）太阳能反渗透装置和太阳能水净化系统	（a）为所有外岛安装集中式太阳能反渗透和净化装置进行可行性研究 （b）按照可行性研究的建议，为目标岛屿提供集中式太阳能反渗透和净化系统 （c）开展反渗透和净化系统安装和维护培训 （d）开展反渗透和净化装置招标项目	—	及时完成可行性研究，并在《国家灾害风险管理行动计划》实施的前三年开始落实主要建议事项	—
5.4.3 制定政策，为所有新的公共建筑和家庭住宅安装雨水蓄水箱	制定政策并提交供批准	—	新建公共和家用建筑中，响应新政策，安装雨水集水系统和蓄水箱的建筑数量	—
5.4.4 向马绍尔群岛的所有家庭提供雨水蓄水箱	（a）制订计划向没有水箱的家庭提供雨水蓄水箱，并估算费用 （b）为未来三年实施计划筹措资金	—	现有的无雨水蓄水箱的家庭中，在《国家灾害风险管理行动计划》实施的前三年受益于该计划的家庭的百分比	—
5.4.5 将安装蓄水箱作为向当地银行申请住房贷款的资格标准	（a）制定新住房政策，将蓄水箱纳入住房计划和建设中（与 5.4.3 有关） （b）与当地银行签订合作协议，将安装雨水蓄水箱纳入住房贷款申请条件	—	与银行订立/签署协议 银行对合作协议的执行程度	—

续表

具体目标5.5：提高公众对与水有关风险的认识水平

结果：改善家庭层级的水资源管理

行动	子行动	负责机构	行动指标	开始日期
5.5.1 开展公共宣传活动，提高公众对水、污染和公共卫生之间联系的认识	（a）评估环境保护局和公共卫生部的现有项目，并制订强化项目计划 （b）通过环境保护局、公共卫生部和媒体加强现有的公共宣传活动	环境保护局、公共卫生部、内政部、地方政府、非政府组织、社区灾害风险管理团体、媒体、马朱罗供水与污水处理公司、夸贾林环礁公用资源股份有限公司、国家灾害风险管理行动计划实施单位	监测宣传活动前后的情况，经对比确定宣传活动的效果； 参与社区对培训进行评估	2010年第二季度
5.5.2 为社区提供净化水的知识和方法	（a）一年制定三个培训方案，编写培训材料并准备相应资源 （b）在一年内举办三次培训研讨会（一次在马朱罗，两次在外岛）	—	参与社区的数量； 在这些举措实施后，公共卫生部报告的上述参与社区中水污染相关健康事故案例减少90%	—
5.5.3 推动土地所有者、私营部门和管理机构之间定期开展磋商会议	（a）制订磋商计划 （b）一年内开展两次磋商（一次在马朱罗，一次在外岛） （c）监测并评估实施效果	—	监管机构年度报告显示，水资源管理得到改善，监管机构和社区合作更加紧密	—

目标六：实现沿海地区的可持续发展

成果：降低沿海地区面对灾害的脆弱性

《国家灾害风险管理行动计划》目标六临时实施方案

具体目标 6.1：强化沿海地区综合管理政策，以改善环境管理并减少应对灾害时的脆弱性

结果：加强对沿海地区综合管理的扶持政策

行动	子行动	负责机构	行动指标	开始日期
6.1.1 加强沿海地区自然系统综合管理政策	（a）审查与沿海地区综合管理和减少灾害风险相关的现有政策（包括沿海/土地利用规划政策），并提供适当的实施建议 （b）制定一份政策文件，确定重点针对灾害风险管理的沿海地区综合管理的需求，以供审议和批准 （c）加强对新政策的认识	环境保护局、环境规划与政策协调办公室、资源发展部、总检察长、内政部、地方政府、国家灾害风险管理行动计划实施单位	加强版沿海地区综合管理政策得到批准； 在《国家灾害风险管理行动计划》实施的前三年中关键利益攸关者之间的协调有所改进	2009 年第二季度
6.1.2 将减少灾害风险的标准纳入环境影响评价的规则体系	（a）制定技术援助项目任务书 （b）签订技术援助合同 （c）制定环境影响评价—减少灾害风险程序指南，并为政府和私营部门开展适当的培训和宣传活动 d）提交修改后的条例供批准	—	相关部门批准在环境影响评价法规中加入环境影响评价—减少灾害风险条款	2009 年第二季度

具体目标 6.2：加强对沿海地区可持续发展决策的信息支持

结果：有优质的科学信息和空间信息，能够为沿海地区的可持续发展决策提供支持

行动	子行动	负责机构	行动指标	开始日期
6.2.1 编制关于沿海生态系统的基准线信息（与 6.2.2 和 6.2.3 相关）	（a）与环境保护局协商制订技术援助计划 （b）评估现有数据的质量，确定新的数据要求，其中包括地方政府的数据和信息需求 （c）评估现有的数据收集、管理和传播能力 （d）制订现有数据管理、新数据收集计划，增强数据管理和传播能力 （e）开展数据收集、管理和传播的在职培训	环境保护局、环境规划与政策协调办公室、资源发展部、国家应急管理和协调办公室、内政部、地方政府、国家灾害风险管理行动计划实施单位	在《国家灾害风险管理行动计划》实施的前三年，为关键沿海生态系统建立包含物理/生物和社会经济信息的基准线和数据库	2010 年第二季度

行动	子行动	负责机构	行动指标	开始日期
6.2.2 绘制沿海高风险地区分布图（与 6.2.1 和 6.2.3 相关）	（a）评估负责机构的测绘能力 （b）通过在职培训加强测绘技术学习能力 （c）制定并印制地图	—	本行动的结果是，绘制可用的地图，为规划和决策提供协助	2010 年第二季度
6.2.3 对沿海高风险地区开展沿海灾害和脆弱性评估	（a）开展灾害和脆弱性评估培训 （b）对重点地区进行脆弱性评估，并发布最终报告	—	本行动的结果是，相关机构具有对沿海地区灾害脆弱性进行评估的能力，并能够运用这一能力	2010 年第三季度
6.2.4 与其他灾害风险管理参与者共享信息	—	—	—	—
具体目标 6.3：增强沿海地区综合管理计划的规划和制定能力，以改善沿海环境管理 结果：沿海地区管理计划得到改善，以减少人类对环境的影响，降低灾害风险				
6.3.1 与其他灾害风险管理行动者合作，为所有环礁制订沿海地区综合计划	（a）成立一个跨部门沿海地区综合管理技术小组，以确保部门间的整合与协调 （b）评估海岸综合管理小组的能力，并制订未来三年的相关培训计划 （c）一年内制订三项沿海地区综合管理计划 （d）为上述计划开展宣传活动 （e）制定三项沿海地区综合管理计划的实施方案并估算成本	环境保护局、环境规划与政策协调办公室、内政部、资源发展部、地方政府、国家灾害风险管理行动计划实施单位	在一年内完成三个沿海综合管理计划，并在《国家灾害风险管理行动计划》实施的前三年开始实施关键战略	2010 年第三季度

具体目标 6.4：提高沿海系统监测技术，以加强沿海地区的管理，恢复其生态和环境适应力

结果：培养有效沿海综合管理和规划所需的能力，以减少灾害风险

行动	子行动	负责机构	行动指标	开始日期
6.4.1 制定和实施针对沿海生态系统监测的在职培训	（a）建立国家沿海监测小组［与6.3.1（a）相关］ （b）评估沿海监测小组的能力并制订适当的培训计划 （c）提供监测设备，用于合规监测、现场勘测和长期监测 （d）通过针对马绍尔群岛具代表性的关键沿海自然和社会经济系统的在职培训，制定国家长期监测方案 （e）开展关于实地监测、数据管理和解释以及技术/科学报告撰写与传播（包括面向决策者的传播和面向公众的传播）的培训	环境保护局、环境规划与政策协调办公室、资源发展部、国家灾害风险管理行动计划实施单位	发布的定期监测报告显示，对沿海生态系统状况的科学监测能力得到增强	2011 年第三季度

具体目标 6.5：推动沿海管理条例的执行

结果：对减灾和环境法规的遵守度提高

行动	子行动	负责机构	行动指标	开始日期
6.5.1 为执法机构提供关于沿海生态系统管理、沿海自然和人为灾害以及沿海地区可持续发展相关法规的培训	（a）制订相关培训计划，准备培训材料 （b）开展培训 （c）提高公众对相关法规的认识 （d）启动与总检察长办公室和太平洋科学委员会的对话 （e）培训/增加联合行动司和总检察长办公室的现有工作人员	环境保护局、环境规划与政策协调办公室、资源发展部、内政部、地方政府、总检察长办公室、国家灾害风险管理行动计划实施单位	一年中报告的违规案例数量表明，认识和遵守程度都有提高	2011 年第一季度
6.5.2 在总检察长办公室中设立环境问题专员	—	—	对违规行为的及时检举	—
6.5.3 推动土地所有者、私营部门和管理机构之间定期开展磋商会议	—	—	—	—

续表

具体目标 6.6：开展更有效的公共宣传活动，重点宣传沿海退化和易受灾性之间的联系

结果：公众更多地支持和参与沿海地区的管理

行动	子行动	负责机构	行动指标	开始日期
6.6.1 制订一个协调、有新意的公众宣传计划	（a）编制对现有项目进行评估的技术援助项目任务书 （b）评估现有项目并与开展相关项目的机构和公众进行磋商 （c）制订一个涉及所有国家级关键利益攸关者、地方政府、非政府组织、传统领袖和土地所有者的计划 （d）为未来三年的计划实施项目筹资 （e）与非政府组织和传统领导者合作实施该计划 （f）监测计划的实施效果	环境保护局、环境规划与政策协调办公室、国家应急管理和协调办公室、资源发展部、内政部、地方政府、国家灾害风险管理行动计划实施单位、大酋长委员会	通过年度报告对实施前后的认识水平进行监测	2010 年第四季度

目标七：降低外岛的经济依赖性

成果：提高外岛抵御危害的能力

《国家灾害风险管理行动计划》目标七临时实施方案

具体目标 7.1：提高地方粮食生产和保存的能力，作为一种方式以在自然灾害造成的隔绝期加强经济自给能力，降低对主岛的依赖

结果：提高当地粮食生产和保存水平

行动	子行动	负责机构	行动指标	开始日期
7.1.1 评估当地粮食产量增加和保存的范围	（a）对外岛的当地粮食产量和进口食物消费量进行调查 （b）与主要利益攸关者就提高当地食物产量和消费量进行磋商 （c）制订计划，提高外岛的农业生产力和粮食产量	内政部、地方政府、资源发展部、马绍尔群岛学院、示范农场、商会与国家灾害风险管理行动计划实施单位	制定提高农业生产力和粮食生产的行动战略	2011 年第一季度
7.1.2 确定和实施关键的实用性策略，以增加粮食产量和品种	（a）在每个外岛实施示范项目（立项阶段） （b）开展堆肥、幼苗/种植材料收集、虫害控制、农业水管理等方面的培训 （c）持续的支持和监测	—	外岛种植的果树和粮食作物的种类增加	—

行动	子行动	负责机构	行动指标	开始日期
7.1.3 开展关于地方粮食生产与灾害脆弱性之间联系的公众宣传运动	就外岛当地粮食产量与灾害脆弱性之间的联系开展宣传研习班	—	完成研习班评估报告，并用于制订下一步的宣传活动计划	—
具体目标7.2：强化外岛岛民的创收活动并使其多样化，以降低其脆弱性 结果：多样化的生计和收入来源，增强了岛民的恢复、适应能力				
7.2.1 审查外岛的现有创收活动，找到适合当地条件的并且财务上可行的替代创收活动	作为7.1.1（a）研究的一部分——包括创收活动	内政部、地方政府、资源发展部、马绍尔群岛学院、商会与国家灾害风险管理行动计划实施单位	参考7.1.1（a）	2011年第一季度
7.2.2 确定替代创收活动的主要制约因素，制定适当的应对战略，包括小组储蓄和小额信贷体系	（a）通过上述审查，确定主要制约因素 （b）主要制约因素报告提交给资源发展部部长，供其参考并采取行动 （c）制定适当的应对策略	—	应对策略及时制定完成	—
7.2.3 制定方案，促进替代性创收活动，包括通过将小企业发展方案扩大到外岛促进小企业的能力建设	（a）将替代性和多样化创收活动对降低灾害脆弱性的重要性纳入外岛小企业发展计划 （b）开展适当的培训	—	在7.2.3（a）完成后，顺利完成三个小型企业发展培训项目	—
具体目标7.3：通过开发岛上可再生能源，减少外岛对岛外能源的依赖 结果：价格实惠的、更可靠的能源供应				
7.3.1 审查外岛目前的可再生能源生产方式	（a）作为7.1.1（a）中研究的一部分——包括可再生能源的潜力 （b）评估外岛生产可再生能源的范围	内政部、地方政府、资源发展部、马绍尔群岛学院、风险监督委员会示范农场、商会与国家灾害风险管理行动计划实施单位	参考7.1.1（a）	2011年第一季度

行动	子行动	负责机构	行动指标	开始日期
7.3.2 支持并加强外岛现有的用椰子油生产生物燃料的举措	（a）提高公众对生物燃料的使用在降低灾害脆弱性方面的重要性的认识 （b）提高公众对太阳能发电在降低灾害脆弱性方面的重要性的认识	—	在 2011 年第三季度之前完成相关宣传计划	—
7.3.3 支持和加强外岛现有的太阳能电气化举措	—	—	在 2011 年第三季度之前完成相关宣传计划	

目标八：加强对区划、建筑规范和脆弱性之间联系的理解

结果：决策者和公众更容易接受适当区划和降低脆弱性的建筑规范

《国家灾害风险管理行动计划》目标八临时实施方案

具体目标 8.1：为各级决策者（国家和地方政府；土地所有者、私营部门等）建立知识库，阐明土地利用和居民点规划与脆弱性之间的联系

结果：决策者对建筑规范和正式规划的认同程度提高

行动	子行动	负责机构	行动指标	开始日期
8.1.1 审查土地利用、居民点规划以及灾害脆弱性的现状	（a）制定技术援助项目任务书，以开展关于当前土地利用和建筑规范安排的研究以及如何最好地引入更加正规的方法 （b）从灾害脆弱性的角度，就土地利用安置规划和建筑规范的当前情况进行研究 （c）通过与主要政府、部委、地方政府官员、土地所有者和大酋长委员会分享研究结果来提高认识	政务司、市政工程部、总检察长办公室、私营部门（银行、商会、建设者等）、地方政府、大酋长委员会、内政部（包括历史文物保护办公室）、卫生部、国家灾害风险管理行动计划实施单位，以及经济、政策、计划和统计办公室和非政府组织、环境保护局、气象服务办公室	在《国家灾害风险管理行动计划》实施的前三年，制定包含土地利用规划和建筑规范的战略	2009 年第一季度

续表

行动	子行动	负责机构	行动指标	开始日期
8.1.2 制订关于马绍尔群岛共和国土地利用和居民点规划与灾害脆弱性之间联系的公共宣传计划	（a）举办讲习班，以提高议员的认识 （b）加强现有的公共宣传方案（例如通过流动小组），将未经规划的定居点与灾害脆弱性之间的联系纳入其中 （c）编制针对社区的安全建筑规范和区划相关的培训材料 （d）向社区提供关于安全建筑规范应用、标准建筑等的培训 （e）针对城市人口开展广告宣传活动，使其充分了解合理区划、建筑规范和灾害脆弱性的重要性 （f）在城市地区针对城市人群举办讲习班，使其充分了解合理区划、建筑规范和灾害脆弱性的重要性	—	在宣传活动结束之后，公众对土地利用规划和建筑规范的认识和接受程度提高	—

具体目标 8.2：强化私营部门在确保安全和风险相关的建筑实践和防灾建筑规范采纳中的作用

结果：公众对土地使用、居民点规划和建筑规范需求的认同程度提高

行动	子行动	负责机构	行动指标	开始日期
8.2.1 积极鼓励贷款机构在住房贷款申请中纳入建筑规范要求	（a）开展试点研究，以证明安全建筑规范的优点 （b）提高私营部门（贷款机构和建筑公司）对合理应用建筑规范的好处的认识	政务司、市政工程部、商会、贷款机构、财政部、银行委员会、建筑公司、媒体、国家灾害风险管理行动计划实施单位、捐赠者	与私营部门和贷款机构达成协议并具体实施	2010 年第三季度

目标九：提高公众对灾害风险管理的认识

结果：公众更好地了解国家和外岛的灾害风险管理问题

《国家灾害风险管理行动计划》目标九临时实施方案

具体目标9.1：增强现有能力，提高公众对灾害风险管理的认识

结果：协调开展灾害风险管理公共宣传活动的能力得到提升

行动	子行动	负责机构	行动指标	开始日期
9.1.1 审查现有能力，提高公众对灾害风险管理的认识	（a）为审查制定项目任务书并任命顾问 （b）进行审查 （c）发布结果	内政部、地方政府、国家应急管理和协调办公室、国家灾害风险管理行动计划实施单位	形成审查报告	2008 年第二季度
9.1.2 为所有参与灾害风险管理公共宣传活动的机构提供沟通和媒体技能培训	（a）选定和任命适当人选担任培训师 （b）设计和编制课程和材料 （c）开展培训	—	开展培训	—

具体目标9.2：建立灾害风险管理知识库作为公众宣传活动的资料来源

结果：及时更新、使用方便的灾害风险管理知识库

行动	子行动	负责机构	行动指标	开始日期
9.2.1 建立一个关于灾害风险管理信息的"一站式"资源中心	管理并维护资源中心	内政部、地方政府、国家应急管理和协调办公室、国家灾害风险管理行动计划实施单位	建成设施优良的灾害风险管理信息中心	2009 年第一季度
9.2.2 建立并积极维护灾害风险管理网站和其他大众传媒工具	（a）决定初始概念并准备招标文件 （b）网站设计与开发 （c）网站维护	—	网站建成并投入运行	—

续表

具体目标9.3：通过正规教育系统制订和实施不间断的灾害风险管理教育和宣传计划

结果：提高公众对灾害风险管理问题的认识

行动	子行动	负责机构	行动指标	开始日期
9.3.1 将灾害风险管理纳入学校课程	（a）在岛上建立课程开发特别工作组 （b）确定和委托具有灾害风险管理知识的课程开发专家制订灾害风险管理课程一体化计划 （c）委托专家开发资源（教师手册和学生练习册） （d）资料翻译成马绍尔语 （e）资料印刷 （f）针对教师展开灾害风险管理知识培训 （g）在学校试行并展开评估，为后续改进提供依据	教育部、国家应急管理和协调办公室、国家灾害风险管理行动计划实施单位	试行方案完成并持续实施	2010年第三季度

目标十：定期监测和评估《国家灾害风险管理行动计划》的实施和效果

成果：《国家灾害风险管理行动计划》得到有效实施并实时更新

《国家灾害风险管理行动》目标十临时实施方案

具体目标10.1：确保《国家灾害风险管理行动计划》的实施得到有效管理

结果：记录《国家灾害风险管理行动计划》的实施效果，并确保其能够应对新兴的和优先挑战事项

行动	子行动	负责机构	行动指标	开始日期
10.1.1 成立适格的国家灾害风险管理行动计划实施单位	（a）招聘技术专家支持中央实施协调单位 （b）确定该单位的具体目标，并制定适当的操作指南，以推动单位运作以及该单位与其他关键机构（例如国家发展委员会、灾害风险管理特别工作组等）的关系 （c）确定人力物力需求 （d）采购必要的设备，争取合适的办公空间 （e）根据编制的职务说明，为该单位其他岗位招聘人员	政务司，经济、政策、计划和统计办公室，总检察长办公室，财政部，国家应急管理和协调办公室	及时成立有能力实施国家行动计划的执行单位	2009年第一季度

行动	子行动	负责机构	行动指标	开始日期
10.1.2 管理并领导国家灾害风险管理行动计划实施单位的运行	（a）制定项目任务书，并编制国家灾害风险管理行动计划实施单位的所有工作人员的职务说明 （b）招聘技术专家/项目经理 （c）招聘公共事务/传播顾问 （d）招聘行政助理 （e）实施传播战略 （f）在需要时去其他地区进行宣传，以提高对国家行动计划的认识	—	及时招聘国家行动计划的实施单位人员；国家行动计划实施单位进入正常运行	—
具体目标 10.2：确保对《国家灾害风险管理行动计划》进行有效监控和评估 结果：确保《国家灾害风险管理行动计划》中纳入了新兴的和优先挑战事项				
10.2.1 建立有效的监测和评估机制	（a）确定结果和基于结果的指标 （b）按照指标向国家行动计划特别工作组、国家发展委员会和其他相关利益攸关方定期报告进展情况 （c）编写国家行动计划简报，着重介绍实施进展和新出现的问题	国家灾害风险管理行动计划实施单位	制定监测和评估指标，并通过批准；定期提交国家灾害风险管理行动计划实施进展报告	2009 年第一季度

第三章　所罗门群岛《国家灾害风险管理计划》

一、导言

《国家灾害风险管理计划》（以下简称《计划》）涉及多个维度，其中灾害风险管理有两个要素，需要单独的政策和运作理念。

有效的灾害风险管理有两个"窗口"：

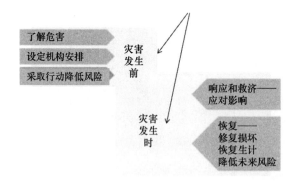

灾害风险管理发生在以下领域：

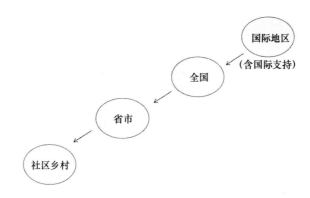

灾害风险管理由政策部门和行业部门开展。

灾害风险管理的相关主体有：伙伴、非政府组织、民间团体、私营部门。

灾害风险管理需要

政府考虑

★ 确定义务和职责

★ 制定安排计划和问责机制

★ 制定国家规划

和

行动框架

★ 组织资源

★ 建立联系

★ 协调行动

★ 通过标准作业程序

政策和行动需按以下方式结合实施：

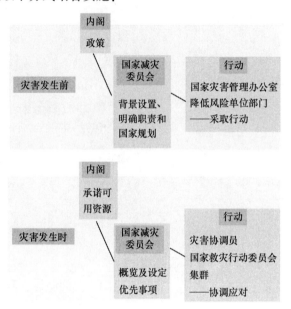

《计划》的总体机构框架是：

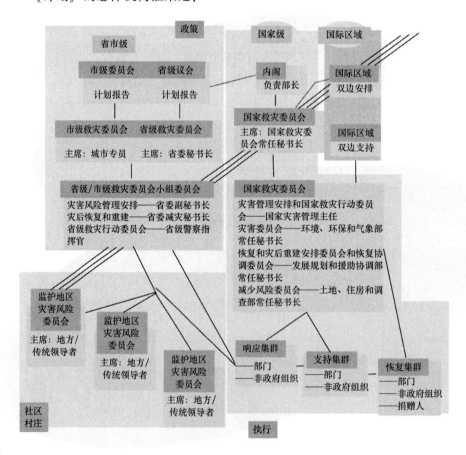

二、政策、原则和目的

（一）简介

《计划》为所罗门群岛政府建立体制安排，以解决国内的灾害风险管理问题，包括对灾害事件进行准备、管理和恢复的灾害管理工作以及建立包括应对气候变化在内降低灾害风险的体制机制，这些工作在国家、省级和地方各级实施。

《计划》更新并替代了 1987 年的《国家减灾计划》，并扩大了其重点。2008 年，所罗门群岛政府授权制订了《计划》。

（二）《计划》的制订和修订

《计划》由《国家减灾委员会法案》（以下简称《法案》）第 3 节设立的国家减灾委员会（以下简称"委员会"）进行准备，并得到其许可，由所罗门群岛政府内阁根据《法案》第 10 节批准。

《计划》可由委员会进行调整，并作为修订版重新发布，自重新发布之日起生效。实质性修改调整应由内阁批准。

除任何修订外，《计划》将由委员会每隔 5 年及每 5 年以内进行审查，并提交内阁批准。

（三）所罗门群岛可能遭受的威胁

所罗门群岛可能遭受的威胁是重大的。这些威胁包括：热带气旋和风暴；洪水；地震；滑坡；火山喷发；海啸和浪潮；干旱；流行病；农业病虫害；航空和海洋灾难；火灾；工业事故；海洋污染；其他人为威胁，包括冲突带来的民事方面影响。

一般来说，对所罗门群岛及其人民的灾害影响包括：失去生命；伤害；损坏和破坏财产；损害生计和经济作物；破坏生活方式；失去生计；服务中断；基础设施受损和政府系统瓦解；国家经济损失；社会和心理后遗症。

（四）国家政策

所罗门群岛政府通过了一项全面灾害风险管理政策，以处理：①灾害准备、应对和恢复三方面的灾害管理；②降低灾难风险以降低灾害风险和灾害事件的潜在影响。

这一政策基于以下几点认识：①灾害发生对小岛屿发展中国家来说可能是压倒性的，可使多年的发展活动功亏一篑；②制度健全且得到广泛理解的灾害管理安排可以大大减少社区所受的灾害创伤和灾害恢复所需的时间；③采取降低生计实践，土地利用和发展等方面危害风险的实际措施可以大大减少灾害发生的可能性及影响。

该政策认识到在所罗门群岛各地的主要农村社区实施灾害管理和减少风险工作的优势和困难。

对于灾害管理，《计划》基于：①在其社区或部门中每个人（这里的人是指个人、社区、机构、部门和各级政府）都发挥作用，以便对灾害影响做出准备并进行管理；②支持社区自助和加强地方机制，以进行灾害准备、管理和恢复；③制定明确、负责的安排，使每个人都能发挥其作用；④为政府资源的最佳利用做准备。

对于降低灾害风险，该政策将风险减少视为发展问题，《计划》基于：①社区和部门（包括私营部门和各级政府部门）了解它们所面临的危险，并采取行动降低和减缓其风险；②部门规制实践，以避免可能造成风险的活动；③政府制定规章控制危险区域的活动。

这项政策承认政府在所罗门群岛各部门和社区建立和维持灾害风险管理安排的根本性作用。这些安排包括：①危险监测和评估；②制定政策、体制安排和明确责任，以监督和执行跨部门和社区的灾害管理并降低灾害风险；③在社区建立沟通和早期预警系统；④制定规划和预算机制，将降低灾害风险纳入国家、部门和省级发展计划；⑤与国际合作伙伴和支持机构协作，以优化对社区的支持。

这项政策规定，在《计划》下发挥作用的所有部门及其隶属机构都需要培养能力并制订计划，并为这一角色做好准备。

（五）灾害风险管理的一般概念

灾害风险管理的一般概念是指社区解决自身面临的危险，并支持自身在灾害发生前或发生时采取措施进行灾害准备、应对和灾后恢复。同时，随着时间的推移，社区采取措施降低其对抗灾害风险的脆弱性。

这些措施都需要各部门和各级政府的协调安排，以获得决策所需的必要信息及采取行动的必要支持。

一般概念规定以现有的层级架构和机制采取行动，并通过灾害风险管理特别安排进行协调。这些特别安排需要确定所涉及的每个机构（和社区）的角色和责任以及它们与其他机构的联系。

在灾害管理方面，安排是指灾害发生时的灾害准备、响应和恢复。在灾害发生期间，安排需考虑所有级别的影响评估及决策以及所有可用资源的最佳利用。

在降低灾害风险方面，安排将提供考虑危害信息、风险决策手段和获取优先风险减少举措资源的机制。

《计划》规定了所罗门群岛灾害风险管理的特别安排。根据《计划》，各机构（包括私营部门和民间团体）和社区将了解它们的职责，履行职责的明确安排，并对其内部工作负责。

（六）所罗门群岛灾害风险管理模式

以下模式包含了上述灾害风险管理的一般概念，并用于指导《计划》中所列的安排。

所罗门群岛灾害风险管理模式

降低灾害风险安排——发展问题

支持社区理解并管理自身所面临的危险，以降低和减缓风险；

政府全力采取行动减少社区各领域的风险；

建立公共/私人伙伴关系，以避免可能造成风险的活动。

灾害管理安排——创造自助能力

支持社区通过准备应对和恢复来管理灾害；

设置协调应对、评估影响和在社区一级接受救济支持安排。

这是每个人的义务——全国、政府、部门、非政府组织、社区和个人。

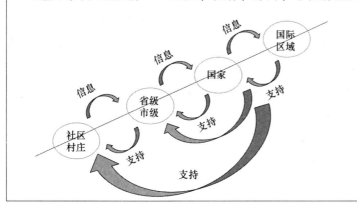

（七）原则

采用以下原则来指导《计划》的进程。

（1）通过地方、省、部门和国家规划为灾害风险管理做准备以及支持社区自助是所罗门群岛政府的职责。

（2）灾害风险管理是灾害管理和降低灾害风险的实践。①灾害管理指在灾害发生时，通过准备、应对和恢复来设定灾害管理的安排；②降低灾害风险指采取行动降低危害风险和灾害的潜在影响。

（3）灾害风险管理支持社区了解并管理危害和灾害——保护生命、财产和生计安全。

（4）减少风险管理是发展问题，是对社区恢复能力及其可持续发展的投资。

（5）识别并了解包括气候变化在内的危害是灾害风险管理的基础。

（6）国家和省政府的承诺以及与合作伙伴的协作对有效的灾害风险管理至关重要。

（7）灾害风险管理人人有责，举国实施：①所有机构、社区和个人都有自主权；②人人了解自己的角色，并对自身的行动负责。

（8）善治需要建立在所有层面的现有流程之上：①在国家、省和社区实现；②透明度、问责制、效率和最佳实践；③各部门之间达成牢固的关系和明确的安排。

（9）灾害风险管理授权社区行动以促进农村发展。

（10）灾害风险管理为所有危害（包括气候变化）制定安排。

（11）承诺的资源和成本效益行动对于有效实施灾害风险管理至关重要。

（12）省政府是灾害风险管理中一个必要且关键的合作伙伴。

（13）妇女参与所有级别的灾害风险管理安排对于有效实施灾害风险管理至关重要。

（14）灾害风险管理承认社区和个人权利，并建立在关注公平、公正、性别和少数群体问题的基础上。

（八）《计划》的目的

《计划》的目的在于：①详细说明所罗门群岛灾害风险管理概况和实施的体制安排；②将灾害风险管理的职责和责任分配给包括民间团体和私营部门在内的各部门和各级政府的机构；③在各级政府、部门和社区建立明确的架构，以进行灾害准备、管理和恢复；④在国家、部门和省级规划和预算编制过程中设定机制，以了解危害，实现包括适应气候变化在内的灾害风险降低；⑤为鼓励和发展社区的灾害管理以及为解决生计实践、土地利用和开发中的危害风险做准备；⑥促进灾害风险管理中与性别和儿童有关的特定倡议，承认其在社区中的特定角色和脆弱性。

（九）范围

《计划》与上述目的相关的范围包括：①概述并实施所罗门群岛灾害风险管理的体制安排；②《计划》下职能机构的角色、责任及关系；③宣布并激活灾害状态的程序；④灾害期间可使用的特殊权力。

（十）标准作业程序

标准作业程序必须由任何根据《计划》拥有职务的委员会、小组委员会或集群准备。标准作业程序将列出成员及其职权范围和运作模式，以及委员会、小组委员会或集群的行动，并根据《计划》中的规定由委员会、灾害协调员或省级灾害调查委员会批准。

标准作业程序应包括流程责任规定，以最大限度地减少在灾害行动期间资源和资金损失和挪用的可能性。

标准作业程序一经批准即为《计划》的一部分，需承担《计划》中相应的义务和责任。

（十一）危害特定的应急计划

为补充《计划》的一般规定而编制的基于危害的应急计划应由委员会批准。一旦被批准，就成为《计划》的一部分，就要承担《计划》中相应的义务和责任。

（十二）机构责任和资源

任何在《计划》下发挥作用的机构都必须确保能够履行职责并发挥作用，并为此规划及培养能力。

机构负责提供资助以履行职责。在受灾期间和灾后，各机构可通过委员会向政府提出补充资金申请。

（十三）与其他立法和计划的关系

《计划》和《法案》规定了在灾害风险管理中发挥作用的机构的角色、权力和协调机制。在受灾期间和灾后，《计划》和《法案》优先于履行其他关于应对灾害的权力、优先事项和协调的计划和立法。

《计划》中没有任何内容可用于移除各机构根据其立法履行职能的责任。

任何机构计划、灾害特定的应急计划或针对解决灾害的社区计划都应与《计划》保持一致。

对于流行病或农业病虫害灾害，《计划》可支持应对这些灾害的牵头机构。

（十四）国际关系

《计划》中规定的安排承认并规定受灾期间和灾后接受来自国际合作伙伴和救济机构提供的救援和恢复援助。这些机构应该熟悉这些安排和在适当的集群层面参与的牵头人员。

在可行范围内，这些机构应建立与行动或恢复集群相关的支持机制。在受灾期间的国际支持的总体协调将通过国家救灾行动委员会实施，而灾后通过恢复协调委员会进行。

三、灾害风险管理的机构安排

（一）机构框架概述

灾害风险管理的机构框架见第98页。该框架应对所罗门群岛的灾害管理和减灾问题，是政府通过相关部门的部长向内阁述职尽责的一项职能体现。

《计划》提出了国家救灾委员会的职能和承诺，阐明了政府在灾害、减灾、灾害管理和灾后恢复重建方面的政策立场。该委员会负责灾害期间的资源调配、决策制定和内阁政策宣传。

同时，《计划》协调国家和省级机构的工作，统筹共同责任区的灾害管理工作。

《计划》规定了省议会和市委员会在减灾风险管理监察和灾后重建工作方面的责任。

《计划》规定了省市救灾委员会的职责和小组委员会的设置，组织灾害管理工作（包括降低风险和灾害管理）以及恢复重建工作。

《计划》规定了城镇地区灾害风险委员会在地方灾害管理和减灾活动中的职责。

（二）国家层级安排

1. 内阁和部长负责灾害风险管理

内阁负责：①建立所罗门群岛的灾害风险管理的政策和监管框架；②审批国家灾害风险管理计划；③调配减少灾害风险和灾害管理所需资源；④灾害期间资源决策，请求国际援助。

负有灾害风险管理职责的部长负责：①整个所罗门群岛的减少灾害风险安排（包括应对气候变化）和灾害管理；②在有条件的地方，在委员会的建议之下，宣布整个所罗门群岛或所罗门群岛部分地区进入灾害状态（参见第四节）。

流行病、农业病虫害相关领域的部长负责应对上述危害。

依据《计划》，负有灾害风险管理职责的部长应在委员会的建议下，宣布进入灾害状态及该计划生效以辅助其管理。此委员会的主要顾问是灾害领导机构的常任秘书长。

2. 国家救灾委员会

国家救灾委员会对内阁负责，负责更新政策，实施所罗门群岛灾害风险管理计划的战略管理，与《计划》的目的相一致。同时，其负责灾害事件的整体监控以及关于灾害风险管理方面国际、地区、双边的支持安排。

该委员会的架构如下所示。该委员会负责通过四个领导机构监管所有灾害工作安排，这四个机构包括：①国家灾害管理办公室——所有灾害（流行病、农业病灾害、气候变化应对除外）；②健康和医疗服务部——流行病；③农业和畜牧部——农业病虫害；④环境、气候变化、灾害管理和气象部——气候变化应对。

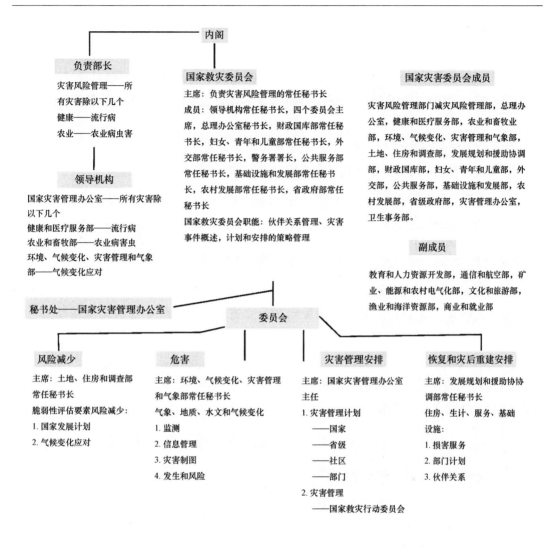

该委员会有四个委员会，负责其所在地区的政策更新和战略方向制定：救灾委员会、减少风险委员会、灾害管理工作委员会、恢复重建工作委员会。

同时也有国家救灾行动委员会，其在灾害事件管理时可激活。针对健康和农业灾害事件，国家救灾行动委员会也可支持领导机构的工作。

该委员会的职能包括以下内容。

（1）向内阁提出有关机构、政策和基金等相关战略建议，保障所罗门群岛灾害风险管理的有效进行。

（2）监督本委员会四个委员会工作，审批四个委员会年度项目，并为需要资助的地区向委员会提出建议。

（3）管理国际、地区、双边的伙伴关系，为灾害风险管理活动提供协调并优化外部支持。

（4）审批《计划》中有责任的国家委员会及其集群的省级灾害风险管理计划和标准作业程序。

（5）接收来自领导机构和本委员会的四个委员会的年度报告。

（6）在灾害中，提供管理监察，为内阁提出建议，及时应对灾害，负责灾后恢复工作。

委员会主席是部委的常任秘书长，负责灾害风险管理。

总理办公室秘书长可要求委员会作出解释。

委员会成员包括以下几个。

（1）主席：常任秘书长。

（2）其他领导机构的常任秘书长，包括健康和医疗服务部；农业和畜牧部；环境、气候变化、灾害管理和气象部。

（3）委员会的四个委员会主席包括：土地、住房和调查部常任秘书长；矿业、能源和农村电气化部常任秘书长；国家灾害管理办公室主任；发展规划与援助协调部常任秘书长。

（4）财政国库部常任秘书长。

（5）妇女、青年和儿童部常任秘书长。

（6）外交部常任秘书长。

（7）警务署署长。

（8）公共服务部常任秘书长。

（9）基础设施和发展部常任秘书长。

（10）农村发展部常任秘书长。

（11）省政府常任秘书长。

（12）内政部常任秘书长。

（13）教育与人力资源开发部常任秘书长。

委员会的副成员有：①通信和航空部常任秘书长；②文化旅游部常任秘书长；③渔业和海洋资源部常任秘书长；④商业和就业部常任秘书长；⑤林业和研究部常任秘书长。

委员会每季度将召开会议，如有必要，在灾害发生时和灾后也可召开。会议人数需至少包括主席和 6 名成员。

委员会副成员可在委员会或集群中发挥作用，并可出席委员会会议或可被邀请参加委员会会议。

通过国家灾害管理办公室负责灾害风险管理的部委向委员会提供服务。

3. 四个委员会

四个委员会负责确定其活动领域的需要，并制定和分配工作方案以满足这些需要。工作方案活动可在委员会、小组委员会或集群层面、部门一级或机构一级分配。

在每种情况下，委员会成员中的一个负责机构将被确定负责执行方案活动。

年度委员会计划应由委员会批准准备。

机构负责为分配给它们的计划活动提供资金。如果需要特定资金，则通过委员会向政府提交申请或通过分配给机构年度预算的外部资金解决。

四个委员会应向委员会报告计划的进展情况。

以下是地方各委员会的职能。

（1）灾害管理安排委员会

该委员会负责制定灾害管理安排，以防备和应对，并在国家、部门、省和社区各级提供规划。

职责包括公众意识和培训、预警安排和评估以及管理灾害事件的响应结构，并协调现有资源以支持受灾社区。

灾害管理安排载于《计划》第四节，内容包括设立国家救灾行动委员会和国家救灾行动委员会集群、国家应急行动中心以及灾害事件协调员在灾害事件中的作用。

该委员会由国家灾害管理办公室主任担任主席。

流行病和农业病虫害的特别安排是各自牵头机构的责任，并列入其计划。第四节所列的安排可启动支持它们。

（2）恢复和灾后重建安排委员会

该委员会负责在国家、部门和省一级制定安排和程序，指导和协调灾害事件的恢复和灾后重建。它还负责委员会灾害事件恢复的监督。

灾害事件后的行动通过恢复协调委员会进行协调，包括为恢复的灾害评估和灾害制图，支持住房、福利和生计的恢复和灾后重建，并提供恢复服务和重建或设备和基础设施的灾后重建。

该委员会通过国家救灾委员会向内阁提出建议，负责制定一项恢复资金安排。这包括酌情通过国家发展规划重新分配部门预算、国际伙伴和利益攸关方的支持和承诺。

恢复和灾后重建安排载于《计划》第五节，包括为灾害事件设立恢复协调委员会和恢复协调委员会集群。

该委员会由发展规划和援助协调部的常任秘书长主持。在灾害期间，恢复协调委员会通过本委员会进行报告。

（3）救灾委员会

该委员会负责协调所罗门群岛灾害机构在灾害风险管理方面的活动。这包括自然气象、地质和水文灾害，如气候变化的影响和其他人为灾害。

职责包括确定灾害信息和灾害监测的需求，制定收集、管理和提供灾害信息的政策以及分配、监督监测、制图、评估发生率和风险。

委员会的成员和职能载于《计划》第六节。该委员会将与其他委员会密切合作，担任灾害和风险信息的主要提供者。

该委员会由矿业、能源和农村电气化部的常任秘书长主持。

（4）减少风险委员会

该委员会负责在部门、省和地方各级促进和协调所罗门群岛的降低灾害风险倡议。倡议可以涵盖生计和部门实践、土地使用管理和开发控制。

责任包括在政府和国家规划层面建立评估和解决脆弱性的政策和机制，制订《灾害和气候变化风险减少计划》，阐明降低灾害风险和应对气候变化的范围和应用以及分配和监督项目以减少风险。

委员会的成员和职能载于《计划》第七节。该委员会将与各相关部门和省以及国家规划和预算编制相关部门密切合作，以执行各项倡议。

该委员会由土地、住房和调查部的常任秘书长主持。

4. 国家灾害管理办公室

国家灾害管理办公室对部长和委员会负责，其对所罗门群岛灾害风险管理进行协调、开展和实施。国家灾害管理办公室隶属于负责灾害风险管理的部委。为了这一职责并为减轻灾害风险的组成部分做准备，将建立一个灾害风险减少单位。

国家灾害管理办公室/灾害风险减少单位的职能是：①就与灾害风险管理有关的所有事项向部长和委员会提供咨询意见；②在整个灾害风险管理部门制定政策并提供领导和支持；③提供国家级灾害风险管理的规划和建立安排；④协调、支持和监管部门、省和社区级的灾害风险管理规划和安排；⑤协调和管理灾害事件发生时国家对灾害事件的应对和恢复；⑥培养和支持公众对灾害风险的管理意识及它们在其中的作用的认识；⑦与合作伙伴、非政府组织和民间团体协作，确保它们参与灾害风险管理时有效地与《计划》的安排相结合；⑧建立和维护包括灾害和脆弱性地图、规划文件和灾害信息在内的灾害风险管理信息数据库；⑨监管和向委员会报告灾害风险管理的开展情况和活动。

灾害管理的详细职能在第四节和第五节中列出。灾害风险减少的详细职能则在第六节和第七节中列出。

5. 部门

根据《计划》第二节所述的政策、概念和原则，所有部门和部门机构都必须对灾害的影响进行准备和管理，并在可行的范围内在灾害期间和灾后继续提供服务。

部门和部门机构还需要解决它们面临的风险，并避免或减轻其部门内造成风险的活动，包括酌情监管私人活动。

本部分及其后各部分列出了在可行的情况下利用现有结构和职责来协调和指导《计

划》下活动的安排。根据《计划》，具有职责的部门机构要求做好规划和为履行职责做出准备。

6. 集群

《计划》中建立了一些机构集群，以协调灾害响应和确定恢复活动的区域。在集群中发挥作用的机构需要与其集群合作，为其角色做准备。

集群机构负责建立和维护用于在灾害发生时发挥作用的程序和资源。对于关键响应机构，还包括提供 24×7 的插图编号规定。

7. 女性角色

这是《计划》的一个原则，即女性参与所有级别的灾害风险管理安排，对于有效的灾害风险管理来说是必不可少的。

根据《计划》制订的安排和计划，应让女性有效参与行动过程和决策。

关于福利、救济分配和住所方面，女性将扮演主要决策角色的，应得到特别规定。

8. 合作伙伴、红十字会、非政府组织和民间团体

合作伙伴、红十字会、非政府组织和民间团体等可以在所罗门群岛开展灾害风险管理活动，包括在灾害期间和之后提供救济和恢复支持。鼓励这些机构在《计划》的框架内开展工作，以对其活动进行有效整合。

如果相关机构在《计划》委员会和集群内发挥作用，则它们应在该委员会或集群的标准作业程序内开展工作。

9. 私营部门

私营部门是灾害管理和降低灾害风险的重要组成部分和资源来源。私营部门要解决其自身的灾害风险管理问题，包括在《计划》框架内酌情开展灾害规划工作和提供保险以及避免或减少会导致社区风险的活动。

私营部门的关键基础设施机构必须在《计划》框架内开展工作和参与相关工作。

（三）省/市级安排

在《计划》中，省级指省/市级。

1. 省级议会

省政府是灾害风险管理中的一个重要和关键伙伴，这是《计划》中的一项原则。

省级议会通过省行政部门负责：①关于省级规划和灾害准备和恢复活动的国家准则中

的决策；②省级减少风险倡议的规划和活动；③在地区/地方层面建立灾害风险管理安排；④调拨支持社区灾害风险管理活动的省级资源；⑤在灾害事件期间，接收省救灾委员会的报告，为应对活动的战略方向提供指导，并为受灾社区提供咨询、领导和支持，以管理其影响；⑥灾后，决策和调拨省级资源用于恢复和灾后重建计划的实施；⑦协调用于灾害风险管理活动的当地资源和政府选区发展基金。

注：需要各省政府采取重大举措，建立灾害管理和降低风险的地区及地方性安排；应尽可能利用现有的社区安排和地方领导；应安排与地方议会和酋长委员会、教会和非政府组织的合作。

2. 省级救灾委员会

省级救灾委员会对省级行政部门的安排和规划负责，省级救灾委员会负责根据《计划》在其省份安排和规划灾害风险管理，并在该省灾后负责实施恢复和灾后重建计划。它们也对委员会负责，以管理和协调应对该省的灾害事件。

省级救灾委员会架构为：

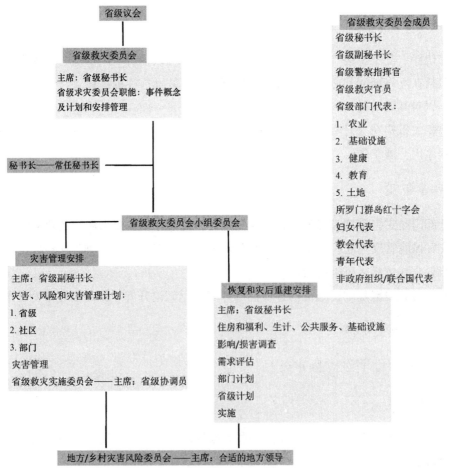

有两个省级救灾委员会小组委员会，即灾害风险管理安排小组委员会以及恢复和灾后重建小组委员会。

在灾害期间，还有一个省级救灾行动委员会，与相关省级救灾行动委员会集群，对待激活的省级救灾委员会负责，对省内灾害事件的行动进行管理。省级救灾行动委员会受国家救灾行动委员会的总体方向影响。

省级救灾委员会的职能如下。

（1）就省级的政策和灾害风险管理安排通过省行政部门向省议会提出建议。

（2）准备省级灾害风险管理计划供省行政部门采纳，该计划应在委员会通过之前批准。

（3）建立机构集群在省内来协调灾害风险管理活动，并提供行动来支持省级救灾行动委员会在灾害期间和灾后恢复的工作。

（4）在全省范围内的各区/地方建立灾害风险管理安排，包括预警、公共和社区教育。

（5）通过小组委员会，在省内为灾害风险管理制订计划，支持部门和地方规划和活动。

（6）通过省级救灾行动委员会，在灾害期间管理和协调行动应对省内灾害事件。

（7）通过恢复和灾后重建小组委员会，在灾后管理和协调省内灾害恢复活动。

省级救灾委员会的主席是省秘书长。

省级救灾委员会成员有以下几个。

（1）省级警察指挥官。

（2）省级部门代表包括：①农业和畜牧业；②基础设施和劳工；③健康和医疗服务；④教育和人力资源发展；⑤土地、住房和调查；⑥妇女、青年和儿童。

（3）副省级秘书长。

（4）省级救灾官员。

（5）来自以下组织的代表：①所罗门群岛红十字会；②妇女团体；③教会团体；④青年团体；⑤非政府组织/联合国；⑥其他经省级救灾委员会认可的代表。

省级救灾委员会每季度定期开会，并在灾害事件发生期间按需开会。会议所需的最少出席人数为5名成员。省级救灾委员会每年要向省行政部门和国家委员会报告其工作。

省级救灾委员会的常设机构为其秘书处。

3. 省级救灾委员会下设的小组委员会

省级救灾委员会下设的小组委员会的职能如下。

（1）灾害风险管理安排小组委员会

该小组委员会负责制定灾害管理的安排，并在省、地区和地方层级上规划备灾和灾害应对工作。

职责包括提高公众意识和提供培训、早期预警的安排和评估、为管理灾害事件和协调现有资源建立响应结构，从而为受灾的社区提供救助。

灾害管理的安排在《计划》第三节中列出，包括设立村庄和灾区的灾害风险委员会。《计划》第三节还确立了省级救灾工作委员会及其减灾集群，确立了省级协调员在灾害事件中的职能。

本小组委员会还负责全省范围内的灾害和风险降低规划，并对地方一级的工作提供支持。

职责包括提供全省范围内的灾害信息，并支持省级和地方层级的风险和脆弱性评估工作，推动实施降低风险的举措。

这是通过与所列的国家层级灾害和风险降低委员会（即救灾委员会和减少风险委员会）进行联络和协调来实现的。

灾害和风险降低措施的作用和安排载于《计划》第六节和第七节。

（2）灾后恢复和重建小组委员会

该小组委员会负责在省、部门和社区层级制定安排和流程，以协调和支持该省的恢复和重建工作。

灾害事件发生后的职责包括为灾后恢复而进行的损害评估和灾害地区示意图的绘制，支持灾民衣食居住和日常生活等方面的恢复和重建工作，并推进公共服务的恢复和基础设施的重建。

灾害事件发生后，该小组委员会要与国家委员会的灾后恢复协调委员会密切协作，并就灾后恢复与重建工作中的省级优先事项提供建议。

灾后恢复和重建的安排载于《计划》第五节。

可以建立省级部门的机构集群，以便与国家级的灾后恢复协调委员会集群进行协调。

该小组委员会的主席由省级救灾委员会的秘书长担任。

4. 灾区和地方层级的安排

灾害的影响发生在社区一级。根据第二节所述的政策、原则和目的，《计划》的安排是支持社区在灾害发生时自我进行备灾、应对和灾后恢复。这些安排还会协助社区识别出它们所面临的灾害，并采取措施降低风险，包括酌情调整它们对土地的利用方式和其生活方式。

省级救灾委员会将努力与灾区和当地村庄的相关组织合作，以在全省建立灾害风险管理的安排。

这些安排如下。

（1）村庄灾害风险委员会

将在村庄和类似定居点层级上，或者根据现有的社区结构由5~10个村庄设立的共同利益群体之上，建立村庄灾害风险委员会。可能的话，灾害风险委员会应建立在已有的社区群体之上。

村庄灾害风险委员会管辖的村庄、家庭和个人将会形成一个地方网络，以便进行灾害规划，包括当地的早期预警安排、灾害应对的管理、灾害和风险降低事宜（包括气候变化）的处理。

村庄灾害风险委员会要与其所辖的村庄和定居点以及灾区内的其他灾害风险委员会保持紧密的联系。

村庄灾害风险委员会要尊重当地的领导模式，也就是族长、教会、长老组成的议会和委员会，或者是其他合适的社区管理机制，并建立在现有的社区、教会和非政府组织的联系之上。

省级救灾委员会要对村庄灾害风险委员会的工作安排（包括建立通信网络）和实际工作给予支持。

村庄灾害风险委员会要在其成员设置、工作职能和工作流程等方面实现标准化。村庄灾害风险委员会的成员名单和所辖村庄的名单要在省级救灾委员会备案。

（2）灾区灾害风险小组委员会

灾区灾害风险委员会由村庄灾害风险委员会集体组成，以便在全省范围内实现覆盖更广的组织结构，以为灾害风险管理和灾害救助进行资源分配。

在可能的范围内，灾害风险委员会应当建立在灾区内已有的团体之上。

灾区灾害风险委员会要建立一个地区网络，以便进行灾害规划，包括该地区的早期预警安排、灾害应对的管理、灾害和风险降低事务的处理。

灾区灾害风险委员会要与该地区的村庄灾害风险委员会以及省内的其他灾区灾害风险委员会保持紧密的联系。

灾区灾害风险委员会要尊重当地的领导模式，也就是族长、教会、长老组成的议会和委员会，或者是其他合适的社区管理机制，并建立在现有的社区、教会和非政府组织的联系之上。

省级救灾委员会要对灾区灾害风险委员会的工作安排（包括建立通信网络）和实际工作给予支持。

灾区灾害风险委员会要在其成员设置、工作职能和工作流程等方面实现标准化。灾区灾害风险委员会的成员名单和所辖的村庄灾害风险委员会的名单要在省级救灾委员会备案。

5. 村庄和灾区灾害风险小组委员会的职能

村庄和灾区灾害风险委员会的职能是促进其社区的灾害风险管理活动，联系和协调当地其他的族长、教会团体或非政府组织。详细的职能见第四节至第七节。

四、灾害管理与安排

《计划》第三节是在国家减灾委员会的管理下建立灾害管理和安排委员会，负责建立和监督防范灾害和灾害应对措施，并在国家、部门、省内和社区各级提供规划。这一部分列举了这些安排。

（一）灾害管理行动的职能

灾害管理行动的职能是为防备和应对灾害事件，包括以下内容。

1. 防灾职能

为所有因素的灾害管理建立行动安排，包括各级政府、部门及村庄层级的应对职能。
包括村庄层级在内的准备计划。
建立标准作业程序。
设置声明和激活程序。
跨级别建立通信管理。
建立早期警报系统。
开展培训和能力建设。
开展公众教育和认知项目。
演练。

2. 应对职能

发布警告。
激活安排。
确定灾害事件的范围和规模（定点飞行类评价）。
管理通信和公共信息。
启动救援行动。
为救灾目的（一个村接一个村，或通过示范村）进行初步的影响评估，接着是更为详细的为救灾进行必要的住房需求详细评估。
救灾行动要解决：死亡率；受伤；住房；福利；重要基础设施；救济分布；水和卫生设施；失所人民；性别问题和儿童，特别是有关福利和安全的具体问题；心理咨询。
政府管理流程和解决资源需求。
管理和协调国际援助。
跨部门解决生计问题。

为初步恢复进行部门损坏和需求评估。

开启恢复计划。

机构在明确结构中履职，这是《计划》的一个原则。本部分提出了灾害管理的行动结构和职能分配。

《计划》中的一个原则是让女性在各个层次中参与到灾害风险管理安排中，因为这对有效实行灾害风险管理至关重要。本部分下设的安排，应能提供有效参与到行动流程和决策中的办法，尤其是在福利待遇、分发救济和住房设置等问题上。

（二）国家层级行动

1. 灾害管理和安排委员会

灾害管理和安排委员会的职能有以下几点。

（1）在国家、省和地方各级建立和维持防灾和应对行动的结构。

（2）开展灾害管理行动准备职能。

（3）在各级部门形成结构内的灾害管理行动能力。

（4）准备和维持此项计划。

（5）推动和促进灾害管理的部门规划。

（6）向委员会报告有关灾害管理问题。

（7）在灾害事件发生后的后续行动中，审查整个灾害管理过程，包括从过渡期到恢复和灾后重建为止，并向委员会提交报告。

该委员会的主席是国家灾害管理办公室的主任。委员会的成员有：警务署副署长；财政部副部长；妇女、青年和儿童部副部长；公共服务部副部长；基础设施和发展部副部长；农村发展部副部长；省政府部副部长；交通部和航空部副部长；其他领导机构的副部长，包括健康和医疗服务部，农业和畜牧部，环境、保护和气象部。

委员会在灾害期间无顺履行职能，但仍对安排的成效负责。国家应对行动职能由国家救灾行动委员会直接向委员会报告。

委员会为了履行灾害管理行动的职能，要建立项目和标准作业程序。

2. 灾害协调员的角色

灾害协调员的角色根据《计划》而确定。

灾害协调员负责协调整体行动以应对灾害。

灾害协调员的职能有以下几点。

（1）维持国家应急行动中心处于充分准备、即时激活的状态，以与灾害事件的国家响应所协调。

（2）促进标准作业程序形成，以能更好响应灾害管理行动职能的各个部分。

（3）及时激活国家应急行动中心以应对潜在或实际的灾害及预警问题，并对部长和委员会的声明提出建议。

（4）协调国家救灾行动委员会来整体应对灾害。

（5）有序疏散、道路关闭或公共空间关闭这样的行动是直接维护公共安全或避免生活风险的必要措施。

（6）根据《计划》，协调并为国家救灾行动委员会集群、各机构和其他机构的职能提供方向指导。

（7）为省级救灾行动委员会和省级协调员在灾害期间提供方向和指导，包括未受灾害影响的省份要鼓动起来去支持那些受灾害影响的省份。

灾害协调员有权履行这些职能，并在灾害期间协调其他可用于救灾的资源。

灾害协调员是国家灾害管理办公室主任。在主任缺席的任何情况下，主任须书面委任另一位替代其职责的灾害协调员。

国家灾害管理办公室和国家应急行动中心所委任的全国行动管理员的职责是为支持灾害协调员的职能而建立的。

3. 灾害声明

负责灾害风险管理与安排的部长①可在委员会建议的任何时间；②咨询灾害协调员后在委员会主席的建议下；③如果委员会及时当面讨论在当下不切实际，而又确认有一场灾害发生在所罗门群岛或所罗门群岛的某一部分，就需要根据《计划》进行管理，通过命令宣布灾害存在于所罗门群岛或所罗门群岛的一部分。

命令可修正或根据委员会的意见由部长随时撤销。

4. 激活行动安排

有两个阶段能体现灾害或潜在的灾害激活作用，即备用和充分激活。

如果有潜在的灾害威胁和/或潜在的威胁所发出的警告问题，灾害协调员可能会激活国家应急行动中心，在适当情况下激活国家救灾行动委员会的安排。

发生一场灾害后，如果符合或准备宣布灾害的发生，那么灾害协调员将激活国家救灾行动委员会的安排。在任何情况下，国家救灾行动委员会安排的灾害声明将被激活，并至少持续到灾害声明发表。

委员会需在灾害宣布后会面。在灾害中，根据相关法案委员会有权征用任何私人的车辆、船只或其他财产，这相当合理，因为满足了公众在处理灾害情况时的需求。这种权力可由委员会授权给灾害协调员。

5. 对于非声明事件的激活

国家应急行动中心的安排可由灾害协调员激活以支持紧急活动，同时其他机构不需要声明。

6. 国家救灾行动委员会

国家救灾行动委员会的建立是为了同国家紧急行动中心和国家救灾行动委员会集群共同管理灾害事件，包括：①初步响应和评估；②后勤保障支持；③福利/国内流离失所者；④公共服务；⑤基础设施；⑥生计。

国家救灾行动委员会的职能与结构为：

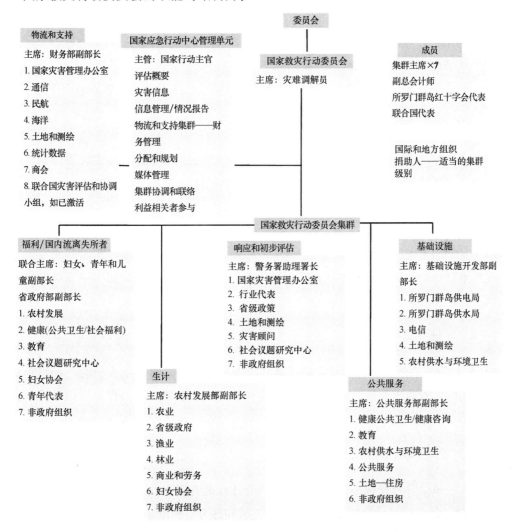

国家救灾行动委员会的职能如下。

（1）管理和协调响应灾害管理行动职能的相关部分。

（2）管理并运作国家应急行动中心。

（3）为国家救灾行动委员会集群协调和提供方向。

（4）为省级救灾行动委员会提供协调和指导服务。

（5）报告并跟随国家救灾委员会的战略方向。

国家救灾行动委员会的主席是灾害调解员。

国家救灾行动委员会成员有以下几个。

（1）国家救灾行动委员会集群包括：警务署助理署长；财政部副部长；妇女、青年和儿童部副部长；省政府部副部长；公共服务部副部长；基础设施和发展部副部长；农村发展部副部长。

（2）副总会计师。

（3）所罗门群岛红十字会代表。

（4）联合国代表（联合国灾害评估和协调小组或联合国人道主义事务协调厅）。

7. 国家应急行动中心

国家应急行动中心和国家应急行动中心管理单位的安排和职能是要在灾害协调员安排下，经由灾害管理和安排委员会批准建立标准作业程序。

8. 国家救灾行动委员会集群

所建立的国家救灾行动委员会所分配响应职能来自灾害管理行动的职能。

这些集群的职能、成员和程序是在标准作业程序上经由集群组与灾害协调员最终经委员会批准制定而成。

（三）省级行动

《计划》第三节建立了省级救灾委员会的灾害风险管理安排小组委员会。小组委员会负责对他们的省级救灾委员会建立灾害管理安排做好准备和响应，并做好省级、部门和地方各级规划。

1. 省级灾害风险管理安排小组委员会

省级灾害风险管理安排小组委员会的灾害管理职能有以下几点。

（1）建立和维护《计划》的结构，以在省级和地方各级准备和响应行动。

（2）承担灾害管理行动职能的各个准备部分。

（3）为在这些省级和地方的范围内的灾害管理行动培养能力。

（4）通过村庄和灾区灾害风险委员会的灾害管理，鼓励并完善当地规划。

（5）向省级救灾委员会报告有关灾害管理问题。

（6）保持省应急行动中心处于准备激活状态。

（7）在灾害事件发生后的后续行动中，审查省级和当地灾害管理过程，包括从过渡期到恢复和灾后重建为止，并向省级救灾委员会提交报告。

这个小组委员会的主席是省级副秘书长。

这个委员会的成员有以下几个。

（1）省级救灾行动委员会集群主席包括：省级警察指挥官；妇女、青年和儿童部与省级政府协调安置人；就业部门负责人。

（2）省级部门的代表来自：农业和畜牧业；健康和医疗服务；教育和人力资源开发；土地、住房和调查。

（3）省级灾害官员。

（4）省级规划员。

（5）代表来自于：所罗门群岛红十字会；教会；妇女团体；青年团体；非政府组织/联合国；其他经省级救灾委员会认可的代表。

这个小组委员会在灾害期间没有职能，但仍对安排效果负责。省级响应行动职能是省级救灾行动委员会直接向省级救灾委员会报告。

这个小组委员会为了履行省级灾害风险管理安排小组委员会的职能，要建立项目和标准作业程序，包括：①建立省级救灾行动委员会、省级救灾行动委员会集群、村庄和灾区灾害风险委员会；②早期预警系统；③通信安排；④公众教育和提升意识；⑤训练和能力建设；⑥演练。

2. 省级救灾行动委员会

省级救灾行动委员会的建立是为了同省级应急行动中心和省级救灾行动委员会集群共同应对和管理省级灾害事件，包括：响应、初步评估和物流；福利和国内流离失所者；公共服务和生活；基础设施。

省级救灾行动委员会的结构和职能为：

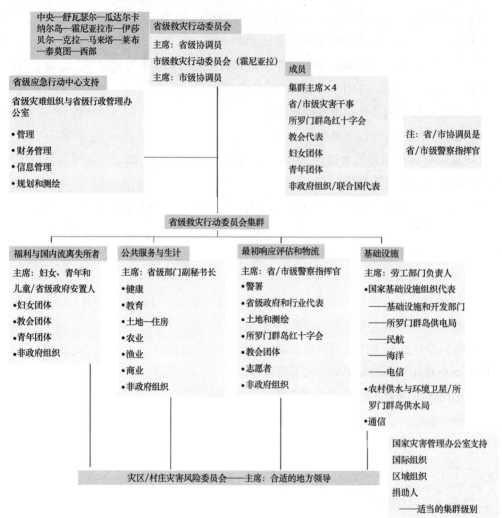

省级救灾委员会可以改变省级救灾行动委员会集群以适用各省的安排。

省级救灾行动委员会的职能有以下几点。

（1）管理和协调灾害管理行动的职能的各个响应部分。

（2）管理和运行省级应急行动中心。

（3）协调省级救灾行动委员会集群和提供方向指导。

（4）协调、报告并就国家救灾委员会所示方向采取行动。

（5）通过省级救灾委员会了解灾情并且考虑到他们的优先权，保持与总理和省议会之间的沟通。

（6）支持村庄和灾区灾害风险委员会在受灾地区的管理对地方有所影响。

省级救灾行动委员会的主席来自省级救灾委员会的政府成员，也就是省级协调员。除非另有由省级救灾委员会委任的省级协调员，否则就是省级警察指挥官。

这个委员会的成员有以下几个。

（1）省级救灾行动委员会集群主席，包括：省级警察指挥官；妇女、青年和儿童部与省级政府协调安置人；省级副秘书长；劳工部门负责人。

（2）省级灾害官员。

（3）代表来自于：所罗门群岛红十字会；教会；妇女团体；青年团体；非政府组织/联合国。

（4）其他经省级救灾委员会认可的代表。

3. 省级协调员的角色

省级协调员的角色依《计划》而生。

省级协调员是负责协调行动以应对灾害并由省级救灾委员会或国家级灾害协调员委任。

灾害协调员的职能有以下几点。

（1）确保维持省级应急行动中心处于充分准备、即时激活的状态。

（2）促进省级应急行动中心发展标准作业程序，以便更好响应灾害管理行动职能的各个部分。

（3）及时激活省级应急行动中心以应对潜在或实际的灾害。

（4）管理省级救灾行动委员会的职能。

（5）保持与省级应急行动中心沟通并按照灾情协调员的指示行动。

灾害协调员有权履行这些职能，并协调其他可用于救灾的资源。

4. 省级应急行动中心

省级应急行动中心和省级应急行动中心支持单位的安排和职能是要在省级协调员安排下，经由省级救灾委员会批准建立标准作业程序。

5. 省级救灾行动委员会集群

省级救灾行动委员会集群所分配响应职能来自灾害管理行动的职能。省级救灾行动委员会集群要与同等的国家救灾行动委员会集群保持良好关系和协调。

这些集群的职能、成员和程序是在标准作业程序上经由集群组与省级协调员，最后经由省级救灾行动委员会批准制定而成。

（四）地方级别行动

村庄和灾区灾害风险委员会

《计划》第二节为建立村庄和灾区灾害风险委员会。

本部分的灾害管理职能是需要进行适当的准备和响应。

在大多数情况下，这些将基于地方理解而通过实际安排所设立的标准作业程序或地方灾害管理《计划》，是建立在地方层级并在受灾期间由省级的灾害风险管理安排小组委员会、或省级救灾行动委员会、或省级救灾行动委员会集群支持。

五、恢复和重建安排

（一）概述

灾害恢复和重建管理是发展中国家灾害管理做法中最重要和最不完善的一个部分。由于灾害影响常常超过国内生产总值的 10%（与之相反，在发达国家灾害影响仅占国内生产总值的 1%），对社区层级的生计和福利产生了持续而潜在的影响，只有大家齐心协力才能解决这些问题。

灾害影响的程度必然意味着，将国家预算和援助发展预算重新分配给受影响地区。政府不愿意这样做情有可原，他们希望借助外部支持来解决问题。另外，他们认为此类问题太过严重，他们无法处理，那么受影响地区的生计从一个更低的新起点和一个新的、不断增长的脆弱性阈值重新开始。

没有对灾后恢复的支持，受灾后的社区满目疮痍，只能依靠自身逐渐恢复，并开始缓慢地建设临时住房，改善生计。

如果内部安排精心组织，那么外部支持合作伙伴和机构的响应和救济工作实际将更有效。但是，如果没有政府的承诺和负责任的进程，就没有对灾后恢复的长期支持。

政府层面的政策、安排和进程对于维持国际伙伴的信心和获得对灾后恢复和重建活动的支持至关重要。在灾难发生后马上完成这些事情显然是不可能的，因此，恢复和重建的前期安排是灾害管理的一个关键方面。

灾害发生后，一旦影响的范围和规模十分明显，即使救援工作仍在继续，恢复和重建的规划也应该尽快开始。因此，为此目的，在《计划》中建立了一个单独的并行体系。

《计划》第二节设立了全国救灾委员会下属的恢复和重建安排委员会，负责建立和监督协调灾害事件恢复和重建的政策、安排和程序。本部分列出恢复和重建安排的结构和职能。

（二）恢复和重建的要素

灾害事件的恢复和重建是根据响应和救济工作的期中安排来重建永久社区设施和改善生计（住房、服务、设备和基础设施以及生计），这可能包括期中正在进行的临时安排。与《计划》的应对安排一样，部门和机构对其既定活动领域负责。

恢复和重建或将耗时数月或几年才能实现，并可能需要根据《计划》的安排进行特殊协调。本部分列出了特别协调安排。

恢复和重建的要素包括：住房和社区福利，妇女、儿童的安全与保护；提供卫生、教育和其他公共服务；生计活动及工作实践重建；基础设施和设备的恢复；避免未来事件的风险。

（三）恢复和重建协调的功能

灾后恢复和重建协调的功能如下。

（1）出于中长期恢复和重建目的，从部门层面对影响进行评估，包括：流离失所者及其福利；对住所的损害和破坏；水和卫生设施损害和破坏；破坏食物来源和生计；破坏健康和教育服务；对公共基础设施和设备以及私营关键基础设施的实际损害；损害和破坏公共服务住房。

（2）确定因影响评估结果而产生的对重建的需求。

（3）绘制并评估灾害和环境影响以及发布指导或指令，以避免恢复活动中未来风险。

（4）逐个部门制订中长期恢复计划，以提交恢复和重建安排委员会。

（5）监督恢复计划及其他恢复和重建活动的实施。

这些功能通过部门层级来执行，但是会通过国家层级的恢复协调委员会和恢复协调委员会集群进行协调。省级投入、协调和实施通过省级救灾委员会的恢复和重建小组委员会实现。

（四）恢复和重建安排委员会

该委员会在第二节中设立，负责在国家、部门和省级层面制定政策、安排和程序，以指导和协调灾害事件的恢复和重建。它还对委员会负责，以便在灾害事件发生后能够监督恢复和重建效果。

该委员会的职能如下。

（1）在社区和部门层级为恢复和重建的各种要素制定支持和资源供应领域的政策。

（2）建立并保持恢复协调委员会的结构，在灾害发生后履行恢复和重建协调职能，并培养履行这些职能的能力。

（3）向省级救灾委员会恢复和重建小组委员会提供支持和指导。

（4）制定恢复和重建需求评估及恢复方案的程序和制定恢复项目和《计划》实施的程序。

（5）与国际合作伙伴和支持机构保持关系，并建立灾后恢复议题的参与机制。

（6）灾后：①在委员会的指导下启动恢复协调委员会；②监督恢复协调委员会的角色，并就恢复和重建问题向委员会提供咨询意见；③就对恢复计划和筹资建议的投入与国际合作伙伴和支持机构保持联系；④从恢复协调委员会收到恢复计划，并为其实施提出筹资建议，通过委员会提交给内阁。

（7）作为灾难的后续行动，向委员会报告恢复情况和重建进程。

该委员会的主席是发展规划和援助协调部的常任秘书长。

委员会成员来自：财政部副部长；土地、住房和调查部副部长；农村发展部副部长；妇女、青年和儿童部副部长；省政府部副部长；基础设施与开发部副部长；健康和医疗服务部副部长；教育和人力资源开发部副部长；商业和就业部副部长；公共服务部副部长。

其他部委可根据指派酌情处理对其部门的影响。

（五）恢复行动的国家安排

1. 恢复协调委员会

恢复协调委员会成立，对恢复和重建安排委员会负责。

恢复协调委员会集群的成立还为损害和灾害制图、住房和福利、生计、公共服务和设施。

恢复协调委员会的结构和功能有：

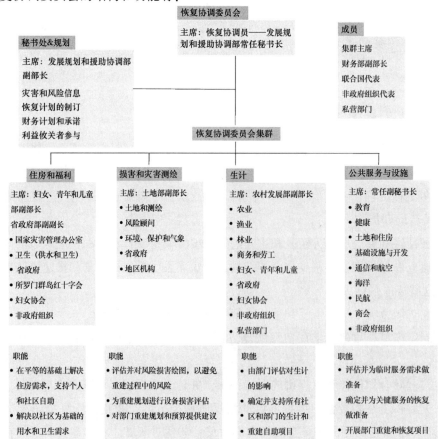

恢复协调委员会的职能：①确定职权范围及其功能的标准作业程序；②在职权范围内根据标准作业程序建立恢复协调委员会集群；③灾害期间执行规定的恢复和重建协调职能；④联络和协调省级救灾委员会小组委员会实施恢复和重建。

恢复协调委员会主席为恢复协调员。

恢复协调委员会成员均为副部长级代表，来自恢复协调委员会集群的主席，包括：土地、住房和调查部；妇女、青年和儿童部；省政府部；农村发展部；公共服务部；发展规划和援助协调部；财政部。

联合国、非政府组织及私营部门的代表可吸收为恢复协调委员会成员。

2. 恢复和重建协调启动

一旦灾难发生后，根据《计划》安排，恢复和重建协调显然将是必要的，委员会可以指示恢复和重建安排委员会启动恢复协调委员会。

即使救援活动继续进行，上述举动也应在灾害事件发生时尽快进行，以便可以着手恢复和重建的规划及数据收集。

恢复协调委员会继续积极参与一项活动，直到内阁通过恢复计划和供资建议，或直到委员会确信恢复和重建《计划》及实施活动可以通过部门活动的一般流程加以管理。

3. 恢复协调员的角色

恢复协调员在《计划》下确立角色，并通过启用恢复协调委员会的决定加以启用。

灾后恢复协调员负责协调灾害后的整体恢复和重建行动，而恢复协调委员会保持启动状态。

恢复协调员的职能如下。

（1）促进恢复和重建协调职能的标准作业程序开展。

（2）经恢复和重建安排委员批准，明确职权范围和制定恢复协调委员会集群的标准作业程序。

（3）在启动期间，管理恢复协调委员会在履行其职能时的活动。

（4）协调并向具有《计划》部分职能的恢复协调委员会集群和部门机构提供指导。

（5）为省级救灾委员会恢复和重建小组委员会提供指示和指导。

（6）管理灾后《恢复计划》的进展。

（7）根据恢复协调委员会的建议提出指导或指示，以避免在恢复活动中的未来风险。

恢复协调员有权在《计划》下指导发挥作用的机构实施恢复计划，并促进恢复和重建协调职能落实。

恢复协调员是发展规划和援助协调部的常任秘书长。这一职能可以授予该部的副部长，但责任仍然由常任秘书长承担。

（六）省级安排

在省一级，恢复和重建职能由《计划》设立的省级救灾委员会恢复和重建小组委员会执行。

省级救灾委员会恢复和重建小组委员会的职能如下。

（1）从灾区和村庄灾害风险委员会获得当地投入，并提供对恢复协调委员会职能的省级投入。

（2）实施恢复计划的省级部分。

（3）通过灾区和村庄灾害风险委员会促进和支持实施地方恢复和重建活动。

（4）向省级救灾委员会报告恢复和重建事宜。

小组委员会主席为省秘书长。

小组委员会成员和标准作业程序由省级救灾委员会决定。

（七）当地安排

《计划》第二节设立了村庄和灾区灾害风险委员会。

它们的职能是开展与上文所述恢复和重建协调职能有关的地方活动。

在大多数情况下，这些将是地方层级基于标准作业程序所述的或地方灾害管理计划中规定的当地实际活动。

在这些活动中，灾区和村庄灾害风险委员会将得到省级救灾委员会小组委员会的支持。这一级别的主要职能是在灾后确定需求，并实施地方举措。

六、应对灾害

（一）概述

了解灾害及其对社区、基础设施和设备以及环境的潜在影响是灾害管理规划和减灾措施规划的基础。它也是环境和土地使用管理及关注日益增长的即将到来的气候变化所造成影响的基础。

最基本的是，灾害知识来自过去灾害的记录和回忆，它尤其是构成社区层级计划的基础。

灾害监测提供了灾害的技术记录，并根据监测的程度和社区的优先级别提供分析和更具确定性的规划。最常见的天气监测就是每日预测及长期预测。

关于灾害管理、风险减少以及环境和土地利用规划，人们关注的是对趋势的分析，这些趋势有助于对可能导致灾害的极端事件的时间和地点的潜在规模和发生概率有所了解。

目前令人关注的是，所罗门群岛的灾害监测不足以实现这一目的（实际上监测在过去 30 年中已有所退化），而且人们很少关注对现有数据的分析。

至少基本层级上，在没有这种分析的情况下，不能为降低灾害风险目的（而不是社区发展目的）采取适当行动。此外，灾害监测是任何预警系统的先决条件。

对于气候变化，人们关心的是更好地了解极端天气事件（气旋、风暴、洪水、浪涌、干旱）将导致更大和更频繁灾害的程度以及发生在所罗门群岛的哪些区域。未来 20 年的监测将能预示未来 50 年的趋势。

《计划》第二节在全国救灾委员会下设立了一个救灾委员会，以解决和支持这些问题。本部分列出了救灾委员会的职能和成员，以及省级和地方各级的相关活动。

（二）救灾委员会

该委员会负责协调所罗门群岛灾害机构出于灾害风险管理目的的活动。这包括自然气象、地质、水文灾害，包括气候变化和其他人为灾害的影响。

（三）所罗门群岛可能遭遇的威胁

所罗门群岛可能会遭遇十分严峻的威胁，包括：热带气旋和风暴、洪水、地震、泥石流、火山爆发、海啸和浪潮、干旱、流行病、农业病虫害、航空和海洋灾害、火灾、工业事故、海洋污染、其他人为威胁，如冲突的民间影响。

（四）救灾委员会的职能

救灾委员会负有以下职能。

（1）在实际灾害风险的基础上识别灾害信息和灾害监测的需求和用户。

（2）制定政策，为政府各部门提供一个框架，包括获取灾害信息管理。

（3）对政府各部门的灾害工作协调进行有效安排。

（4）制订灾害机构的工作计划，随着时间的推移，包括：①建立和维持适当的监测网络；②根据已知数据绘制灾害发生概率；③进行发病率和风险评估；④与部门机构合作，实施风险降低举措。

（5）创建信息系统。

（6）开发绘图、分析和评估的能力和工具。

（7）促进地理信息系统和卫星图像等技术的使用。

（8）与减灾委员会合作制订针对灾害风险和应对气候变化的风险降低计划。

（9）灾害期间，协调（并酌情从外部获取）具体灾害建议，包括影响程度的绘制。

（10）为灾后恢复协调灾害提出建议。

（五）救灾委员会成员

救灾委员会主席为矿业、能源和农村电气化部常任秘书长。

灾害委员会成员为副部长层面的代表，来自：①土地、住房和调查部；②基础设施和发展部；③通信和航空部；④省政府部；⑤卫生和医疗服务部；⑥农业和畜牧业部；⑦矿业和能源部；⑧国家灾害管理办公室主任；⑨气象局主任；⑩首席气象专家；⑪首席水文学家；⑫首席火山学家；⑬农业害虫主管；⑭大流行病计划主管。

（六）职权范围和程序

该委员会将确立职权范围和程序，以供委员会批准。该委员会可审查其成员并在行动层级建立一个灾害工作组。

（七）省级安排

在省级层面，灾害方面职责由《计划》设立的省级救灾委员会灾害风险管理安排小组委员会执行。

灾害风险管理安排小组委员会的灾害方面职能包括以下几点。

（1）向救灾委员会提供省级投入。

（2）向灾区和村庄灾害风险委员会提供灾害咨询，以支持灾害管理和减灾规划。

（3）向省级救灾委员会报告灾害事件。

值得注意的是，省级计划者在这一领域发挥着关键作用。

（八）地方安排

在地方层级，灾害方面职能由《计划》设立的灾区和村庄灾害风险委员会执行。

在这些活动中，灾区和村庄灾害风险委员会将由省级小组委员会提供支持。这一级的主要职责是查明出于降低灾害管理和风险目的的灾害和脆弱性。

七、减灾应对

（一）概述

与发展中国家相比，发达国家灾害影响很少超过国内生产总值的1%，所罗门群岛在过去30年中经历了6次重大自然灾害，最近的一次（2007年4月的地震/海啸）重建费用约占国内生产总值的80%。

因此，灾害事件不仅对社区及其基础设施、设备的安全和社区居民健康构成重大威胁，而且随着时间的推移，其会对生计方面的努力构成重大威胁。

减灾管理是一个发展问题，也是社区恢复力和可持续性的投资，这是《计划》第2节所述的原则。

它将适用于社区生计、土地利用和部门活动实践，以及适用于土地利用开发控制以及设施和商业活动的国家和省级开发计划的实践。

本部分涉及促进和管理降低灾害风险活动（包括气候变化应对）的措施，以减少灾害发生时的脆弱性，并避免或减少灾害的潜在影响。

这是适用于社区和部门层级的责任。

《计划》第二节在全国救灾委员会下设立了一个减灾委员会，以促进和简化这一问题。本部分列出了减灾委员会的职能和成员资格以及省和地方各级的相关活动。

（二）减灾委员会

该委员会负责在部门、省及社区各级促进和协调所罗门群岛的降低灾害风险举措。这些举措对应的是生计和部门实践，土地使用管理和开发控制。

该委员会将与《计划》的救灾委员会密切合作，参与国家发展规划和发展规定制定，以便解决包括减灾在内的问题。该委员会还通过农村和社区发展举措激发对减灾的考虑。

委员会将制订针对灾害和气候变化风险的减灾计划并监督其实施情况，阐明降低灾害风险和适应气候变化的范围和应用情况，并在部门和社区层面分配项目。

（三）减灾委员会的职能

减灾委员会有以下职能。

（1）制定降低灾害风险和气候变化应对考虑的可行政策，包括：①部门规划——包括实践和发展；②发展规划；③土地使用管理和监管；④基础设施与设备开发和运营；⑤农村和社区发展方案。

（2）考虑到方案建议中的灾害风险，设立国家规划和预算编制程序机制。

（3）在行动层面设立一个减灾工作组。

（4）促进能力和工具的开发以及对部门的脆弱性和风险的评估。

（5）针对土地利用和部门规划的关键灾害和关键位置编制灾害脆弱性和发生率地图。

（6）制订和监督针对灾害和气候变化风险的减灾计划，将活动分配给责任机构实施。

（7）与国际和双边资助伙伴和非政府组织合作，在这一框架内协调减灾风险和气候变化应对评估活动。

（四）减灾委员会成员资格

减灾委员会主席为土地、住房和调查部常任秘书长。

减灾委员会的成员是副部长层面的代表，来自：发展规划和援助协调部、财政部、环境保护和气象部、农村发展部、文化旅游部、基础设施与发展部、通信和航空部、省政府部、健康和医疗服务部、教育与人力资源开发部、农业和畜牧业部、矿业和能源部、商业和劳工部以及国家灾害管理办公室主任、减灾风险部负责人、气候变化办公室主任。

（五）职权范围和程序

委员会将确立职权范围和程序，以供委员会批准。

（六）针对灾害和气候变化风险的减灾计划

针对灾害和气候变化风险的减灾计划，将根据对所罗门群岛各部门和社区的灾害识别以及对脆弱性和风险的评估而优先制订。它是一个最初基于可利用信息的实用文件，但其能力和改进数据及分析随着时间推移而发展。

针对灾害和气候变化风险的减灾计划将在优先基础上确定哪些举措得到部门、机构或社区的大力支持，哪些能够得到实施。

针对灾害和气候变化风险的减灾计划将：处理减少风险活动纳入主流的政策和机制问题、应对工具和能力随时间推移而发展、识别重大灾害、分析和评估来自这些灾害的脆弱性和风险、根据国家或部门或社区发展目标优先考虑风险、识别导致风险的弱势因素或实践、确定应对风险的措施、建立和落实优先实施的活动。

每年将审查针对灾害和气候变化风险的减灾计划的进展和新举措，并向委员会报告。

（七）省级安排

在省级层面，减灾功能由省级救灾委员会小组委员会在《计划》第二节中制订的灾害风险管理安排中进行。

灾害风险管理安排小组委员会的减灾职能包括以下几点。

（1）为减灾委员会的职能提供省级投入。

（2）识别省级和地方组成部分，以纳入针对灾害和气候变化风险的减灾计划。

（3）减灾计划的省级组成部分实施。

（4）通过灾区和村庄灾害风险委员会支持地方实施减灾活动。

（5）向省级救灾委员会报告减灾事项。

值得注意的是，省级计划者在这一领域发挥着关键作用。

（八）地方安排

在地方一级，减灾职能由《计划》第二节设立的灾区和村庄灾害风险委员会执行。

在这些活动中，灾区和村庄灾害风险委员会将由省级小组委员会提供支持。这一级的主要职能是确定当地的脆弱性和实施地方举措。

八、监测和《计划》评估

《计划》的第三节至第六节将每年向全国救灾委员会报告，并由负责该部分的委员会主席向部长提出。

国家灾害管理办公室将每三年对违反联合国国际减灾战略监测制度的行为进行一次全国监控。

附录细节由委员会确定，并列入小组委员会职权范围中。

第四章　普卡普卡岛《灾害风险管理计划》
（2014—2015 年）

一、导言

自 2005 年库克群岛遭遇 5 次飓风袭击之后，库克群岛政府积极主动地加强民众组织工作，为应对未来灾害做好准备。库克群岛应急管理部进一步加强了灾害意识建设、防灾、备灾、减灾、灾害响应以及灾后恢复等工作。

以上工作均以实现《国家可持续发展计划》第六项为目标，旨在建成一个"平安无虞、安全可靠的弹性社区"。人们普遍认识到，仅涉及飓风灾害的《1973 年飓风安全法案》已不合时宜，亟待修改，应支持库克群岛应急管理部实现上述目标。为此，该地区采用《2007 年灾害风险管理法案》，全面覆盖由自然因素和人为因素引起的各种灾害类型。

二、普卡普卡岛

普卡普卡岛是一个珊瑚环礁，分为三个小岛（当地语"motu"），分别坐落于三角形潟湖的三角之上。其主岛威尔岛上大面积种植芋芳和一种当地称为"普拉卡"的农作物。岛屿西面有长达 8 千米的暗礁，普卡普卡岛也因此得名"危险岛"。该岛属于飓风多发地区。

人口					
1971	1981	1991	1996	2001	2011
732人	797人	761人	779人	662人	427人
数据来源：2010年前数据由统计管理局提供，2011年数据由阿洛加-玛纳（Aronga Mana）提供					

三、《2007 年灾害风险管理法案》

《2007 年灾害风险管理法案》第 15 节内容如下。

（1）每个岛屿委员会应设立一个灾害风险管理委员会。

（2）灾害风险管理委员会主席一职由岛屿委员会主席担任。

（3）岛屿委员会应在与应急管理部部长商议后，另行委派 4 名经验丰富或能胜任的成员在灾害风险管理委员会任职。

（4）岛屿委员会应与应急管理部部长协商，任命 1 名灾害协调员，在其责任区域内负责：①执行灾害风险管理计划；②协助国家协调员协调资源用于应对灾害或灾后恢复；③负责其责任区域内的安全避难所。

（5）灾害风险管理委员会须为其责任区域制订和落实灾害风险管理计划。

（6）灾害风险管理计划须：①明确制定降低灾害和紧急事故风险的缓解措施；②确定可用于减轻灾害风险和应急管理的资源；③详细说明资源使用方法。

（7）灾害风险管理委员会应与根据本法案设立的所有其他委员会紧密配合。

（8）如外岛或周边区域发生紧急情况，导致国家灾害管制员难以有效履行职责，则灾害协调员可代为行使其在该地区的职权。

四、灾害风险管理委员会职责

灾害风险管理委员会须：①确保制订合理有效的灾害风险管理计划；②在每个村庄宣传防灾、减灾、备灾、应灾以及灾后恢复和重建等信息；③指定合适的房屋作为疏散中心；④任命合适人选担任疏散中心管理员；⑤协助电信基础设施部门工作，确保村与村、本岛与拉罗汤加岛（如有任何因素阻碍与拉罗汤加岛之间通信连接的建立，则须另选一个岛屿代替）之间通信线路的建设；⑥协助气象服务部门，保证气象数据和报告的准确性，确保相关数据和报告能顺利发送至每一个村庄、周边岛屿、（该部门服务的）其他岛屿和拉罗汤加岛应急行动中心。

五、灾害协调员职责

灾害协调员须：①遵守国家灾害管制员的指示；②经与灾害风险管理委员会磋商，确定所有机构的响应职责优先级；③指导并协调各机构的行动；④确定每个应急服务机构的优先级、职责与功能；⑤定期向国家应急行动中心和国家灾害管制员提交事态报告（或损失评估报告）；⑥在岛屿应急行动中心成立后，向其指派熟练的工作人员担任以下岗位——电话通信员、无线电报务员、日志管理员。

六、政府部门与政府机构职责

（一）岛屿委员会职责

村长：罗托伊卡·腾格尔（Rotoika Tengere）
视察各自所辖村庄，确定全年适宜的防灾、减灾和备灾行动。
常年就防灾行动向灾害风险管理中心提出建议。灾害发生时，告知灾害管制员和应急行动中心可用资源信息，以便在必要时进行部署。

按户统计每个村庄的人口数量。

向各村社区提供灾害信息和援助。

全面管理疏散中心，包括实体设施和人力资源。

与灾害风险管理中心紧密合作，共同执行灾害管理相关的各类行动。

（二）行政官职责

行政官：帕提·拉法鲁阿（Pati Ravarua）

灾害发生期间，所有岛屿行政管理人员须在公民行政大楼集中汇报情况。

监管员应确保自己的每一位下属都了解相关要求。

如需要，监管员须统计到场人数。

行政官代表应急行动中心发出的指令须严格执行，避免任何混乱。

除非情况危急，否则援助物资或应急行动中心提供的任何必需品须由行政官分配并妥善保管。

行政官负责人员调动，但有时这一任务也可由监管员执行。

在此期间须时刻保持有效沟通。

所有部门都必须能够随时提供援助，行政当局须能够提供备用资源，以开展必要工作。

某些情况下，行政官可指定一名高级官员为代表，以便在其不在时代为处理公务。

警报解除后，须派遣评估小组展开调查。

报告和日志均应交给行政官汇编成册并提交应急行动中心（如急行动中心不再运行，则报告和日志应提交给灾害协调员）。

（三）行政管理部门职责

负责人：佩雷提拉·泰纳基（Peretila Teinaki）

灾害发生期间，行政管理部门员工须报到上岗。

高级行政主管/财务主管必须确保为所有文件、计算机和资产制定合适的记录程序，并确保其得到严格执行。

灾害发生期间，所有文件、计算机和资产须转移至能源办公室或附近的建筑中保管。

所有员工必须确保任何物品不得被单独取出。

为保证所有资产从管理部门顺利转移，须请求其他部门员工的协助。

必须优先保证所有资产、文件、计算机等的安全保存。

（四）基础设施

监管员：特雷阿比·威廉（Tereapii William）

提供足够备用资源，以开展必要工作。

如需要，为希望疏散或迁移到疏散中心的人提供交通工具。

为应急行动中心提供交通工具。

小组工作地点位于 MOID 的车间。

监管员须在灾害发生过程中全程记录车辆和/或重型机械的调度情况。

按照灾害管制员指示，提供其他交通工具。

工作小组应前往受灾严重地区进行临时救助工作（即便应急行动中心下令前往，但如果现场监管员认定该区域不安全，工作小组的安全应首先得到保障）。

须注意保护输电线路。

应确保燃料和燃油随时可用。

警报解除后，须派遣评估小组展开调查。

报告和日志均应交给首席行政官汇编成册并提交应急行动中心（如应急行动中心不再运行，则报告和日志应提交给灾害管制员）。

（五）警务部门

高级警员：布莱恩·欧博（Brian Opo）

在事故现场或附近值班的警务人员可行使以下权力。

（1）封闭通往该区域的任何公路、人行道或其他开放空间。

（2）禁止任何人或车辆进入或通过该区域。

（3）引导该区域内任何公路、人行道、开放空间的所有人或车辆迅速沿最安全、最短的路线离开该区域。

（4）灾害发生期间，警察应按照灾害管制员或代替其行使职权的其他人员的指示提供行政和后勤支持。

（5）此类任务包括为应急行动中心提供办公用品和其他设备（账目拨款及授权详情请咨询首席行政官）。

（六）医疗卫生部门

负责人：赫拉·泰恩（Hla Thein）医生

应配备足够的人员和设备，以便为卫生机构（应灾害管制员和应急行动中心指示）或需要医疗协助的疏散中心提供医疗救助服务。

确保每个安全中心配备一名医务人员。

在灾害发生期间，定期向应急行动中心汇报伤亡人数和程度。

灾害结束后，立即向灾害管制员提交人员伤亡评估报告或类似文件。

（七）库克群岛电信部门

监管员：皮奥·拉法鲁阿（Pio Ravarua）

确保在村与村、各岛与拉罗汤加岛（如有任何因素不允许与拉罗汤加岛之间建立通信连接，则须另选一个岛屿代替）之间建立有效的通信线路连接。

接到飓风警报时，应立即调试高频无线电收发机使其进入工作状态。与拉罗汤加岛无线电台联络的频率为 3 162 千赫兹。

在持续风速超过 45 英里/小时或阵风风速超过 65 英里/小时的情况下，天线应妥善收回。但须提前向拉罗汤加岛电信基础设施部门和应急行动中心通报即将采取的措施或可能发生的任何故障。一旦持续风速降至 45 英里/小时以下，则须立即将天线调回工作位置。拉罗汤加岛电信基础设施部门将另行发布"妥善收回"步骤。

在卫星地面站天线恢复至正常工作状态、与拉罗汤加岛之间的卫星通信重新建立之前，须以 3 162 千赫兹的频率与拉罗汤加岛保持联络。

执行应急行动中心发出的所有通信要求。

如果需要，可建立无线电、电话紧急呼叫设施。

（如果需要）可向灾害管制员提交一份通信系统损失评估报告。

（八）能源部门

监管员：鲁阿劳·伊阿克博（Ruarau Iakobo）

（在适当情况下）维持基本服务所需的电力供应。

受损的输电线须立即处理，以排除危险、防治隐患（可在普卡普卡岛行政管理部门工作小组的协助下进行）。

灾害发生时和结束后，应与灾害管制员和应急行动中心保持联络，保证电力供应的安全可控（如果需要）。

向灾害管制员提交供电系统评估报告。

（九）海运部门

负责人：泰·拉法鲁阿（Tai Ravarua）

在紧急事态或灾害期间与灾害管制员和应急行动中心保持联络。

向灾害管制员提交损失评估报告。

七、非政府组织的职责

（一）库克群岛红十字会

负责人：普阿比·内奥（Puapii Neiao）

确保定期举行急救培训（此项行动仅在经费资源到位后进行）。

必要时须确保紧急情况下的充足物资供应。

告知灾害管制员和应急行动中心可用物资信息（所耗物资须在灾后由首席行政官和驻拉罗汤加岛的库克群岛红十字会重新补足）。

确保向所有疏散中心指派工作人员，协助疏散中心管理员工作，或提供人手协助医疗卫生工作（仅在需要时）。

向灾害管制员单独提交一份疏散中心和社区设施损坏评估报告。

协助普卡普卡灾害风险管理中心举行灾害管理相关培训（如需要）。

（二）统一组织

统一组织男童子军、男童军团、女童子军、女童军团、青年团。

告知灾害管制员和应急行动中心包括人力资源在内的一切可用资源，以供调度部署（如需要）。

协助普卡普卡岛行政管理部门工作组和/或承担小规模救助工作，从而使普卡普卡岛行政管理部门工作组得以处理其他工作。

（必要时应灾害管制员指示）协助搜索和救援工作。

执行灾害管制员要求的其他任务。

八、普卡普卡岛灾害风险管理

（一）国家灾害风险管理组织架构

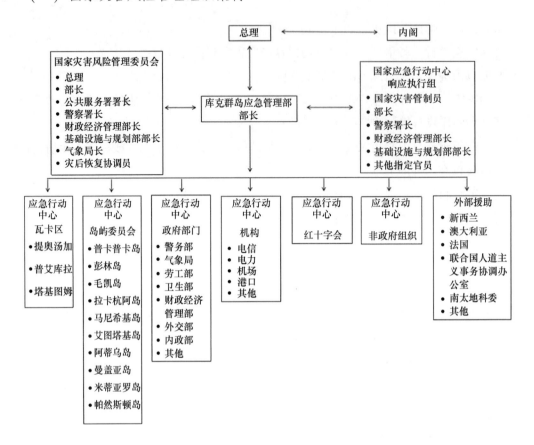

（二）普卡普卡岛灾害风险管理组织架构

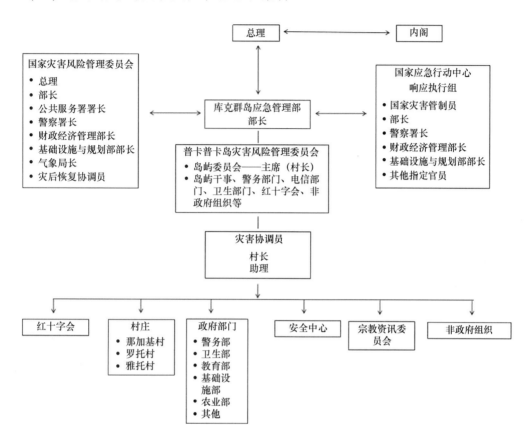

（三）普卡普卡岛应急行动中心

《国家灾害风险管理计划》提出，每个岛屿应选定一个地点作为该岛应急行动中心，以协调灾害响应和灾后恢复等行动。各岛应急行动中心的联系方式须上报至库克群岛应急管理部，以便在国家应急行动中心备案。普卡普卡岛应急行动中心位于普卡普卡岛行政管理办公室，当有紧急情况或灾害发生时，由行政官负责应急行动中心的组织工作。应急行动中心的主要功能是作为灾害期间各项应灾调控活动的协调中心。须注意，在平时，应急行动中心仅是一个办公室，其相关工作将由普卡普卡岛灾害风险管理委员会负责。

> **地点：**应急行动中心
> **联系人：**灾害协调员村长
> **电话：**41034
> **传真：**41712

（四）灾害协调员职责

按照《2007 年灾害风险管理法案》第 15 节第 4 条设立的规定，普卡普卡岛灾害协调员须履行以下职责。

（1）听从国家灾害管制员指示（《2007 年灾害风险管理法案》第 12 节第 1 条）。

（2）经与普卡普卡岛灾害风险管理委员会磋商确定所有机构的响应任务优先级。

（3）指导并协调各机构的行动。

（4）确定每个应急服务机构的优先级、职责与作用。

（5）定期向国家灾害管制员提交事态报告（或损失评估报告）。

（6）在岛屿应急行动中心启动后，向其指派熟练的工作人员担任以下岗位：电话通信员、无线电报务员、日志管理员。

（五）普卡普卡岛灾害风险管理委员会

主席	村长——罗托伊卡·腾格尔（Rotoika Tengere）
灾害管制员	村长
干事	行政官——帕提·拉法鲁阿（Pati Ravarua）
财务	岛屿行政管理部门
岛屿委员会成员	普阿比·瓦泰（Puapii Wuatai）
	伊奥塔玛·拉法鲁阿（Iotama Ravarua）
	迪奥蓬嘎·尼奥（Teopenga Nio）
	木科木科·阿提拉（Mukomuko Ataela）
	马尼拉·马腾加（Manila Matenga）
	里托·迪诺库拉（Lito Tinokura）
警务	布莱恩·欧博（Brian Opo）
能源	约翰·哈盖（John Hagai）
教育	校长
基础设施	特雷阿比·威廉（Tereapii William）/伊奥塔玛·拉法鲁阿（Iotama Ravarua）
红十字会	普阿比·内奥（Puapii Neiao）/乐维·瓦雷瓦奥（Levi Walewaoa）
商业活动	
儿童福利	埃德温娜·妮梅提（Edwina Nimeti）
各村灾害风险管理委员会	那加基村——塔乌-基-特-瓦卡·维格（Tau-ki-te-Vaka Vigo）
	罗托村——普阿比·内奥（Puapii Neiao）
	雅托村——瓦考阿·阿依（Vakaua Ayii）

按照《2007 年灾害风险管理法案》第 15 节第 1 条设立的规定，普卡普卡岛灾害风险

管理委员会须履行以下职责。

（1）确保制订合理有效的普卡普卡岛灾害风险管理计划。

（2）在每个村庄宣传防灾、减灾、备灾、应灾以及灾后恢复与重建等信息。

（3）指定合适的房屋作为疏散中心。

（4）任命合适人选担任疏散中心管理员。

（5）协助电信基础设施部门工作，确保村与村、本岛与拉罗汤加岛（如有任何因素阻碍与拉罗汤加岛之间通信连接的建立，则须另选一个岛屿代替）之间通信线路的建设。

（6）协助气象服务部门，保证气象数据和报告的准确性，确保相关数据和报告能顺利发送至每一个村庄、周边岛屿、（该部门服务的）其他岛屿和拉罗汤加岛应急行动中心。

（六）各村灾害风险管理委员会

		那加基村	罗托村	雅托村
主席	岛屿委员会成员	P. 瓦泰 （P. Wuatai）	T. 尼奥 （T. Nio）	M. 马腾加 （M. Matenga）
副主席	村灾害风险管理委员会	I. 拉法鲁阿 （I. Ravarua）	M. 阿提拉 （M. Ataela）	L. 迪诺库拉 （L. Tinokura）
灾害管制员	村灾害风险管理委员会	T. 维格 （T. Vigo）	P. 内伊奥 （P. Neiao）	V. 阿依 （V. Ayii）
干事	村灾害风险管理委员会	T. 迪诺马纳 （T. Tinomana）	A. 基里乌依 （A. Kiliuyi）	K. 坦噶 （K. Taunga）
财务	村灾害风险管理委员会	J. 奥拉 （J. Auora）	N. 内伊奥 （N. Neiao）	T. 迪诺库拉 （T. Tinokura）
成员	岛屿委员会成员	P. 瓦泰 （P. Wuatai） I. 拉法鲁阿 （I. Ravarua）	T. 尼奥 （T. Nio） M. 阿提拉 （M. Ataela）	M. 马腾加 （M. Matenga） L. 迪诺库拉 （L. Tinokura）
	瓦雷迪尼代表	M. 蓬加 （M. Punga）	R. 阿提拉 （R. Ataela）	A. 腾格尔 （A. Tengere）
	运动队代表	I. 马塔伊奥 （I. Mataio）	T. 马塔奥拉 （T. Mataora）	R. 丹尼尔 （R. Daniel）
	欧罗米图阿	P. 妮梅提 （P. Nimeti）	J. 哈盖 （J. Hagai）	L. 迪诺库拉 （L. Tinokura）
	卡瓦纳与维-兰加提拉	—	—	—

续表

		那加基村	罗托村	雅托村
成员	统一组织	K. 达里乌 （K. Dariu） J. 奥拉 （J. Auora） A. 诺罗托 （A. Nooroto）	B. 威廉 （B. William）	P. 丹尼尔 （P. Daniel）
	其他		T. 马塔奥拉 （T. Mataora）	

（七）灾害初步评估

岛上各政府机构负责部门须迅速进行即时实情概述和灾害初步评估。岛屿行政管理部门将负责基础设施、能源、居民住宅损失评估；警务部门负责法律和秩序评估；卫生部门负责医院和伤亡情况评估；教育部门负责学生、教师和学校财产评估；电信部门负责通信情况评估；红十字会负责即时实情概览和初步损失评估。彭林岛屿议会和灾害协调员应迅速完成报告，并尽早将其发送给位于拉罗汤加岛的国家应急行动中心和国家灾害管制员。

1. 即时实情概述

此评估应由每个响应机构（基础设施部门、卫生部门、教育部门、警务部门、电信部门、能源部门等）具体实施。

理想情况下，即时实情概述应在灾害事故发生后的8~12小时内或第一时间进行，须提供灾情总体概况，如：死亡人数或转移人数；财产和基础设施（道路、机场等）的损坏情况；天气、食物和避难所的具体情况。

2. 初步损失评估（由响应机构实施）

理想情况下，初步损失评估应在灾害发生后48小时内进行，进一步提供灾害损失程度的相关信息。初步损失评估报告提供的信息用于确定：需求优先级；所需援助；预估国家应灾成本（食物、水、避难所、住房、衣物、道路等）。

3. 部门详细评估（由技术专家实施）

后续评估由技术专家进行，提供各部门详细信息，供各部门制订灾后恢复重建计划和确定资助经费参考之用。

九、国家应急行动中心

国家应急行动中心位于首都阿瓦鲁阿的库克群岛电信总部大楼。该中心主要作为多机构紧急情况或国家灾害响应协调中心，如紧急情况或灾害即将发生或已经发生，该中心会自动启动工作程序。库克群岛应急管理部负责应急行动中心的组织建立。

国家应急行动中心成员由警员和其他指定人员组成。响应执行组和国家灾害管制员将在该中心协调合作。此外，重要政府机构、库克群岛红十字会和非政府机构的联络员也将在国家应急行动中心工作。

工作程序启动后，国家应急行动中心将在响应阶段与受影响的外岛和各类响应机构建立并保持通信联络。

十、普卡普卡岛灾害协调员

按照《2007 年灾害风险管理法案》第 15 节第 4 条设立的普卡普卡岛灾害协调员须履行以下职责。

（1）听从国家灾害管制员指示（《2007 年灾害风险管理法案》第 12 节第 1 条）。

（2）经与普卡普卡岛灾害风险管理委员会磋商确定所有机构的响应任务优先级。

（3）指导并协调各机构的行动。

（4）确定每个应急服务机构的优先级、职责与作用。

（5）定期向国家灾害管制员提交事态报告（或损失评估报告）。

（6）在岛屿应急行动中心启动后，向其指派熟练的工作人员担任以下岗位：电话通信员、无线电报务员、日志管理员。

（一）中央控制小组

普卡普卡岛中央控制小组服从灾害管制员管理，负责灾害响应行动的实施与管理，包括灾前准备和灾后救济。具体而言，普卡普卡岛中央控制小组应：启动政府部门、机构和各组织的应灾程序；负责应灾与减灾各参与方的联络与指导；启动灾害评估机制；确定救灾优先事项并向普卡普卡岛灾害风险管理中心提出建议；如需要，应协助岛屿委员会了解和管理国际援助力量；编写损失评估报告供灾后恢复和重建参考。报告副本须发送至位于拉罗汤加岛的国家应急行动中心。

中央控制小组的成员组成应由普卡普卡岛灾害风险管理中心根据灾害类型进行确定。理想状况下，中央控制小组应由村长、电信部、警务部、气象服务部和首席行政官组成，可根据需要增加其他成员。

（二）飓风安全管理机构列表

	电话	传真
库克群岛应急管理办公室——拉罗汤加岛	29609，29601，54005	29609
国家应急行动中心——拉罗汤加岛	22261，22262，22263	
警务总局——拉罗汤加岛	22499，999	21499
气象服务部——拉罗汤加岛	20603-25920	21603
总理办公室	23900，25494	20856

（三）岛屿委员会成员

岛屿委员会成员	电话	手机
雅托村——马尼拉·马腾加（Manila Matenga）	41008	—
里托·迪诺库拉（Lito Tinokura）	41444	—
罗托村——迪奥蓬嘎·尼奥（Teopenga Nio）	41090	74894
木科木科·阿提拉（Mukomuko Ataela）	41005	50170
那加基村——普阿比·瓦泰（Puapii Wuatai）	41060	74255
伊奥塔玛·拉法鲁阿（Iotama Ravarua）	41030	77884

（四）疏散中心与主要负责人

疏散中心由灾害管制员挑选专人协助管理员进行管理，同时居住在该疏散中心所覆盖村庄的岛屿委员会成员须与疏散中心管理员互相合作。

纽阿高中	电话	传真	手机
协调员——马尼拉·马腾加（Manila Matenga）	41008	41052	—
疏散中心介绍：			
可容纳225人			
厕所数量——14			
淋浴室数量——6			
掩体			
建筑坚固			
8个水箱			
马塔拉飓风避难中心			

续表

协调员——迪奥蓬嘎·尼奥（Teopenga Nio）	41090	—	74894
疏散中心介绍：			
可容纳 350 人			
厕所数量——14			
淋浴室数量——15			
掩体			
建筑坚固			
5 个水箱			
政府行政中心大楼	41712	41712	
协调员——特雷阿比·威廉（Tereapii William）	41021	41712	73732
疏散中心介绍：			
可容纳 30 人			
厕所数量——2			
淋浴室——无			
建筑坚固			
4 个水箱			

备用疏散中心包括：雅托村会议厅，协调员——里托·迪诺库拉（Lito Tinokura）；罗托村会议厅，协调员——木科木科·阿提拉（Mukomuko Ataela）；那加基村会议厅，协调员——普阿比·瓦泰（Puapii Wuatai）。

如有需要，可在各村选择其他场所作为疏散中心。但各疏散中心地址、主要负责人以及管理员等信息须在灾害发生前尽快提交至应急行动中心。必须提醒撤离人员，转移至疏散中心时须自备物资，如应自带至少够用一天的换洗衣物、食物和水。

（五）政府机构

岛屿委员会	—
警务	—
基础设施	1 辆卡车、2 辆拖挂车、2 台挖土机
水厂	—
供电	
司法	—
通信	1 辆摩托车
医疗卫生	2 辆摩托车
海事	

（六）私营机构

商铺	13 辆摩托车、3 辆单排座汽车、1 辆丰田陆地巡洋舰汽车
汽车旅馆	—

十一、危险因素

（一）飓风灾害

1. 灾害评估

灾害类型：飓风。

发生频率：约每 10 年一次（强飓风）。

严重程度：对普卡普卡岛产生轻度或中度影响。

地点：重灾区包括海岸低洼地带和种植园（芋艿）。

持续时间：1~2 天。

发生速度：慢。

2. 易损性评估

人群：老年人、残疾人、智障人士、贫民。

财产：机场、公路、房舍。

经济：损害农业与渔业的生产如芋艿、鱼类。

社会：国内负担加重、缺乏凝聚力。

潜在次生灾害：废弃物处理。

3. 灾害应对措施示例

防灾：砍掉可能影响房屋安全的树木，加固房顶保护房屋。

减灾：安装百叶窗、村庄清理、疏散低洼地带居民。

备灾：松散物体系紧拴牢、储备食品和水、备好急救药箱、社区工作。

应灾：社区团结互助、收听天气信息广播。

灾后恢复：小心提防、健康预防措施。

灾后重建：修复主要设施，如机场、公路、港口。

因计划的完善而不断增加其他措施。

（二）旱灾

1. 灾害评估

灾害类型：旱灾。

发生频率：每 5 年发生一次重大旱灾。

严重程度：芋艿种植园干涸、水供应减少。

地点：雅托村为重灾区。

时间：11 月至翌年 4 月灾情最重。

发生速度：中等偏慢。

2. 易损性评估

人群：农民；社区——卫生，如清洁洗涤、废弃物处理；社区——饮用水。

财产：火灾风险增加、田地、房舍、动物。

经济：无商品出口（芋艿）、旅游业受挫、进口增加、健康风险增加、健康成本增加。

环境：火灾风险增加、生态失衡（动植物缺水）、森林砍伐、岛上土壤枯竭、金枪鱼（鳗鱼）数量减少。

社会：社会混乱、无水和无水果用于酿酒、食物匮乏饮食结构改变。

安全区：飓风管理中心。

潜在次生灾害：健康问题、犯罪、火灾、农业受损。

3. 灾害应对措施示例

防灾：居民独立安装水箱、安装或修复社区水箱。

减灾：勿浪费水、节省饮用水、储存洗澡水。

备灾：提高公共意识，节约用水。

应灾：安装或修复社区水箱、教育民众节约用水。

灾后恢复：寻求政府资助、安装或修复社区水箱、保持水摄入量、保养供水管道及其他措施。

因计划的完善而不断增加其他措施。

（三）森林火灾

1. 灾害评估

发生频率：6~10 年之间。

严重程度：1993 年，近 2/3 种有树木的蕨地被毁，危及种植园；沿岸火灾频发。

地点：沿岸地带——危害环境，但不对人群造成威胁；蕨地——森林和种植园。

时间：蕨地——2 天或以上；沿岸火灾——无食物可吃。

发生速度：快。

2. 易损性评估

人群：无

财产：少量种植园受影响。

经济：树木减少导致岛屿对飓风等其他灾害的防御力降低。森林和其他受灾区域修复会增加社区、地方政府和国家政府的额外支出。

环境：给野生动植物造成威胁。

社会：地方政府依赖于国家政府和国际捐助者提供的援助。

（四）该岛屿其他危险因素

其他危险因素包括受损的太阳能电池、废弃重型机械有待处理。

第五章　默瑟岛《灾害废弃物管理计划》

一、引言

（一）目的

默瑟岛城认识到，自然灾害和人为灾难可能产生的废弃物会破坏公民的生活质量，也会使灾害发生后的应灾和恢复过程变得更加复杂。默瑟岛城还认识到，提前做好规划可以减轻灾害对社区、经济和环境的影响。因此，默瑟岛城特制订《灾害废弃物管理计划》（以下简称《计划》），以推动实现迅速的灾害应对和灾后恢复。

（二）使命

《计划》为推动、协调灾后废弃物的管理提供指导，旨在：①在灾害发生之前确定规划和人员培训需求，并做好相应准备；②减轻灾害对受灾地区公民生命、健康、安全、福祉、经济和环境的潜在威胁；③加快受灾地区的恢复速度；④确定会对公共或私有财产造成重大损害的威胁因素。

（三）范围

《计划》适用于默瑟岛城管辖范围内所有可能产生废弃物的灾害，包括灾害的应对和灾后恢复过程。该计划还包括为灾害废弃物管理做好准备所要求的其他要求，包括培训、演习和计划的维护。

（四）其他相关计划

1. 国家应急响应框架

美国国家应急响应框架[①]（以下简称"应急框架"）列明了各联邦机构的职责，概述了联邦机构如何与其他公共机构、私营部门和非政府组织协调行动，对联邦的事故响应行

[①]　http：//www.fema.gov/emergency/nrf.

动作出了规定。应急框架还强调了个人和家庭独立准备的重要性。《计划》符合美国国土安全部国家应急响应框架的应急支持功能#3——公共设施及工程①和应急支持功能#14——长期社区重建和减灾②，规定各级政府在灾害废弃物处理行动中应运用国家事故管理系统③的组织结构协调合作。

2. 华盛顿州综合应急管理计划

华盛顿州综合应急管理计划④列出了州属各机构在应灾行动中的职责，概述了各机构彼此之间以及与其他地区和地方公共机构、私营部门的协调配合方式，规定了州属机构应采取的应灾行动。本计划符合综合应急管理计划的应急支持功能#3——公共设施及工程和应急支持功能#14——长期社区重建和减灾，为组织地方一级的灾害废弃物处理行动提供了操作性指导。

3. 金县灾害废弃物管理计划

相关信息见金县应急管理网站：http：//www.kingcounty.gov/safety/prepare.aspx。

有关金县废弃物管理的更多信息，请联系：城市地区安全计划灾害废弃物管理项目管理员凯瑟琳·霍华德，金县应急管理办公室，华盛顿州兰顿市东北区第二大道 3511 号。

电话：206-296-3830

电子邮箱：Kathryn.Howard@ kingcounty.gov

此外，您还可联系：金县当地危险废弃物管理项目项目管理员办公室，华盛顿州西雅图市尼克森街 150 号 100 室。

商业废弃物热线电话：206-263-8899

家庭危险废弃物热线电话：206-296-4692

相关信息请访问：http：//www.lhwmp.org/home/aboutus/planupdate.aspx。

4. 默瑟岛城应急计划

本计划为独立计划，但与其他计划保持一致，包括默瑟岛城应急管理计划和默瑟岛城减灾计划。

（五）《计划》维护和更新

《计划》由默瑟岛城制订，由《计划》管理员詹妮弗·富兰克林负责进行长期维护。

---

① http：//www.fema.gov/pdf/emergency/nrf/nrf-esf-03.pdf.

② http：//www.fema.gov/pdf/emergency/nrf/nrf-esf-14.pdf.

③ http：//www.fema.gov/emergency/nims/index.shtm.

④ http：//www.emd.wa.gov/plans/documents/CompleteCEMP.pdf.

《计划》修订

由于人员配置、组织和外部因素可能会发生变化，《计划》将在火灾多发季节（4月）和飓风季节（9月）之前进行半年度审查，并根据需要进行更新。该计划的半年度审查与城市地区安全计划区域灾害废弃物管理计划审查时间安排一致。在可能的范围内，应尽量避免在审查间隔期对《计划》进行更改。如需在正常审核期之外修订《计划》，《计划》管理员应负责确保将修改部分发送给所有计划持有人。在《计划》审查期间，应特别注意其关键部分，包括角色和职责的具体分配、内部员工和外部资源的联系信息以及确定的废弃物管理站点的位置和状态。

二、情境与假设

本节概述了默瑟岛城可能发生的自然或人为灾害事故的类型、数量和分布情况，并且为事故后估算废弃物体积提供了工具。最后，本节还列出了用于制订《计划》的假设。

（一）灾害类型

默瑟岛城易发生多种自然或人为灾害事故，这些事故都可能会产生废弃物。下表列出了潜在的灾害事故和最常见的废弃物类型。

默瑟岛城可能发生的灾害事件的特点

灾害	废弃物特点	发生概率	废弃物影响
风暴	主要为植物废弃物，还可能包括破损或毁坏的建筑物的建筑/拆除材料以及一些损毁建筑的城市固体废弃物。长期停电可能造成私人住宅和杂货店大量物品腐烂	高	中
洪水	建筑/拆除材料、城市固体废弃物和问题废弃物，包括沉积物、植物废弃物、动物尸体和附着、沉积在公私财产上的危险物质。由于废水、石油或其他物质的污染，洪水灾害产生的废弃物大部分可视为问题废弃物	高	中
地震	主要是建筑/拆除材料和城市固体废弃物与问题废弃物的混合物	中	高
城市、荒野和荒野/城市过渡地带火灾	烧毁的植物、建筑/拆除材料和问题废弃物，包括灰烬、烧焦的木材和被灰烬覆盖的物品	中	低
暴风雪	主要是毁坏的树枝构成的植物废弃物，可能还包括建筑/拆除材料和长期停电造成的腐烂垃圾	中	中

续表

灾害	废弃物特点	发生概率	废弃物影响
火山爆发	主要是火山灰、泥浆和火山灰覆盖的物品，也可能包括建筑/拆除材料	低	高
海啸或湖震	沉积物和可能受到废水、石油或其他有害物质等问题废弃物污染的建筑/拆除材料	低	中
山体滑坡	沉积物和可能受到问题废弃物污染的建筑/拆除材料	高	高
植物病害	数量不定、需要特殊处理的植物废弃物	低	中
动物疾病	数量不定、需要特殊处理的腐烂废弃物	低	中
核、化学或生物事故	受污染、需要特殊处理的土壤、水、建筑/拆除材料和/或城市固体废弃物	高	中
核、化学或生物袭击	受污染、需要特殊处理的土壤、水、建筑/拆除材料和/或城市固体废弃物	中	高

上表根据多个来源的信息编制而成，包括默瑟岛城危险识别和脆弱性评估以及城市地区安全计划区域灾害废弃物管理计划。

（二）废弃物预估

灾害事故产生的废弃物类型和数量取决于事故本身的规模、持续时间和强度。在制订此计划时，考虑了两种不同废弃物情境的潜在影响：第一种是风暴，有可能产生少量到中等数量的废弃物；第二种是可能造成大量废弃物的严重地震。

1. 风暴灾害事件

历史上，默瑟岛城每年会发生 1~5 次风暴灾害。根据事故规模和断电等次要影响的不同，此类事故会产生少量到中等数量的废弃物，主要为植物废弃物，但也可能包含高架线、建筑废料、家电产品和腐烂性废弃物。

默瑟岛城既有城市地区，也有乡村地区，在风暴事故发生时，会产生不同数量的植物废弃物。历史上，该地区在类似事件之后产生的废弃物数量最大。2006 年，当地发生一场风暴，伴随着时速为 50~70 英里（约 80~113 千米）的阵风，结果产生了约 5 000 立方码（约 3 823 立方米）的植物废弃物。

2. 地震灾害事件

历史上，普吉特海湾区域①大约每 10~20 年就会发生足以产生废弃物的严重地震。以

---

① http：//www. fema. gov/emergency/nrf.

往的地震灾害产生了少量到中等数量的废弃物，但也有产生更多废弃物的可能性。例如，1994 年加利福尼亚州洛杉矶北岭地震产生了 700 万立方码（约 535 万立方米）的废弃物。

在 2001 年的尼斯阔利地震中，默瑟岛城损毁的主要是住宅建筑。关于这次灾害的损失和相关数据等详细信息请见默瑟岛城应急管理计划。

（三）情境与假设

本条目介绍在制订《计划》的过程中使用的情境与假设。

1. 情境

情境包括用于制订《计划》的已知事实或观察资料。在制订的过程中，考虑了以下情境因素。

（1）地震、风暴、洪水、工业事故和恐怖袭击等自然灾害和人为灾害产生各种废弃物，包括但不限于树木和其他植物性有机物、建筑材料、电器、个人财产、泥土和沉积物。

（2）任何特定灾害产生的废弃物数量和类型都取决于灾害事故的类型和发生的位置，及其规模、持续时间和强度。

（3）废弃物的数量、类型、位置以及分布面积大小直接影响着废弃物清除和处理方法的选择，包括废弃物问题多快能得到解决以及由此产生的相关费用。

2. 假设

假设是指未知，但是在制订《计划》过程中用到的预期事件或行动。在制订的过程中，作出了以下假设。

（1）重大自然灾害发生后，可能需要清除公共或私人土地上的废弃物。

（2）重大自然灾害产生的废弃物数量可能超过默瑟岛城的清除和处理能力。

（3）如果事故导致废弃物产生，必须尽快对灾害进行准确评估。

（4）默瑟岛城可能通过签订合同获得额外资源来协助废弃物的清除、减少和处理。

（5）在重大自然灾害发生之后，地方、州和联邦机构在短期和长期内可能很难配备专门的工作人员、设备和资金用于废弃物清理。

三、适用法规

本节将概述默瑟岛城的灾害废弃物处理方法，包括废弃物减少、废弃物管理站点和街区废弃物收集站的运行等产生影响的州和地方法规。本节还将介绍分段式废弃物管理站点在减少、回收和处理灾害废弃物的过程中涉及的环境和政策问题。

（一）规 划

默瑟岛城已确认在该城市范围内有 8 处场地可用作废弃物管理站点和街区废弃物收集站。当地卫生部门的一名代表已经初步审查了这些场地，并将在进行废弃物清理行动之前予以正式批准。默瑟岛城将在启动废弃物管理站点/街区废弃物收集站前通知卫生部门。

（二）响 应

默瑟岛城将在响应阶段启动废弃物管理站点准备行动，根据对灾害事件产生的废弃物类型的一般估测制定初步的废弃物减少、回收和处理方案。默瑟岛城可能决定通过气幕焚烧或粉碎法来处理废弃物。一旦作出了初步确定，该计划将递交给环境官员，以便他们根据有关规定对废弃物管理站点的运行和监测以及灾害废弃物处理情况的适用性给予指导。

废弃物管理站点准备行动由废弃物清理管理员发起。如废弃物跨越默瑟岛城边界，废弃物清理管理员将与相邻辖区和金县联络协调，以共同了解影响废弃物管理站点运行的法律规章。

欲了解激发默瑟岛城工作人员在灾难或紧急情况下采取行动的具体因素的详细信息，请参阅默瑟岛城应急管理计划。

关键环境机构的联系信息请见《附录 A 废弃物处理资源》。

（三）恢 复

本条目总结了适用于灾害废弃物管理恢复阶段的规章制度。

1. 废弃物管理优先事项与回收利用

在华盛顿州修正法规 70.95 的基础上修订的《1989 年华盛顿州反浪费法》将废弃物的减少和回收规定为华盛顿州废弃物管理的优先方法。默瑟岛城将把废弃物减少和回收定为灾害废弃物管理的最高优先事项。废弃物清理管理员将与垃圾运输承包商协调，确保可回收材料被最大限度地分类回收，并确保废弃物减少设备在普吉特海湾清净空气管理局和当地消防部门的规定内正常运行。

2. 空气质量和焚烧作为减少废弃物的方法

在恢复阶段，废弃物站点监管员将采取以下措施。

（1）开展烟尘监测，确保采取适当的防尘措施。

（2）监督所有气幕焚烧装置。这项行动将与普吉特海湾清净空气管理局协调执行。任何气幕焚烧炉需从现场存储区域后退，以容纳新的废弃物和结构物。木灰也将在现场存储，且需后置以容纳新的废弃物、加工的覆盖物或筒式粉碎机。在从气幕焚烧炉中取出之前，应先将木灰润湿并置于存储区。具体要求将由普吉特海湾清净空气管理局提供。

3. 家庭危险废弃物管理

默瑟岛城将建立家庭危险废弃物、废弃家电和特殊废弃物收集区。家庭危险废弃物应单独收集，并在批准的处理厂进行处理，联系县家庭危险废弃物管理项目的承包商对家庭危险废弃物进行安全处置。

默瑟岛城全城范围内有 8 处预先指定的地点，可用作废弃物管理站点和街区废弃物收集站。灾害发生后，将对预先指定的废弃物管理站点/街区废弃物收集站进行评估，以确定哪些站点安全、可用。随后将通知默瑟岛城居民开放、可用的废弃物管理站点/街区废弃物收集站所在位置。

含有破坏臭氧层的制冷剂、汞或压缩机油的白色家电废弃物在回收之前需由经过认证的技术人员预先清除此类有害物质。白色家电废弃物将由批准的废弃物处理公司妥善处理。

普吉特海湾清净空气管理局将负责监管对含有石棉或含铅油漆的结构的拆除工作。

四、行动构想

本节介绍默瑟岛城将如何开展废弃物管理工作的相关信息，包括响应级别、组织、角色和职责、沟通战略以及健康和安全战略。

（一）废弃物管理响应级别

废弃物管理工作分为四个响应级别。默瑟岛城目前的响应级别将由应急指挥员或废弃物管理员制定，并在事故实际发生时或预料事故即将发生时，根据其地理范围和影响启动相应级别的响应程序。

1. 一级：常规行动

一级事故相当于日常紧急情况，仅需要最低程度的协调和协助。此类事故包括小型山体滑坡、轻微洪涝或建筑物倒塌。这种情况用现有的资源就可进行有效的支持，无须发布地方警报。

2. 二级：中度灾害

二级事故是指需要调动常规协调和协助之外的支持力量，通常涉及多个辖区的灾害事故。此类事故包括中度地震、多个区域的轻微或中度洪涝以及伴随雪、冰雹或大风的冬季风暴。这种情况可能需要通过互助或借助外部合约资源进行处理，有可能需要发布地方警报。

3. 三级：重度灾害

三级事故是指需要高度协调，通常涉及州和联邦援助的灾害事故。此类事故包括大地震、重度洪涝或严重的冬季风暴。大多数情况下需要发布地方警报。

4. 四级：特大灾害

四级事故是指导致地方部分或完全破坏，需要州和联邦援助的重大灾害事故。此类事故包括特大地震、特大洪涝或重大袭击事件。这种情况均需要发布地方警报，大多数情况下还需联邦发布重大灾害声明。

（二）废弃物管理工作阶段划分

对废弃物管理事件的应对具有阶段性特征，具体分为以下三个阶段，根据事故类型的不同可能会有重叠。

1. 提高准备程度

当能够产生废弃物的自然或人为事故威胁到该地区时，默瑟岛城将进入准备阶段，提高灾害准备程度。在此期间，工作人员将完成以下任务。

（1）审查和更新计划、标准作业程序、承包合同以及与废弃物清除、废弃物存储、减少、处置相关的检查列表。

（2）提醒负责废弃物清除的地方部门确保人员、设施和设备准备就绪，在紧急事故发生时随时可用。

（3）妥善安置人员和资源，避免伤害，方便人员和资源的有效调动。

（4）审查在抵御风险的过程中可在响应和恢复阶段使用的潜在的本地和区域废弃物管理站点。

（5）审查可协助清除废弃物的私人承包商资源清单。作出必要安排确保以上资源在灾难发生时的可用性。

2. 响应

废弃物管理响应行动旨在解决产生废弃物的事故造成的即时或短期影响。在此期间，工作人员将开展以下工作。

（1）启动废弃物管理计划，与灾害损失评估小组协调。

（2）开始记录成本费用。

（3）根据废弃物清除重点事项，开始清理废弃物，疏通运输路线。

（4）协调并跟踪（公共和私人）资源。

（5）确定资源分配和使用的优先级。

（6）确定并启动（当地和区域的）临时垃圾储存、处理站点。

（7）解决废弃物清理过程中的任何法律、环境和健康问题。

（8）持续通过公共信息官向公众通报情况。

3. 恢复

废弃物管理恢复行动旨在在灾害结束后使社区恢复常态。在此期间，工作人员将开展以下工作。

（1）继续以经济有效、环保的方式收集、存储、减少和处理灾害事故产生的废弃物。

（2）继续记录成本费用。

（3）完成垃圾清理任务后，通过开展和实施必要的站点恢复行动，关闭垃圾分类和处理站点。

（4）执行必要的工作审计，申请联邦援助。

（三）应急指挥系统

根据默瑟岛城综合应急管理计划所述，默瑟岛城将使用应急指挥系统来组织废弃物管理响应工作。根据事件规模和范围的不同，废弃物管理工作人员可能担任不同职位。例如，在一个明显需要废弃物清理作业的事件中，废弃物管理员可以担任应急指挥官或应急行动长官。在更大、更复杂的事件中，废弃物管理员可能被派往应急行动部门，担任分区指挥或小组管理员。

（四）角色与职责

本条目确定了灾害事件期间内部和外部机构的角色与职责。

1. 默瑟岛城政府部门

灾害废弃物管理行动的支持工作涉及默瑟岛城内部的多个部门。默瑟岛城应急管理计划详细介绍了以下各城市部门的具体情况和职责，包括公共工程部、应急管理办公室、警务处、规划部、消防局、道路部、公园部、采购部、财务部、信息技术部和卫生部。

2. 外部机构

华盛顿州农业部：农业部支持华盛顿州的食品和农产品生产商、分销商和消费者。在灾害期间，农业部可根据需要就动植物废弃物的处理向当地卫生部门/地区和固体废弃物处理机构提供支持和建议。

华盛顿州生态部：生态部负责华盛顿州的环保工作，是全州范围内城市固体废弃物和危险废弃物的管理机构。在灾害期间，生态部可根据需要就灾害废弃物的处理向当地卫生部门和固体废弃物处理机构提供支持和建议。为加快响应和恢复，必要时生态部也可能会发放临时许可证，或者建议州长暂停某些规定。

华盛顿州卫生部：卫生部负责管理项目，制定法规来降低公民的环境危害暴露程度，以保护民众健康。在产生废弃物的灾害事件中，卫生部将按要求协助地方卫生部门，确保采取适当措施维护国家公民和工人的健康。

华盛顿州应急管理部：应急管理部可通过提请州长发布灾难公告，提出应急管理互助请求，申请联邦发布灾害声明，执行联邦紧急事务管理署的公共和个人援助来协助默瑟岛城。在废弃物管理响应阶段，应急管理部能够确保设施按照联邦和州的规定运行，并决定处理和清除的优先顺序。

华盛顿州行政总局：行政总局是华盛顿州综合应急管理计划应急支持功能#3——公共设施及工程的主要负责机构，其中包括为本州设施协调后勤和工程支持资源。在产生废弃物的灾害事件中，行政总局主要负责为本州各机构提供支持，还将通过华盛顿州军事部应急管理司的协调提供资源满足地方需求。

华盛顿国民警卫队：华盛顿国民警卫队可为保护华盛顿州提供设备、人员和技术援助。在产生废弃物的灾害事件中，国民警卫队的资源能为设备分段运输、废弃物分类和处理站点、有限的电力资源和避难所、交通管制和空中侦察提供安全保障。在当地资源耗尽后，经向州应急管理部提出申请，即可使用国民警卫队资源。

华盛顿州巡警：华盛顿州巡警是华盛顿州的首要执法机构。在产生废弃物的灾害事件中，华盛顿州巡警支持人员和财产疏散过程中的地方执法行动，根据华盛顿州消防动员计划（与华盛顿州自然资源部）协调灾害消防和消防资源以及加强地方执法资源。

普吉特海湾清净空气管理局：普吉特海湾清净空气管理局负责普吉特海湾的空气质量管理。在产生废弃物的灾害事件中，普吉特海湾清净空气管理局会就废弃物户外燃烧和含石棉废弃物的清除和处理提供建议。他们还为产生大量烟尘的废弃物处理行动提供信息和可能的空气质量监测。根据灾害严重程度，普吉特海湾清净空气管理局可以暂停华盛顿州清洁空气法或条例第Ⅰ、第Ⅱ和第Ⅲ条的部分或全部施行。

美国农业部：美国农业部国家自然资源保护局向私人土地所有者、土地使用者、社区、州和地方政府提供技术和财政援助，帮助他们制定并实施土壤、水和其他自然资源保护机制。美国农业部国家自然资源保护局在废弃物相关活动中的职权有限，仅限于为应对流域突发、损坏，给生命或财产带来紧迫威胁而开展的径流隔断或水土流失防治。通常这也包括河道内或附近的废弃物。

美国农业部动植物卫生检疫局可根据兽医服务计划和植物保护与检疫计划提供支持。公共和私人土地均符合这些计划的规定。这些计划通过收集和提供信息，进行或支持治疗，并为规划和计划实施提供技术援助来协助联邦和州政府机构、部落、默瑟岛城等地方政府机构以及私人土地所有者开展动物和植物卫生管理。

美国海岸警卫队：美国海岸警卫队根据《港口和航道安全法》（美国法典第 33 卷 1221节）负责保持航道的安全和开放。尽管没有明文规定"美国海岸警卫队负责航道废弃物清理"，但美国海岸警卫队过去一直担负协助航道和海上运输系统恢复的任务。

美国国防部：西雅图城市安全倡议区拥有众多的国防设施，和应对产生废弃物的灾害可能需要的设备与人员。这些资产的使用申请需经华盛顿州军事部应急管理司协调，仅在当地所有的私人和公共资源几乎或完全耗尽之后才可以使用。

美国陆军工程兵团：美国陆军工程兵团是国家应急响应框架应急支持功能#3——公共设施及工程的牵头机构，其中包括废弃物管理。在总统发布灾害声明的事件中，美国陆军工程兵团可向地方应急人员提供技术援助，以完成废弃物清理工作。美国陆军工程兵团还拥有可用于支持地方废弃物管理行动的承包商资源。

美国国家环境保护局：在废弃物管理行动中，美国环保局可就污染废弃物和其他有害物质的收集、减少和处置提供技术援助和建议。美国环保局还有承包商资源，可用于协助危险材料的收集、管理和处置。

联邦紧急事务管理署：联邦紧急事务管理署是负责协调联邦政府应急管理职能的联邦机构。在特大灾害事件中，联邦紧急事务管理署可以提供直接的联邦援助，以支持地方、部落和州政府的废弃物清理、清除和处置相关行动。必须在响应需求超过地方、部落和州政府的响应能力时才能提供这类协助。在总统发布灾害声明后，联邦紧急事务管理署可以选择使用其任务分配权力，委派包括美国陆军工程兵团和美国国家环境保护局在内的其他联邦机构承担废弃物清理任务。

3. 承包商和供应商

承包商和供应商常用来增加地方资源，支持废弃物管理行动。

（1）固体废弃物收集公司

固体废弃物收集公司是通过运输和/或处置固体废弃物提供城市固体废弃物日常服务的私营实体。在产生废弃物的灾害事件中，这些公司可以负责维持现有的城市固体废弃物服务，并可能提供额外资源来协助废弃物清理、处理和处置行动。

（2）废弃物管理承包商

在产生废弃物的灾害事件中，废弃物管理承包商提供额外资源协助废弃物的清理、清除、分类与处置。可在灾害事件发生前与这些承包商签订合同，以确保事件或事故期间或之后的有效响应。美国陆军工程兵团和美国国家环境保护局等联邦机构也可以提供承包商资源来协助废弃物管理行动。

（3）废弃物监测承包商

废弃物监测承包商为废弃物管理行动提供监督和记录服务，可能包括监督其他废弃物管理承包商，记录废弃物清理和处置行动以便报销时使用以及记录临时废弃物分类和处理站点的运作情况。

（五）其他资源

本条目列出了可用于支持默瑟岛城废弃物管理行动的其他资源。

1. 地方、县与州资源

默瑟岛城可从邻近辖区和县级部门获得额外资源。《计划》将详细介绍可用于获得额外资源的现有互助协议。

2. 联邦资源

对于总统宣布的重大灾难，如果受灾的州或地方政府不具备应对灾害所需的能力，可以提出技术援助或联邦直接援助请求。此请求只能由华盛顿州提出，请求获批后称为任务分配，是指由联邦紧急事务管理署向其他联邦机构下达的工作指令，指示其完成特定任务，以应对总统宣布的重大灾难或紧急情况。

联邦紧急事务管理署的任务分配中有两项与废弃物相关的应急支持功能。

（1）美国国土安全部国家应急响应框架的应急支持功能#3——公共设施及工程，负责基础设施的保护、应急维修和恢复。该组织提供工程服务和施工管理，是关键的基础设施联络方。美国陆军工程兵团是美国国土安全部国家应急响应框架的应急支持功能#3的牵头机构。

（2）美国国土安全部国家应急响应框架的应急支持功能#10——石油和有害物质应急，负责应对石油和危险物质问题、环境安全以及短期和长期清理。最常被委派处理这些废弃物相关行动的两个机构是美国国家环境保护局和美国海岸警卫队。

（3）美国国土安全部国家应急响应框架的应急支持功能#11——动植物病虫害应急，负责协调联邦、州、部落和地方共同应对大规模爆发的高度传染性或经济破坏性人畜共患病（动物）疫情、高度传染性外来植物疫病或经济毁灭性植物虫害。该项应急支持功能由美国农业部协调。

所有任务分配具有以下要求。

（1）社区必须证明州和地方资源不足以完成应对灾害所需的相关工作。

（2）工作范围必须包括可量化、可衡量的具体任务。

（3）联邦紧急事务管理署必须下达任务分配指令。

（六）应急通信策略

在产生废弃物的灾害事件中，默瑟岛城废弃物管理人员将使用以下方法与默瑟岛居民、企业和城市工作人员以及外部机构和辖区进行沟通。

（1）默瑟岛城无线电系统。

（2）默瑟岛城网站。

（3）移动电话。

（4）手机直连。

（5）电子邮件。

（6）短消息服务（即短信）。

（7）将在默瑟岛城全市范围内张贴信息标志牌。

（七）卫生与安全策略

废弃物处理行动涉及使用重型设备来移除和处理各种类型的废弃物。其中许多行动会对应急响应和恢复工作人员以及公众造成安全隐患。除此之外，暴露于某些类型的废弃物，比如含石棉的建筑材料和含有有害物质的混合废弃物可能给应急工作人员带来潜在的健康风险。

所有的废弃物处理行动应遵守《默瑟岛城卫生安全计划补充规定》中的健康和安全要求。"卫生安全计划"使得政府机构及其承包商能够在废弃物恢复行动期间避免事故，并保护工人不暴露于危险物质中。卫生与安全策略确立了政府机构和承包商工作人员应遵守的最低安全标准。此外，该策略为应急工作人员提供了如何识别危险情况的信息以及适当、正确使用个人防护装备（个人防护设备）的具体指导方法。

为促使人们遵守规定，卫生与安全策略规定了如何将安全信息传播给默瑟岛城所有应急工作人员和承包商以及如何监测最低安全标准的执行情况。该策略还包括在工作人员未遵守最低安全标准时应采取的具体纠正措施。

五、现有资源、人员培训和职责

本节将介绍默瑟岛城在废弃物清理、清除和处理方面拥有的内部及外部资源。

（一）人员

废弃物管理工作人员负责在事故发生时及发生后指导相关行动。负责废弃物清理、清除和处理的人员规模和组成取决于灾害的严重程度。废弃物清除工作人员由全职人员和来自其他机构的人员组成，视事故处理需求决定是否还需要承包商。

事故发生时，所有人员可能需要承担多个角色，具体如下。

（1）废弃物清理管理员：需协调所有与事故相关的废弃物清除活动，包括与其他灾害管理团队成员沟通，交流项目进展状态，报告、宣传并执行下达给废弃物清除人员的政策指令等。该角色由维护主管担任。

（2）废弃物收集监管员：监督废弃物到达处理地点之前的所有收集行动，并协调运送路线规划、人员分配和现场报告事宜。该角色由街道维护负责人承担。

（3）废弃物站点监管员：管理一个或多个废弃物管理站点，监督废弃物分类、环保问题，负责文书填写及报告归档。该角色需由街道管理专家承担。

（4）财务、行政和后勤人员：这些岗位职责包括记录人员时间、设备和事故费用，还需协助承包商和供应商、填写花费报销文件、办理资源登记与善后处理。该角色由财务主管承担。

另外，在事故的规划、应对和恢复过程中可能还额外需要专业人员来担任技术专家，具体如下。

（1）废弃物管理专家：为行动团队和规划团队的工作人员提供信息和建议，帮助指导灾害处理行动。该角色由维护主管承担。

（2）质保人员：通过监测回收、分类、筛选和处理过程中废弃物的种类和数量，确保废弃物处理操作符合成本效益。

（3）建筑工程师：监督、视察并评估受灾建筑，并为建筑征用、拆迁提出合理的建议。该角色由建筑官员承担。

（4）法律人员：审查、管理废弃物管理规划流程中的所有法律事务。除了为废弃物管理及规划人员提供建议，法律部门可能还需执行以下任务：①合同审查；②办理进入租地权许可；③社区法律责任；④补偿；⑤建筑物征用；⑥为废弃物管理站点征用土地；⑦站点关闭/复用和保险。该角色由城市助理律师承担。

（5）公共信息官：如有需要，应当任命熟悉废弃物管理相关事务的公共信息官担任应急指挥员或将其委派至联合情报中心。其职责包括与其他机构的公共信息官协调让公众了解所有的废弃物清除活动和安排。在灾害发生后的第一时间及整个清除和处理行动过程中，公共信息官应负责安排公众通报工作，告知公众所有正在进行及将要进行的废弃物清理、清除和处理活动。该角色由城市副执行长来承担。

《附录A　废弃物处理资源》总结了默瑟岛城废弃物管理行动中的部分职位及其可能承担的责任。

默瑟岛城工作人员联络表存放于应急行动中心。

（二）设备

在事故期间，各机构的卡车、橡胶轮胎装载机、平土机、削片机、链锯、小型起重机、推土机和挖沟机等设备都需用来协助废弃物清理和清除行动。大部分时候这些设备资源都会与跟默瑟岛城有合约的固体废弃物运输公司合作，用于公共道路的废弃物清理。

默瑟岛城有许多不同的设备，可用于废弃物的处理和管理。

（三）技术

默瑟岛城有多种不同工具，可用于协助废弃物处理，具体示例如下。

地理信息系统制图和建模：地理信息系统制图和建模可用于估计废弃物规模和分布情况，规划废弃物清理行动，并确定废弃物清理优先顺序。

（四）合同资源

事故期间可能需要与其他资源供应方签订合同，增加默瑟岛城废弃物管理人手和设备。这些资源可用来帮助执行一些具体任务，如废弃物清理或废弃物管理站点管理，也可以雇用他们来管理整个废弃物清除和处理过程。

本章第七节"资源合同"对事故发生前或发生时与额外的资源订约提供了说明指导。

需要注意的是，如相关合同是在灾后签订，则不得签订动员费用或单位成本远高于实际水平的灾前/备用合同。

（五）互助协议和地区间协议

默瑟岛城签订了很多协议，可以保证在处理产生废弃物的事故期间有足够的资源和人员可用。

适用于废弃物处理的协议如下表所列，其中包括合同如何生效以及对协议双方有何要求等细节信息。

救灾互助主要涉及《华盛顿州州内互助协议》以及符合华盛顿州修正法规的现有立法。

现有协议

协议	类型	参与要求	服务要求	如何生效	可用资源类型
华盛顿州公共工程应急响应互助协议	互助	自愿	自愿		公共工程设备和人员
应急管理互助协议	互助	自愿	"基于双方理解，提供援助的州可能需要保留一定的资源以保证对本州的合理保护。"在此基础上，提供援助是义务性要求	州长宣布进入紧急状态，并需要通过华盛顿州应急管理部作出资源请求	一切可用资源，包括废弃物清除设备和人员
华盛顿州县间互助协议	互助	自愿	不论发生任何类型的紧急情况，在自愿应急援助行动中提供援助的县都应作为被援助县的独立承包商。提供援助的县在资产开始使用的 8 个小时之后产生的成本费用和劳动费用都将由被援助县支付	紧急援助请求应直接联系由协议方提供的联系名单上的指定联系人	设备、供给品、人员或直接提供服务
华盛顿州消防动员计划	互助		自愿	当地的消防长官通过区域协调员向州应急行动中心发出动员请求。华盛顿州巡警长官经与州长的幕僚长协商后做出决定。动员宣布后，一切劳动或资源费用都由华盛顿州巡警支付。计划明确指出，该计划并非地方互助协议的替代方案，且仅在此类互助协议的可用资源耗尽之后才能批准动员请求	处理火灾、灾害或其他事故所需的消防员和设备——这是一项全险协议
华盛顿州执法动员计划草案	互助	不明	不明	不明	不明

续表

协议	类型	参与要求	服务要求	如何生效	可用资源类型
华盛顿州金县：地区间固体废弃物协议	地区间协议	不明	不明	不明	固体废弃物处理资源
华盛顿州金县：金县私人或公共机构区域灾害应急计划	互助	自愿，需在文件上签名	资源提供和接收在综合财务和法律协议中有明确规定	默瑟岛城发出当地的紧急通知，即视为提出请求	任何类型必须先使用当地和区域资源

（六）处理设施

在事故期间，可能需要动用各种资源来处理不同类型的废弃物。《附录 A　废弃物处理资源》将说明默瑟岛城附近的废弃物处理点。请牢记，每处设施可接收的废弃物数量和类型可能会根据事故的规模和严重程度而有所不同。

（七）回收和堆肥设施

在事故期间，可能需要动用各种资源来回收、堆肥或处理不同类型的废弃物。这些资源给垃圾填埋提供了替代方法，甚至可能带来额外的经济和环保效益。《附录 A　废弃物处理资源》将说明默瑟岛城附近的废弃物处理地点。记住，每处设施可接收或批准接收的废弃物数量和类型可能会根据事故的规模和严重程度而有所不同。

（八）人员培训和责任

本条目列出了西雅图城市安全倡议区各辖区在灾害事故的废弃物清除中所需的人员职责，描述了辖区人员在为产生废弃物的事故制订计划或采取应对措施时，为确保及时有效的应对和恢复行动可能需要承担的具体角色。

1. 人员培训

每个辖区都应指派人员制订和维护灾害废弃物管理行动计划，并在事故期间支持废弃物管理行动。工作人员各自的角色应在事故前预先指定，以便进行相应的培训和规划。

2. 计划的所有权和维护

每个辖区都应指定某个个人或团体负责该辖区的灾害废弃物管理行动计划的制订和维护。该个人或团体有责任指导计划的制订，并确保计划规范的更新和执行。

3. 废弃物处理人员

废弃物处理人员负责在事故发生时及发生后指导废弃物处理相关行动。事故发生时，有废弃物管理经验的人员可能需要承担多个角色，具体如下。

（1）废弃物管理专家：为行动团队和规划团队的工作人员提供信息和建议，帮助指导灾害处理行动。

（2）废弃物收集监管员：监督废弃物到达处理地点之前的所有收集活动，并协调运输路线规划、人员分配和实地报告事宜。

（3）废弃物清理管理员：需管理和协调所有与事故相关的清除活动，确保与灾害管理团队其他成员之间的沟通，交流项目进展状态，报告、宣传并执行下达给废弃物清理人员的政策指令等。

（4）废弃物站点监管员：管理废弃物管理站点，监督废弃物分类、环保问题，负责填写文书及撰写报告文件。

（5）财务、行政和后勤人员：这些角色需记录人事、设备和事故费用的相关时间，协助承包商和供应商，填写花费报销文件，办理资源登记签收和善后处理。

（九）其他专业人员

在事故的规划、应对和恢复过程中可能还额外需要专业人员来担任技术专家，具体如下。

（1）质保人员：确保节省、高效地监测应急响应和恢复行动。

（2）建筑工程师：监督、视察并评估受灾建筑，并为建筑征用、拆除提出合理的建议。

（3）法律人员：审查、管理废弃物管理规划流程中的所有法律事务。除了为废弃物管理及规划人员提供建议，法律部门可能还需执行以下任务：①合同审查；②办理进入租地权许可；③社区法律责任；④补偿；⑤建筑物征用；⑥为废弃物临时分类与处理站点征用土地；⑦站点关闭/复用和保险。

（4）公共信息官：如有需要，应当任命熟悉废弃物管理相关事务的公共信息官担任应急指挥员或将其委派至联合情报中心或联合信息系统。其职责包括与其他机构的公共信息官协调让公众了解所有的废弃物清除活动和安排。在灾害发生后的第一时间及整个清除和处理行动过程中，公共信息官应负责安排公众通报工作，告知公众所有正在进行及将要进行的废弃物清理、清除和处理活动。有关公共信息策略的更多信息请参阅本章第九节"公共信息和沟通计划"。

（十）培训和演习

为确保持续、全面的废弃物处理行动，西雅图城市安全倡议区所有辖区应定期和所有潜在的计划参与者，包括获得特许或通过订立合同在灾害期间提供废弃物管理服务的私人企业一起复审灾害废弃物管理计划。

1. 常规应急管理培训

参与灾害废弃物管理行动的人员都应参加常规应急管理培训、不同角色的针对性培训以及所在辖区的国家事故管理系统实施和培训计划所规定的培训。

常规应急管理培训要求是国家事故管理系统的一部分，特定人员应完成以下课程。

（1）IS-700 国家事故管理系统：概论（线上课程）。

（2）IS-800 国家响应计划：概论（线上课程）。

（3）ICS-100：面向急救员，关于国家事故管理系统——事故指挥系统的介绍（线上课程）。

（4）ICS-200：面向急救员，关于国家事故管理系统——事故指挥系统中全部有危险的情形的初级课程（课堂授课）。

（5）ICS-300：国家事故管理系统——事故指挥系统中级课程①（课堂授课）。

这些课程要求是 2007 年财政年度国家事故管理系统培训要求和 2008 年国家事故管理系统 5 年培训规划的一部分。关于不同职位的国家事故管理系统针对性培训要求的额外信息可从联邦紧急事务管理署获得。

2. 不同职位的针对性培训

是否需要针对性培训取决于具体的人员角色和职位。联邦紧急事务管理署提供了几个可能适用于灾害管理人员的线上课程，包括联邦紧急事务管理署"公共援助项目"中的《IS-632 废弃物处理概论课程》和《IS-630 公共援助项目介绍课程》。联邦紧急事务管理署下属的应急管理学院提供了关于废弃物管理的课程（《E202 废弃物管理》）。

3. 演习

灾害废弃物清除流程可以通过讨论或实际操作来测试和练习，目的是要确定在灾害情

---

① ICS-300 课程推荐突击分队队长、特遣队长、单位负责人、分部/小组监管人和分支主管以及应急行动中心人员参加（FEMA，2008a）。

境中行动流程的整体效率和有效性。这些流程可以分别执行，也可以将某一个流程作为另一种练习的一部分来进行。操作演习至少每4年执行一次。所有的计划都需根据行动后报告和演习改进报告来进行修改。

（十一）证书及资源分类

作为联邦国家事故管理系统合规目标的一部分（FEMA，2008b），美国国土安全部正在建立一种全国性的认证系统和不同职位的资源分类标准，为应急响应和恢复专业人员提供可靠认证，确定基准知识和经验的标准。有些标准将特别针对废弃物管理展开。辖区管理人员应当和华盛顿州应急管理部共同合作，采用和国家事故管理系统兼容、能追踪应急管理行动与灾害废弃物处理行动参与人员的职位描述和资格的认证系统。

六、废弃物收集与运输

本节将提供关于灾害废弃物的响应处理和恢复行动相关信息，其中包括损害评估、废弃物收集和废弃物管理站点的建立。

（一）损害评估和废弃物估计

损害评估是一个收集关于废弃物数量和组成、损失成本的初步预估信息以及公共或私营部门对损害现场、类型和严重性的综合描述的系统过程。最初的损害评估通常在事故发生的36小时内，由当地、州、联邦和志愿组织完成，并提供有关损失和恢复需求的相关参考指示。最初损害评估是确定所需州及联邦援助等级以及恢复所需的必要援助的基础。根据默瑟岛城或相关地区对生活、安全和财产问题的反应能力，评估可能需要更长时间。

废弃物评估应完成的任务为：①评估废弃物的数量和种类；②评估损失成本；③确定对关键设施的影响；④确定对住宅区和商业区的影响；⑤确定响应和恢复所需的额外资源。

联邦紧急事务管理署初步损害评估

初步损害评估报告是更为详细的评估，是在最初损害评估受到质疑，事故所需资源超过或将超过当地资源，且需要联邦援助时完成的。初步损害评估有两个目的，具体为：①为初步损害评估提供可靠的损害预估，将作为申请援助或出于合理考虑，州长要求总统发布灾害声明的基础；②一旦声明发出，初步损害评估为州和联邦灾害救济计划的有效实施提供支持。

初步损害评估报告由联邦紧急事务管理署、华盛顿州应急管理部、县和地方官员和美国小企业管理局的官员团队完成。完成报告编写工作并通过州长办公室递交至联邦紧急事务管理署通常需要大约 30 天的时间。

（二） 废弃物清理和清除指导方针

默瑟岛城为废弃物清除的优先顺序提出了以下指导方针。

（1） 生命安全。

（2） 时局稳定。

（3） 财产保护。

（4） 经济问题和环境保护。

这些方针将指导产生废弃物的灾害事故的规划、响应和恢复。

（三） 废弃物清除优先级

默瑟岛城提出了废弃物清理优先顺序。在灾害处理行动中，某些情形，如犯罪现场保护和事故调查，可能需要延迟废弃物清理，直到获得当地或联邦执法官员的批准。

（1） 清理应急通道路线——生命线。生命线是紧急救援通道、备用和疏散通道以及损害评估路线组成的交通网络，应覆盖潜在过渡点、临时安置所和支持社区应急响应的其他可用资源。默瑟岛城将和各县及周边城市紧密合作，一起将交通通道清理确定为优先事项。

（2） 清理关键设施和基础设施通道。无论是有形的还是无形的资产、系统和网络都至关重要，它们的功能丧失或损坏都将削弱个人安全、经济安全和公共卫生安全。这些设施通常包括医院、消防站、警察局和应急行动中心以及移动电话和固定电话服务、饮用水和电力设施以及卫生设施。

（3） 清理主要高速公路和交通干线。主要高速公路和交通干线是公共交通网络的重要组成部分，在协助灾害应对和恢复行动过程中需要使用，但可能并未被辟为应急通道。

（4） 清理货物运输和服务/经济恢复必要区域。这些区域指对地区内有效运输货物和服务不可或缺，但之前的各项分类中未包含的公共交通网络，可能包括通往仓库、机场、海港和主要商业区域的通道。

（5） 清理次要干道。这些路线包括有着适中交通流量，但在之前的分类中未包含的公共交通网络。

（6） 清理当地路线。这些区域可能包括在住宅区中，但不包含在之前的分类中的公共交通网络。

《附录 D 生命线和其他废弃物清理优先顺序》介绍了废弃物清除的优先顺序。

（四） 废弃物处理行动

废弃物清理和清除行动主要聚焦公共道路和其他关键基础设施，根据本章第六节第三条目中列出的方法确定先后顺序。

1. 废弃物清理

根据第六节第三条目中列出的优先顺序，初期废弃物清理将侧重于公共物产的废弃物清理。如私人或商业区域的废弃物对社区造成了健康或安全威胁，才可能有必要进行额外清理。

《附录 A　废弃物处理资源》列出了可用来清理和运输事故后灾害废弃物的额外资源。在废弃物清理和收集过程中需要考虑的问题如下。

（1）废弃物组成：混合废弃物会给废弃物的减少和回收技术造成问题，可能会影响未来的报销补偿问题。在废弃物收集行动中，应尽可能立即采取行动阻止或减少废弃物的混合。

（2）清理废弃物的地点：通常，公共物产、私人住宅和私营商业财产废弃物清理会有不同的报销和操作指南。私人物产的废弃物清理费用通常不可报销，但一直以来，在私人物产对社区的健康和安全产生威胁时，默瑟岛城会帮助清理私人物产上的废弃物。

2. 收集方法

根据废弃物的类别和分布情况，在产生废弃物的事故中有以下几种废弃物收集方法可供选择。

（1）路边：要求居民将废弃物放在路右边以供收集。如使用这种方法，需要指导居民进行废弃物分类，包括城市固体废弃物、植物废弃物、建筑废弃物、家庭危险废弃物以及易腐性废弃物。

（2）废弃物管理站点或废弃物投放箱：要求居民将灾害废弃物放到指定收集地点，在运输至最终处理地点之前进行临时储存、隔离和处理。在每一场产生废弃物的事故中，废弃物管理站点的位置应尽量保持一致，并包含在事故沟通策略中向公众公布。可作为废弃物临时存放处的设施包括废弃物投放箱、废弃物管理站点、垃圾填埋堆和中转站。

（五）废弃物管理站点

1. 站点管理

废弃物管理站点的准备和运营可由默瑟岛城或承包商管理。为满足废弃物管理的整体战略目标并确保站点有效运行，每个站点都应配有站点管理员、废弃物处理监控人员以及安全人员。《附录 A　废弃物处理资源》列出了默瑟岛城确定担任这些职位的人员名单，其职责如下。

（1）站点管理员：在站点运行期间，管理员负责监管站点日常运行，维护日常工作日志，编写站点进展报告，执行安全和许可要求以及安排环境监测，更新站点布局。此外，站点管理员须监督废弃物清除承包商和现场废弃物处理承包商的各项行动，确保其符合合同条款。

（2）监控人员及其任务：进出口都应配备区域监控员（无论是默瑟岛城的雇员还是承包商）来计量废弃物装载量，发放载重单据，检查和确认卡车容量，检查危险废弃物的装载，并执行质量控制检查。具体职责将取决于废弃物收集方法。

（3）安全人员：安全人员负责交通管控，确保站点运行符合当地、州和联邦的职业安全法规。

2. 站点设立与运行规划

应尽可能在事故发生前确定并建立废弃物管理站点，以便完成合理的规划和许可申请。默瑟岛城有 8 处预先指定的废弃物管理站点或社区回收点场地。

（1）许可

第三节"适用法规"提供了关于设立和运行废弃物管理站点所必需的适用许可说明。

（2）废弃物管理站点位置

默瑟岛城有 8 处预先指定的地点可用作灾害废弃物处理期间的废弃物管理站点，所有站点均符合以下标准。关于废弃物管理站点采用的适当形式，请参阅《附录 C 废弃物管理站点目录》。

（3）确定额外废弃物管理站点

在确定额外的废弃物管理站点时，规划人员应当首先考虑已获得固体废弃物处理许可的站点，其次考虑公共土地以避免昂贵的土地租赁费用。生命线和主要交通路线附近的现有处理和回收站点是理想的废弃物管理站点。此外，默瑟岛城拥有的公园、空地或运动场等无须大量维修费用的地点也应当被考虑在内。州与州、县与县之间的协议可能会为公共土地使用提供一些解决方案，但如果这些解决方案不可行，规划人员应当为寻找可能的私人土地废弃物管理站点制定标准。私人土地地役权应由法律人员审查，以避免在站点关闭时的大量损害索赔。废弃物管理站点选址的其他考虑事项包括：①尽可能地靠近灾害废弃物产生地；②足够大，要能提供一个储存区、一个分类区和一个减容操作区；③地面够硬，最好表面无孔，比如铺好的停车场；④从主要交通路线可以到达，并且进出口允许重型卡车通过；⑤在湿地或井场等环境敏感区外；⑥再利用和再循环的可能性，比如木材协议、农业区覆盖物和碎片处理以及焚化炉或加热的燃料来源。再循环是否成功取决于废弃物类型和当地的循环利用环境。

（4）站点准备

如有需要，制定谅解备忘录、协议备忘录或租赁/使用协议。为可能污染土壤、地下水和地表水的材料（如灰、家庭危险废弃物、燃料和其他材料）建设铺有衬垫的临时储存区域。如有可能，在诸如发电机和移动照明装置等固定设备下面铺上塑料衬垫。如果废弃物管理站点准备工作外包，这些注意事项应当作为要求纳入工作范围。应对地势和土壤/基质状况进行评估，以确定最佳的站点布局。在为站点准备做规划时，设计者应考虑各种方式简化站点的关闭和恢复。站点关闭后，未被污染的土地可以"翻新"，保持可耕种土地的完整性。改变地形的操作，比如装载废弃物以供最终处理时的地基压实、过度开挖土壤，都会对地形恢复产生不利影响。确定负责更新初始基线数据、制定包括进出口路线布局的人员安排规划。

（5）站点布局

废弃物管理站点的效率和整体是否成功取决于其设计方式。出于环境和安全考虑，比如火灾风险，临时储存地点不允许出现废弃物的严重堆积。另外，这些场所的许可可能有最大容量限制。虽然联邦紧急事务管理署建议的废弃物处理站点最小面积为 100 英亩（约为 404 686 平方米），但可以根据站点实际可用性进行调整。如果进入站点的实际废弃物总量远远超出站点储存容量和处理能力，那么可能需要额外的废弃物管理站点。

废弃物临时分类与处理站点站点布局如下所示。

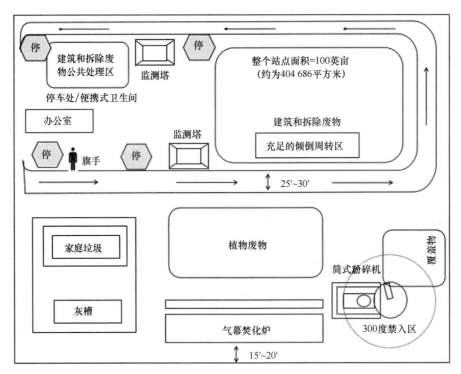

（6）行动界限

行动界限明确规定废弃物处理站点中不同使用区域的边界或区域。在设立行动界限时，废弃物管理站点设计人员可以考虑用土堤、临时屏障或其他有形限制物。这有助于交通运行，将废弃物积压降到最低限度。

　　公共行动区有：①减少区；②回收区；③倾倒区（卸货区）；④处理后废弃物重新装载区，以运往最终处置点；⑤公共废弃物倾倒区（可能包括植物废弃物、回收再利用或建筑和拆迁废弃物）；⑥家庭有害废弃物储存区；⑦出入口处安置监测塔和/或地秤；⑧器材、燃料和水储存区。

　　上面所列的区域都应清晰地划定界限并明确定义。划分越清楚，使用时的冲突就越少。随着行动推进，这些区域可能会随着废弃物的类型不同而有所调整。废弃物减少、回收、倾倒和装载区都需要足够的空间进行大型设备操作。设计需要考虑到多个设备同时进行同一活动的可能性。根据操作的规模，每种废弃物流可能都需要各自的倾倒区，应当相应地进行设计。

　　废弃物管理站点可以包含供废弃物回收、减少及容纳建筑和拆除废弃物的一般公共废弃物倾倒区。考虑到客运车辆的交通和公共安全，这些公用区域应当仔细设计。记录从公共倾倒区所回收材料的重量或体积，确保准确、完整地记录所有回收废弃物的来源。

　　家庭危险废弃物储存区应安置在靠近公共倾倒区的安全地点，但应有适当限制，以便有资质的人员可以妥善处理这些垃圾。设计人员可以考虑建造一个防渗衬垫和土堤来控制泄漏，防止该区域地表水流走。

　　监测塔应安置在进出口处，由耐用结构材料建造，应能承受动态和静态负载。监测塔不可使用四角活梯。

　　装备和燃料应有指定存放区，并张贴合适标志。燃料储存区的设计应当可以控制泄漏。为了抑制粉尘和灭火，站点必须随时都有可用水，而且应该适当标明。

（7）交通模式

　　应妥善规划整个废弃物管理站点的交通运行方案。虽然交通指示和路障有所帮助，但规划人员也应该考虑安排旗手来帮助指挥交通。对新环境、路线和规则不熟悉的司机需要一定的指导，以顺利地在站点中行驶。

　　最佳情况是，设计的交通模式应该允许卡车从不同的通道口出入，但每个通道口都应有监测。承运人通常根据货物的体积或重量支付费用。在进入站点时，根据卡车全容量的百分比来计算货物。在进出口安置监测器确保每辆卡车在离开站点前卸完所有货物。这可以防止上一次运输的废弃物遗留在卡车里，在接下来的运输中被重复计算。进入站点来清理已处理（或筛选）过的废弃物的空卡车，应从一个不同于其他交通车辆出入的通道口进出，此举能够减少站点管理和废弃物监控中的混淆，以免分不清该车辆是运进还是运出废弃物。

（8）环境监测项目

　　在站点的运行操作中，还需要持续收集其他数据来支持站点的关闭和质量保证。可以将数据和之前已有的信息作比对，来确定任何可能需要的补救措施。

　　站点行动可以基于站点来扩展、缩小或转移。跟踪废弃物减少、危险废弃物收集、燃料、设备储存对采集样品进行土壤和水污染分析而言是很重要的。定期绘图或标注行动地点，以便在之后的额外取样和测试中，可以确定特别关注的区域。

如果该站点还是一个设备集中区，应监控燃料和设备维修来防止或减少泄漏（比如石油产品和液压液体）。在合同中包含工作范围的相关条款，如有泄漏，要求承包商立即清理。

（9）站点关闭

在站点运行完成后，该场地（无论是默瑟岛城所有还是租赁）必须恢复成之前的环境状态。站点的恢复涉及清除所有的操作痕迹，弥补在操作期间可能发生的污染。剩余废弃物、处理设备、储存罐、防护堤和其他在站点临时建造的建筑，都应在所有废弃物清除和处理操作完成后从站点移除。

（10）站点评估和恢复

必须将地形最终恢复至业主可接受的程度，满足其合理预期。因此，应尽早规划地形恢复，最好在租赁合同中包含相关条款。

最终的站点环境评估是环境监测项目的延伸部分。应进行测试来确保站点恢复到活动之前的状态，这一测试和之前的基线研究很相似。测试样品应在与初始评估和监测项目相同的地点选取。但如果有正当理由，可能还需要从站点的其他处或与站点相邻的地点取得额外测试样品。

根据测试结果，在业主最终接收站点时可能需要进行额外弥补。租赁合同应该规定，一旦站点恢复到最初状态，或业主最终验收了站点，默瑟岛城对未来的损害不承担任何责任。

（11）街区废弃物收集站

废弃物站点也可能是街区废弃物收集站。默瑟岛城可以建立街区废弃物收集站来支持灾害废弃物处理行动。这些站点用来收集小范围内的废弃物，将其运送至已有的废弃物管理站点或是回收处置设施。应与当地卫生部门一起为选取和建立街区废弃物收集站制定指导方针。

（六）废弃物再利用、减少和处置方法

有很多方法都可以用来减少灾害废弃物的总量，并限制用垃圾填埋法处理的废弃物数量。

1. 回收和再利用

回收再利用策略包括将材料从废弃物处理流程中转移，然后再利用。灾害废弃物的回收和再利用大部分时候局限于金属、土壤、建筑和拆除废弃物。可回收和再利用废弃物类型如下所述。

（1）金属：大多数有色金属和黑色金属都适合回收。金属切割机和粉碎机可用来粉碎拖车架、拖车部件、器械和其他金属物品。黑色金属和有色金属都可用电磁铁分离，售给金属回收公司。

（2）土壤：土壤可能含有有机物，这些有机物会随着时间的推移而分解。此过程会产生大量材料，可用于出售，也可以再循环返回到农业区，还可以就地储存，在站点恢复到事故前的状态前用作覆盖物。在大量使用化学肥料的农业区，恢复的土壤可能因污染严重而无法用作住宅或现有农业土地。默瑟岛城应当咨询当地卫生部门，确定需要通过哪些监测和测试来确保土壤不受污染。如果土地不适合农业或住宅之用，最终可能要在允许的垃圾填埋场进行处理。

（3）建筑和拆除废弃物：混凝土、沥青和砖石可以粉碎，用作建造某些道路或装填沟渠的基础材料。用作基础材料的废弃物需要满足最终用户确定的一些尺寸规格要求。建筑中用到的清洁木料产品可以切碎或磨碎，用作覆盖物或废木屑燃料。

（4）堆肥：堆肥是指微生物对有机物如树叶、草、木材或食物垃圾的分解过程。这一分解过程的结果是堆肥，即一种疏松的、有泥土味且像土壤一样的材料。庭院废弃物和食物残渣占家庭平均产生废弃物的25%左右，堆肥可以大大地减少最终在垃圾填满场或焚化炉中处理的废弃物。废弃物管理站点应保留一个区域来接收灾害后的堆肥材料。堆肥不仅可以用作后院小花园的土壤添加剂，也可以用于农田、高速公路和其他景观项目，还有很多创新用途。默瑟岛城可以用堆肥满足部分有机材料需求，同时，应认识到几种危险情况并为减轻危险做好准备，比如堆积物的自燃和啮齿动物的病媒控制。

2. 废弃物减容法

废弃物减容法可以减少灾害废弃物的体积，进而减少对处理设备的影响或为再利用废弃物创造机会。《附录 A　废弃物处理资源》列出了可在事故期间提供这些服务的承包商。废弃物减容的方法如下所述。

（1）切割与粉碎：切割与粉碎可使废弃物体积减小75%。这种方法广泛用于减少灾害废弃物体积，包括植物废弃物、建筑和拆除废弃物、塑料、橡胶和金属。清洁木材也可以切碎用作覆盖物。其他诸如塑料和金属废弃物可以在运往处理点前切割，来减小整体体积。可以通过发掘材料残渣的其他用途来增加减小体积方法的益处。回收木片用于农业，回收燃料用于工业供热或是热电站，可以帮助抵消切割与粉碎操作所消耗的成本。默瑟岛城可以用切割与粉碎方法减少植物废弃物的体积，但务必小心以确保待处理的植物废弃物中不含诸如塑料、土壤、石块和特殊垃圾等污染物。在减小建筑和拆除废弃物的体积时，必须注意其中不包含有害材料，比如石棉。《附录 A　废弃物处理资源》列出了可以提供切割与粉碎服务的资源。

（2）焚烧：气幕焚烧、便携式焚化炉以及农村地区受控制的焚烧，都是减少灾害废弃物的方法。但考虑到该地区的空气质量，通常不会考虑使用焚烧方法。根据《计划》第三节，对于某些类型的废弃物，会将焚烧当做减小体积的策略，但这一决定需由普吉特海湾清净空气管理局批准。各种焚烧方法介绍如下。

湿混合废木料：由特定等级的木材和树皮组成。规格不同，通常在0.5英寸（约1.27厘米）到6英寸（约15.24厘米）（屏幕大小）之间。在太平洋西北地区，用湿混合废木料燃烧锅炉的木材和纸加工公司都有储存废木料的设备。这些公司可能会在春天购买多余的风暴废弃物加工成的废木料，因为根据市场行情和供应情况，春天的价格最低。根据用来制作湿混合废木料的材料质量，普吉特海湾清净空气管理局可能需要放宽对废木料使用者的许可限制，因为这是从灾害废弃物加工而成的废木料。

气幕焚烧：气幕焚烧提供了一种加快减少垃圾过程的有效方法，同时可以大量减轻由露天焚烧引发的环境问题。这一方法利用在地面以下挖建的深坑或地下建筑物（如其地下水位较高）和一个鼓风机装置。鼓风机装置和深坑组成一个必须精确配置以保证正常工作的工程系统。鼓风机装置以预设速度和强度输送空气，必须达到足够的鼓风速度，才能制造一种帘幕效应来控制烟雾，并为下面的火提供空气。一个20英尺（约6米）长的喷嘴可以以120英里/小时（约193千米/小时）的速度，在每分钟内为燃烧提供2万立方英尺（567立方米）以上的空气。空气可以阻止烟雾和微粒散失，将其循环送至燃烧处加强燃烧，这一过程则发生在2 500华氏度（约1 371摄氏度）以上。

便携式焚烧炉：便携式焚烧炉与气幕焚烧炉系统的方法相同。唯一的区别是，前者用预制坑而不是现场建造的土坑或石灰坑。便携式气幕焚烧炉是最有效的可用焚烧系统，因为预制坑被设计成精确的尺寸，以和鼓风机装置互为补充。相比于容易受到侵蚀的土坑或石灰坑，预制坑对维修要求较低甚至不需要维修。便携式气幕焚烧装置对高水位区和沙质土壤区来说最为理想，因为需要将这些区域的烟度降至最低。

农村露天焚烧：在农村地区进行有控制的露天焚烧是一种比较节约成本的减少木材废弃物的方法。默瑟岛城应与当地的消防部门、普吉特海湾清净空气管理局协商，来决定在农村地区进行焚烧的必要许可。农村地区焚烧的灰烬可以用作土壤添加物，但应咨询当地卫生部门和农业推广人员，来确定在默瑟岛城这样做是否被允许。如果混合废弃物进入废弃物流中，则应立即停止露天焚烧。

3. 问题废弃物的处理和处置

致病废弃物、大型家用电器、家庭有害废弃物、生物废弃物或核废弃物等问题废弃物都需要在加工或处理前进行特殊处理，而且会根据事故类型和范围的不同而不同。在废弃物处理期间，问题废弃物应该移除到安全地点储存，直到它可以得到妥善处理。有几种类型的废弃物在产生废弃物的事故中非常常见，因此值得进一步讨论。

（1）家庭有害废弃物：家庭有害废弃物在过去的灾害废弃物中一直比较普遍，应该制定在灾害废弃物处理中回收和储存家庭有害废弃物的策略。

（2）大型家用电器：大型家用电器（包括冰箱）通常在事故后因为无法工作或长时间断电导致部件或存放的东西腐烂而被丢弃，冰箱通常在回收前成组处理，移除制冷剂和食物废弃物。

（3）电子废弃物：电子废弃物可能含有多种潜在的有毒化学物质，包括重金属和多氯联苯。美国国家环境保护局已经特别将阴极射线管显示器归类为危险废弃物，其他一些电子元件可能也属此类。只要可以的话，电子废弃物应该和其他废弃物分离并用电子废弃物处理器回收。

（4）处理过的木材：包括不同类型的建筑材料，比如电话线杆、铁路轨枕、篱笆桩和用来建造码头的木材。在处理和处置过程中，必须小心确保不用切割、粉碎、用作覆盖物、堆肥、焚烧或非密封性填埋方法处理此类木材。

（5）石膏板墙：石膏板墙废弃物在废弃物填埋堆分解过程中会产生硫化氢气体，这会造成爆炸或吸入有害气体的危害。在风暴和洪水灾害中，通常有大量的石膏板墙废弃物产生。废弃物填埋负责人必须意识到这一点，并采取妥善的预防措施。如果可能的话，石膏板墙应该回收利用而不是任其在废弃物填埋堆中分解。

（6）石棉：石棉处理法规由几个不同的地方、州和联邦机构设立，其中包括华盛顿州生态部和普吉特海湾清净空气管理局。在产生废弃物的重大事故后，可能难以在拆迁前对石棉进行检测，这会增加公共健康风险。默瑟岛城应当和普吉特海湾清净空气管理局、当地卫生机构合作，确保可能含有石棉的废弃物得到妥善处理。

（7）人类排泄物：在一场使水、下水道和污水处理系统瘫痪的灾难过后，人们可以将排泄物储存在可以清理的容器中。这些废弃物将被视作不可混入废弃物流的生物危险废弃物。应急管理员、当地卫生部门官员和公共设施人员须紧密合作以妥当回收和处理这些废弃物。

在废弃物处理过程中，默瑟岛城应尽早将有害物质和废弃物流分隔开，以防止更多的废弃物被有害物质污染。默瑟岛城在进行任何含有危险物质的清理工作时，都应和当地有害物质处理工作人员、公共卫生官员和环境署协商，以保障公共健康。

（七）废弃物管理行动监督

废弃物监督行动应记录废弃物清理和清除行动，包括废弃物收集的地点和数量。需通过监督来确保所有废弃物清除承包商都完成了合同要求范围内的工作，并确定行动符合联邦紧急事务管理署的报销补偿标准。

废弃物处理的监督可以由默瑟岛城工作人员完成，也可以通过默瑟岛城雇用的废弃物监督承包商来完成。

废弃物处理行动监督和记录的关键要素包括：①收集的废弃物种类；②收集的废弃物

数量；③最初收集地点；④装备用途；⑤人员工作时间。

记录和报告要求

在废弃物管理站点运行期间，任何对站点关闭有影响的操作都需要记录，比如燃料区的石油泄漏、设备故障时的液压液体泄露、发现了家庭有害废弃物以及商业、农业或工业有害和有毒废弃物的储存和处理。这些信息在站点关闭行动中都有用处。

（八）废弃物管理承包商的监督

默瑟岛城所有的废弃物处理合同都应有一份合同监督计划。计划的目的是保护市政当局的经济利益。监督废弃物清除行动可以实现两个目标：①确认承包商完成的工作在合同要求的工作范围内；②根据要求记录申请公共援助资金报销的正当开销。

承包商的监督可以由默瑟岛城的工作人员完成，或由另一家公司完成。未能按照条件记录工作和成本可能会损害公共援助项目基金的利益。在州级宣布的灾害中，联邦紧急事务管理署会定期确认地区的监督工作，以确保相关废弃物得到有效清除和处理。

1. 单价合同的注意事项

单价合同要求所有卡车都准确称重或者测量和确定数量，所有的卡车装载物都应记录在案。这种需要准确记录装运废弃物具体数量的合同需由受过训练的全职工作人员进行监督。监督必须在废弃物装载地点执行，以确保被装载的废弃物都符合条件。此外，这种合同类型需要承包商在所有废弃物减容和处理地点都提供或建造一个观察站，让合同监督人可以确认装载量。如果用秤，监督人还必须确认妥善记录卡车清空前和清空后的重量。以下条件对单价支付同样适用：①如按重量计费，那么废弃物处理地点必须有卡车秤来给卡车称重，卡车清空时的重量也必须确认；②如按体积，那么监督人必须确认卡车容量，并监督卡车妥善装载和压缩废弃物。

（1）载重单据

载重单据——该术语指基本的废弃物跟踪文件。负载跟踪系统跟踪废弃物从最初收集点到废弃物管理站点或废弃物填埋点的过程。通过在每个行动地点（收集点、废弃物管理站点和/或最终处理点）安排一个废弃物监督员，就可以确保合理的工作范围都妥善记录在案。这个过程让默瑟岛城可以记录和跟踪废弃物从最初收集地点到废弃物管理站点，再到最终处理点的整个过程。如果默瑟岛城使用承运人，则此单据通常可以确认搬运活动，还可以用来计费。载重单据应有多个复印备份，并按编号排列。所有出示来付款的载重单据，其复印备份必须符合付款顺序。载重单据的示例请见附录 H。

（2）卡车认证和定期重新认证

在合同开始之前，必须确认每辆卡车都合格。认证需包括的记录有：①车厢容量（立方码）或空车重量；②卡车牌照号码；③车主分配的任何识别号；④对卡车的简要描述。

为完成对卡车容量的测量，达到认证目的，监督人可能需要接受培训。应当出于遵守合同和报销补偿的考虑，随机和定期重新认证托运卡车。合格卡车名单需由废弃物处理监督员维护，以确保卡车识别号没有更改。

（3）对单价承包商欺诈手段的认识

监督人必须了解承包人在废弃物清理中常用来从单价合同中占便宜的手段：①谎报卡车体积；②掺进不合格的废弃物增加重量（如钢制品、大石头、过量土壤或混凝土）；③用水浸泡废弃物；④倾倒时倒一半；⑤更换卡车编号；⑥用大油箱的卡车，初始称重时邮箱几乎全空，然后运送货物时全部加满；⑦在卡车车厢底部增加钢板和其他重物。

2. 工料合同注意事项

对于工料合同，默瑟岛城必须记录使用装备和人员的时长，确保物尽其用、人尽其力。联邦紧急事务管理署不为装备的停机或故障时间、人员的停工时间支付费用。追踪合同和默瑟岛城雇员工作时间的联邦紧急事务管理署表格 90－123《劳动力汇总表》见附录 B。

3. 废弃物处理监督合同注意事项

废弃物处理监督承包商可以监督和记录废弃物处理行动，管理其他的废弃物管理承包商，或是运行默瑟岛城所有废弃物管理操作。

为废弃物管理承包商确定工作范围或评估其工作表现时，应考虑和评估以下内容。

（1）记录收集的废弃物类型。

（2）记录收集的废弃物数量。

（3）记录初始收集地点。

（4）测量并认证卡车容量（定期重新认证）。

（5）（监测塔和监督区）载重单据的完成和管控。

（6）（用合适的记录表格）确认危险木料，包括衣架和树桩。

（7）确认卡车载重量准确无误。

（8）确认卡车没有为增加费用而人为加重（比如，浸湿废弃物，或将其弄蓬松而不是压缩）。

（9）确认装载物中没有混入有害废弃物。

（10）确认在废弃物管理站点时所有的废弃物都从卡车上清除。

（11）如调动或使用了不合适的设备，通知项目经理。

（12）如承包商工作人员未遵循安全标准，通知项目经理。

（13）如果未遵循公共安全标准，通知项目经理。

（14）如果完成进度未达到预期目标，通知项目经理。

（15）确认只回收工作范围内指定的废弃物以及区分可能合格或不合格的工作。

（16）监督废弃物管理站点的开发和恢复。

（17）确认日常运载符合许可要求。

（18）如某区域发现有人类残骸或潜在的考古遗物，应确保立即停止该区域作业。

（19）如废弃物清除工作不符合地方、州和联邦法规，通知项目经理。

（20）完成每个废弃物管理站点的事前和事后环境评估。

七、资源合同

本节提供关于订立和维护废弃物管理服务合同的信息，管理服务包括废弃物清理、清除、处理和处置。

（一）现存废弃物管理和固体废弃物收集合同

本章第五节规定了默瑟岛城在产生废弃物的灾害事故期间可用于增加现有资源的合同。在使用其他资源收集和搬运废弃物之前，默瑟岛城必须与当前固体废弃物收集公司协商。当前固体废弃物收集公司已从华盛顿州公用事业和交通委员会取得许可，允许其在规定服务区域内收集废弃物。若收集废弃物需要其他资源，而许可固体废弃物收集公司无法提供充足的资源，默瑟岛城可与其他公司签订合同，但该公司必须先从华盛顿州公用事业和交通委员会取得临时废弃物收集许可。临时废弃物许可相关规定见华盛顿州修订法规 81.77.110。

（二）合同废弃物管理资源需求

"合同资源"见本章第五节。此外，默瑟岛城确定了在这些区域进行废弃物处理所需的其他资源。

（1）公用事业用地上的植物废弃物移除。

（2）公用事业用地上的建筑和拆除废弃物移除。

（3）公用事业用地上的家庭有害垃圾收集和处置。

（4）公用事业用地树木修剪和清理。

（5）普通废弃物收集。

（6）普通废弃物搬运。

（7）废弃物处理和降解。

（8）商业和个人物产拆除以及废弃物移除。

（9）商业和个人物产清淤。

（10）废弃物管理站点管理。

（11）废弃物监控和检查。

解决这些需求的合同已经制定或正在制定中。

（三）紧急合同和采购流程

默瑟岛城在产生废弃物的灾害事故前签署废弃物管理合同或为可能执行废弃物管理行动的承包商颁发资质实属明智之举。若事故期间必须订立紧急合同，紧急合同订立应遵守下列一般紧急合同规定。

（1）承包商必须取得许可且有担保。

（2）承包商必须拥有充足的保险。

（3）合同必须遵守州和联邦采购标准，包括《美国联邦法典》第 13 部分第 44 条的规定。

（4）不得使用华盛顿州劳动和工业部承包商黑名单①中的承包商。

此外，默瑟岛城拥有必须遵守的紧急合同和采购程序。

1. 合同类型

在订立应急工作合同时，若进行的工作可能获得联邦紧急事务管理署补偿，那么工作范围建议参考"符合条件的工作""联邦紧急事务管理署公共援助管理条例、政策和指南规定的符合条件的工作""对公共财产和/或公共线路执行的工作"等术语，或其他类似条目。提供废弃物管理服务的合同类型取决于将要实施的工作类型以及事故发生多久后开展工作。现推荐三种废弃物处理运输合同。

（1）工料合同：在工料合同中，根据承包商在废弃物管理任务中花费的时间以及使用的资源向承包商支付费用。工料合同十分灵活，特别适用于早期公共线路清理工作以及潜在危险区域清理。如要报销费用，联邦紧急事务管理署认可的时间和材料消耗仅限于灾难发生后的前 70 个小时。

（2）单价合同：单价合同是基于搬运废弃物的重量（吨）或体积（立方码）订立的合同。此类合同仅适用于工作范围不易界定的情况。合同中需要对废弃物收集、运输和处置进行密切监控，确保数量的准确性。单价合同可能会因废弃物需要分类处置而变得更加复杂。

（3）总价合同：总价合同适用于工作范围明确界定，工作区域具体量化的情况。总价合同需要默瑟岛城进行的监督最少。

---

① http：//www. lni. wa. gov/TradesLicensing/PrevWage/files/DebarList. pdf.

下列类型的合同因其不满足联邦紧急事务管理署合同指南的要求，不应使用。

（1）成本加成本百分比合同：成本加成本百分比合同是指既像工料合同一样按开展的工作对承包人进行补偿，又按补偿份额的一定比例对承包人进行额外补偿的合同。

（2）联邦补助条件合同：此类合同中，只有本地区收到联邦资助时才对承包商进行补偿，这不属于联邦紧急事务管理署指南中规定的符合条件的合同。

（3）附带合同：若默瑟岛城某一地区使用默瑟岛城另外一个地区的合同，也称为"借用"合同。由于工作范围和成本相关的因素不同，应避免使用此类合同。

2. 竞标过程

在很多紧急情况下，如清理道路用于紧急通行（将废弃物从路面移至公用地上），或移除特定地点的废弃物，若没有足够时间开展竞争性竞标[①]，联邦紧急事务管理署允许对特定地点的工作授予非竞争性合同。

在紧急情况下，可使用快捷竞争性招标过程。过去，默瑟岛城已经制定了招标范围，确定了可以进行快速投标的承包商，可通过电话招标，收到投标信息。

请注意，在默瑟岛城固体废弃物收集应由华盛顿州公用事业和交通委员会进行管理，只有当华盛顿州公用事业和交通委员会认证的运输者无法提供该服务，且替代承包商已经取得华盛顿州公用事业和交通委员会发行的临时废弃物收集许可时，才能与其他服务商签订合同，进行废弃物收集和运输。

请注意，废弃物清除合同只有经默瑟岛城法定代表审核后才能签署。此外，联邦紧急事务管理署并不认证、证明或推荐废弃物承包商。

八、私有财产拆除和废弃物清除

私有房产废弃物清除是指对私有商业或住宅中的灾害废弃物进行拆除和清除。通常，按照联邦紧急事务管理署公共援助项目的规定，对私有房产拆除和废弃物清除不得补偿，但在某些情况下，私有房产拆除和清除可获补偿。本节陈述了在业主同意或不同意的情况下对私有房产灾害废弃物进行拆除和移除的过程，并概述了默瑟岛城为获得公共援助项目补偿需要遵守的程序。

（一）废弃物移除与拆除许可和程序

在产生废弃物的灾害事故发生后，默瑟岛城相关人员可能需要进入私有房产拆除因灾害而变得不安全的私有建筑，以消除其对生命、公众健康和安全造成的直接威胁。当满足下列条件时，需要对私人所有的不安全建筑进行拆除，并移除拆除产生的废弃物。

---

① http://www.fema.gov/government/grant/pa/9580_4.shtm.

（1）默瑟岛城建筑规范执行人员认为建筑不安全，并对公众造成直接威胁。不安全建筑损害严重或结构不安全，很可能局部或整体坍塌。

（2）默瑟岛城表明其有权且有法定义务进入私有房产进行拆除。该法定义务必须由灾害发生时适用的法律、命令和法典确定，该法定义务必须与灾后存在对生命、公共健康和安全构成直接威胁的情况相关，而不能仅仅界定申请人服务的一般标准。

（3）有法定权限的官员已经命令拆除不安全建筑和移除拆除废弃物。

征用和建筑拆除必须遵守默瑟岛城现存征用和拆除程序，除非因事故严重而采用紧急程序。关于征用和拆除的其他信息见下文。

1. 拆除所需文件

按默瑟岛城管理条例以及联邦紧急事务管理署补偿指南的规定，在拆除前应取得并/或填制下列文件。

（1）所有权认证：确保可以确定适当的地点和业主，且业主明白将要实施建筑评估的性质。

（2）进入租地权表：应由房产所有人签字，允许建筑规范执行人员进入房产完成评估。表格通常包括免受损害合同，规定房产所有人承诺，若不存在对房产的损害或危害，其不会对申请人提起法律诉讼。进入租地权表样本见附录 K。

（3）建筑规范执行人员评估：是建筑损害的证明文件和关于建筑对公众健康和安全威胁的描述。评估通常包括建筑规范执行人员对建筑是否进行征用、修复或拆除的决定。本文件可参考正式建筑评估的格式。

（4）保险信息认证：若房产所有人房屋保险政策包括拆除和废弃物移除时，允许申请人获得经济补偿。

（5）考古学审查：介绍拆除和废弃物移除活动的考古学低影响规定，同时强调若申请人不遵守指南的后果。

（6）环境审查：保证当从指定场所移除废弃物时对受保护环境资源的不利影响最小化，或避免不利影响。审查应为合适的资源管理机构所接受。湿地和其他水资源、危险物品、濒危物种栖息地是最常涉及的资源。

（7）华盛顿州历史保护办公室审查：确认华盛顿州历史保护办公室已经收到通知，且已经收到通信，确保该区域并非具有重要历史意义的区域。

（8）照片：应展示拆除工作开始前灾害对房产的损害情况。通常需要一张或一张以上带有标签的照片确认房产地址并确定工作范围。若决定对建筑进行拆除，为了对申请人进行合法保护以及保护公众健康和安全，在拆除以及废弃物移除期间可能需要取得其他文件。

（9）征用信或通知：是由建筑规范执行人员签字，并说明建筑对公众安全和健康造成的具体威胁的文件。

（10）拆除通知：它的发布是为了通知房产所有人拆除的开始时间，并在个人房产拆除前合理时间内进行公示。若申请人尚未联系到房产所有人，其应尽力通过直接邮件和地方媒体通知房产所有人。

（11）拆除意向通知：通常是为了附近居民的公共健康和安全而发布。通知应张贴在将要拆除建筑的明显位置。

2. 检查

在拆除前几天，默瑟岛城代表应对现场进行检查。检查员应对实地考察的每个地方进行拍照、记录。检查和验证通常包括如下内容。

（1）水和下水道/化粪池检查：核实公用事业设施已停止使用，并且与受拆除影响的区域隔离。在检查中检查员也应核实其他公用基础设施已停止使用。

（2）居住检查：在即将进行拆除前进行，以保证该建筑已无人居住。

（3）开放空间检查：在建筑有地下室，且地下室将被填充时进行。检查在地面以上建筑已经消失且检查员可看到地面下基坑工程整体时进行。

（4）拆除后检查：在建筑已被拆除，废弃物已被移除，现场已变平坦时进行。

3. 未经所有人同意进行的废弃物移除和私有房产拆除

若私有房产满足拆除要求，但未取得所有人同意，则应采用便捷和紧急程序。该程序包括以下内容。

（1）至少应在废弃物移除前7天在《默瑟岛通讯》（最方便的出版截止日期）上发出通知，说明将要进行废弃物移除的区域和/或地片。在移除前7日内，业主有权且有机会按照默瑟岛城颁布的条例将其认为合适的房产从建筑中移出。

（2）通知应清晰张贴在将要进行废弃物移除的区域。媒体应对该行动进行通知使广大公众知晓该通知。通知应包含下列信息：①将要进行废弃物移除区域的一般描述；②废弃物移除开始的日期和时间；③房产所有人可以获取与废弃物移除相关信息的办公室名称和电话号码；④废弃物移除原因声明。

（3）除发出上述通知外，必须努力确定建筑所有人并与其取得联系（联系所有人的努力只限于合理的方式，需要基于可用的记录和通信渠道，而这些可能因灾害严重损毁。）

（4）规划部门指定官员确定建筑当前状态不安全、不宜居住，或会对公众造成威胁。

（5）在建筑上张贴的征用通知应包含电话号码和地址，以便业主联系默瑟岛城，通知也应指明张贴该征用通知的日期，并载明在拆除前业主可以联系默瑟岛城的时间期限。

（6）等待房产所有人联系默瑟岛城的期限为张贴通知后7日，所有人应向规划局主管提交征用建筑为何不应移除的有说服力的证据。

（7）上述 7 天后，默瑟岛城应召开公开听证会。一旦建筑征用裁定被批准，则该建筑将被拆除。

若业主在通知规定期限内联系默瑟岛城，并且建筑部门主管未能判定业主提交的证据减轻了建筑对公众的威胁时，本过程中权利受到侵害的业主可在建筑拆除前以书面形式向默瑟岛城委员会上诉；然而，尽管默瑟岛城行政官员应努力制订合适拆除计划以预留时间供业主进行申述，但不得允许因申诉使得拆除延迟超过申诉归档受理后的下个默瑟岛城委员会会议，以免对其他居民健康和安全造成危害，除非默瑟岛城命令推迟拆除。

（二）特别注意事项

1. 航海风险移除

对默瑟岛城游船码头和适航水道的损害包括遗弃沉船和其他阻碍航行的废弃物。航海废弃物的移除应与默瑟岛城海洋巡逻队及美国海岸警卫队配合。废弃物移除也包括来自打捞承包商、商业潜水员和注册测量员的协助，以确保航海风险被安全有效地移除。

处理航海废弃物的两个主要挑战是废弃物定位和找到法定所有人。游船码头可由直升机或船只进行检查。对于水下船只则需要使用声呐或雇用潜水队。定位或悬浮标志的使用有助于记录船只位置。法定所有人信息可以通过船只注册编号和码头记录获取。

2. 车辆和船只

若车辆、船只和其他法定注册个人财产因需要单独处理和保存而在某次事故后被遗弃，直到根据一份正式废弃声明进行销售或废弃，这种遗弃对风险移除提出了挑战。默瑟岛城必须遵守适用于车辆或船只扣留、打捞或销售相关的所有地方和州法律。默瑟岛城已经确定了下列程序用于扣留和处理遗弃车辆。

（1）在妨害公众利益的被遗弃车辆或船只的显眼位置张贴通知。通知应包括下列信息：①张贴通知日期和时间；②在车辆上张贴通知的张贴人身份；③声明若车辆自张贴通知后 24 小时内未能移除，则车辆将被代为保管，保管费用由车主支付；④可获取其他信息的地址和电话号码。

（2）若车辆有当前华盛顿州登记牌照，默瑟岛城应检查记录获取其最后一位所有者的身份，并应尽其合理努力通过电话联系所有人，告知其张贴通知上的信息。

（3）若车辆在通知张贴后 24 小时内未能移走，默瑟岛城可对该车辆代为保管，并将车辆移动到一个安全的地方。保管地包括扣留庭院或注册拖车操作员庭院。

车辆被没收后，默瑟岛城应再次通知登记的法定所有人，车辆已按照有关规定被认定为是被遗弃的。若登记或法定所有人在 15 天内未联系默瑟岛城，则该车辆或船只应报废或被拍卖。

（三）符合要求的私有财产拆除和废弃物移除成本

在许多情况下，所有建筑拆除成本适用公共援助补助项目。在申请公共援助资金用于拆除工作进行审查时，联邦紧急事务管理署应考虑采取替代措施减少灾害造成的不安全建筑对生命、公众健康和安全造成的威胁，包括用栅栏对不安全建筑进行隔离和限制进入。公共援助项目工作人员必须确认对不安全建筑的拆除和拆除废弃物的移除是为了公共利益。

符合联邦紧急事务管理署公共资助条件且与私有建筑拆除相关的成本包括但不限于以下成本：①封井；②泵送化粪池以及化粪池封顶；③填充地下室和游泳池；④测试以及从不安全建筑中移除有害物质，包括石棉和日常危险废弃物；⑤保障公用事业设施（电力、电话、水管、下水道等）安全；⑥取得许可、授权和资质调查（用于获取申请人直接发行的许可、授权和资质的成本不符合要求，除非其能证明该费用多于管理费用）；⑦灾害损害的附属建筑的拆除，例如被认定为不安全的车库、棚屋、厂房。

不符合条件且与私有建筑拆除相关的成本包括：①台面板或房基的移除，极少数情况除外，如山坡上台面板下灾害相关侵蚀会直接威胁公众健康和安全；②填充物和私人车道的移除。

灾害前被认定为存在安全隐患的建筑的拆除和后续拆除废弃物移除成本不符合公共援助部门的规定。

1. 车辆

车辆和船只移除成本要符合公共援助补助规定必须满足下列条件。
（1）车辆或船只对公共使用区域的进出造成了阻碍，或构成直接威胁。
（2）车辆或船只被遗弃，例如车辆或船只不属于所有者财产或所有权未定。
（3）默瑟岛城遵守上述列示的地方管理条例和州法律。
（4）默瑟岛城核实了车辆或船只保管、运输和处置链。

2. 商业房产

商业建筑移除废弃物以及拆除商业建筑通常不符合公共援助基金的要求。若这些商业企业有保险，则保险可能包括废弃物移除和/或拆除的成本。然而，在联邦协调官确定的许多情况下，若移除是为了公众利益，那么州或地方政府从私人商业房产中移除废弃物和/或拆除私人商业建筑可能符合联邦紧急事务管理署的补偿条件。

3. 多重保险金

联邦紧急事务管理署禁止批准对其他基金覆盖的工作进行补助。因此，默瑟岛城应采取合理措施防止该情况发生，且核实保险范围以及私人财产废弃物移除和私有建筑拆除不存在任何其他资金来源。附录 K 中包括的进入租地权表中有一个条款，表明私有财产所有人应向默瑟岛城支付其因废弃物移除或拆除工作而收到的保险收益。

若财产所有人表明他们的保险范围包括废弃物移除和建筑拆除的部分或全部成本，保险收益必须作为废弃物移除和建筑拆除的第一资金来源。公共援助基金可能对财产所有人发生的符合条件的收到保险收益后剩余部分的工作成本进行补偿。

九、公共信息和沟通计划

公共信息策略的目标是保证居民及时获得准确信息，使其可按照自己的规划使用这些信息。若信息发布不及时，流言和误导信息将会传播，从而损害人们对恢复运营管理的信心。本节提供与默瑟岛城公共信息策略相关的信息，协助废弃物管理行动。

（一）公共信息官

所有产生废弃物的灾害事故的事故指挥架构中应包括公共信息官以发布废弃物处理行动相关消息并教育民众。第五节包含对公共信息官角色和责任的描述。默瑟岛城管理人员在紧急事件中的工作职位列示于应急行动中心。

（二）事前沟通和公共教育策略

默瑟岛城已经围绕产生废弃物的灾害事故制定了一个公共信息系统。系统中各部门共同协作在产生废弃物的灾害事故发生前、过程中以及发生后向默瑟岛城的员工、利益相关者和公众提供信息。该系统介绍了产生废弃物的灾害事故，并包括下列内容。

（1）根据符合联邦、州和地方政府环境条例的废弃物清理安排、处置方法和当前行动、自助和独立承包商处置程序、限制条件和违法倾倒垃圾处罚、路边废弃物隔离说明、各类废弃物公共投放地点以及合同信息等情况制定宣传信息。

（2）在审查和紧急事件指挥官批准后，通过可用渠道发布信息，包括但不限于城市网站、区域公共信息网络、新闻稿和电子邮件。若适用，信息也可通过标志和传单发布。

特殊废弃物注意事项

特殊废弃物是指因其潜在危害、体积大或其他有害特征导致需要特殊处理和处置的废弃物。可通过先前确立的通信渠道向公众提供以下信息。

（1）如何识别特殊废弃物。

（2）为何特殊废弃物应单独分开。

（3）若在公共区域放置特殊废弃物应采取的预防措施。

（三）事故期间公共信息策略

在事故期间，默瑟岛城公共信息部门工作人员应向媒体机构和公众提供信息。信息提供可由默瑟岛城单独完成或通过多个辖区协作进行。

1. 与联合情报中心协作

通信应该通过联合情报中心或联合信息系统进行协调；若尚未建立联合情报中心或联合信息系统，则应该通过默瑟岛城的各位公共信息官进行协调。

若在产生废弃物的灾害事故期间联合情报中心已存在，默瑟岛城废弃物处理联络人或专业人员应向联合情报中心汇报以协助公共信息官。废弃物处理联络人将提供下列信息。

（1）清理说明。

（2）清理状态。

（3）倾倒位置或收集地点。

（4）废弃物分类方法。

（5）处理程序。

（6）非法倾倒条例。

（7）处理关于废弃物堆放或非法倾倒的投诉。

2. 预制信息

废弃物管理公共信息应使用不同形式（印刷、广播、网络等）发布，并包括下列预制信息，如：①废弃物清理安排；②处置方式和当前行为符合联邦、州和地方环境保护条例的规定；③自助和独立承包商处置程序；④限制条件和非法倾倒罚金；⑤路边废弃物隔离说明；⑥各类废弃倾倒位置；⑦回答公众关于废弃物移除问询的程序。

3. 发布策略

公共信息策略应包括向一般公众发布拟定信息的方法。信息发布可能包括多种方法，推荐方法如下。

（1）媒体——地方电台、广播、报纸，或社区简报。

（2）网站——区域公共信息网络（www.mercergov.org）。

（3）直接发送——挂门指示牌、直接邮寄、实况报道、引导标示。

若电力、公用事业设施和其他基础设施已经损坏，公共信息部门工作必须使用可用的信息发布渠道。通常，最佳信息传播媒介是现场受众。公众会认识其角色，并经常询问与行动相关的问题。使用设备和车辆分发传单、小册子和其他印刷媒介可以使受众履行其职责，同时满足公众对信息的需求。应急行动中心和公众信息官保存有媒体通讯录。

（四）公众通知和沟通计划

本条目旨在帮助西雅图城市安全倡议区内各行政辖区制订计划，在产生废弃物的灾害事故前、中、后与公众进行有效沟通，并与临近辖区合作传递协调一致的公共信息。

1. 事故前沟通和公众教育策略

事故发生前，各辖区应围绕产生废弃物的灾害事故开发一个公众信息系统。该系统旨在通过各方共同努力在产生废弃物的灾害事故发生前、中、后向辖区内员工、利益攸关者和公众提供信息。各辖区应开发公众信息系统，介绍产生废弃物的灾害事故，介绍应包括以下内容。

（1）确定产生废弃物的灾害事故沟通策略。

（2）为决策者、辖区员工和社区团体等不同受众制作不同废弃物管理展示。

（3）在事故发生前制作分发材料，包括小册子、实况简报，并与其他辖区公共信息系统配合。

（4）通过信息映射确定事故期间的预期问题、要点讨论、新闻稿和灾害具体信息。

2. 信息映射

信息映射是在产生废弃物的灾害事故期间确定预期问题的技术，该技术可以产生有关部门在事故发生前、中、后向公众提供的关键信息。理想的情况下，西雅图城市安全倡议区公共信息部门应共同开发针对产生废弃物的灾害事故的公共信息映射机制。

在进行信息映射前，工作人员团队应确定产生废弃物的灾害事故的类型，如地震和洪水。然后，团队集体讨论在事故期间公众可能询问的所有可能问题。然后将问题合并到类似主题和相关类型下。最后，产生三个关键信息，每种类型至少包括两个支持性事实。这些信息应在紧急事故前或事故中进行公告以保证废弃物管理沟通的连续性。

3. 确定公共信息处理流程和方案

在提供协调一致的公共信息时确定一般程序和方案十分重要。西雅图城市安全倡议区公共信息官在辖区内以及区域层面（与其他辖区协作）规划时应考虑下列问题。

（1）谁对向公众传达信息负主要责任？

（2）谁将拥有公众信息传达决策权？

（3）辖区内哪个部门向公众传达信息？

（4）制作公众信息报文时应使用什么指导方针？

（5）不同辖区之间信息传递应如何协调？

（6）不同辖区之间如何保持一致性？

4. 制作事故期间使用的材料

保证本计划取得成功的另一个因素是在事故发生前制作不同类型的公共信息以保证公众沟通的系统性、一致性和相关性。这样，公众在事故和恢复阶段可接收到清晰一致的信息。

制定公共信息和信息传递的第一步是明确沟通目标。确定沟通目标应考虑下列问题。

（1）你的主要和次级受众是谁？

（2）你想影响受众的什么行为？

（3）你想影响受众的什么知识？

（4）你想影响受众的什么态度？

（5）什么会有助于管理公众健康威胁？

（6）你需要达成什么目标？

有时，不同辖区使用不同的沟通程序会使公众感到困惑。为防止该情况的发生，在沟通中应使用通用语言和协调一致的信息。信息至少应做到：①清晰、直接、简单，西雅图城市安全倡议区的所有居民可以理解其意思；②没有专业术语和缩略词；③与专家的理解一致；④使用一种以上的语言发布信息；⑤语气适当，吸引感兴趣的受众；⑥响应受众的关切。

发布公共信息时应避免下列问题。

（1）专业术语或不必要的补充。这会使信息传递更加复杂，增加与受众的距离。

（2）措辞居高临下或具有评判意味。

（3）攻击。避免对个人和组织进行攻击，而应集中于问题本身。

（4）承诺或保证。例如，不说"我们会保护公众"，而说"我们将努力保护公众"。

（5）被误认为事实的推测。

（6）讨论花费。不要使受众产生经济问题比公众健康与安全义务和关切更重要的误解。

（7）幽默。公众可能认为你面对问题不够严肃或你不在乎他们的安全和健康，或他们会产生风险并不重要的印象，或他们觉得被冒犯，因为你拿他们深度关心的事情开玩笑。

5. 以其他语言或格式制作信息

当制作信息材料时，应考虑社区中可能使用的语言。基于西雅图城市安全倡议区人口资料，信息传递材料制作应使用的语言有：①英语；②西班牙语；③朝鲜语；④乌克兰语；⑤中文；⑥越南语；⑦俄语；⑧索马里语；⑨菲律宾语。

信息制作也应以其他格式进行，以满足社区目标人员的特殊需要。

6. 发布策略

信息传达的另一关键步骤是确定向公众传递信息的方法。以下是推荐的与公众进行相关信息沟通的方法。

（1）区域传媒——当地电视台、广播、报纸或社区简报。

（2）州和城市网站——展示废弃物处理信息纸质传单的清楚链接。

（3）在线网站和通知系统，如区域公共信息网络或西北预警与响应网络。

（4）公共论坛——在市政厅或商场信报亭进行的交互式会议。

（5）直接邮寄——挂门指示牌、定向邮件、实况报道、宣传传单和广告牌。

（6）直接向家庭、避难所、社区活动中心或其他临时居住地点发放信息、实况简报和传单。

（7）区域内或区域外热线，供公众获取废弃物管理信息，包括向公众开放的针对不同类型废弃物的投放位置和处理站点。

（8）扩音器和公共广播系统。

（9）在网站或图书馆、消防局和其他公共场所公告栏的公告。

为媒体（电视台、广播、有线网络、无线运营商、报纸、街区简报）、公共信息官、辖区领导人以及关键决策者制作和保存当前联系人名单，此举会使事故期间的信息发布更加容易。

根据事故的性质，某些通信模式比另一些更适当。例如：若电力系统故障，则人们无法使用电视或网络；若道路不通畅，则无法使用公共论坛。

7. 考虑的关键问题

各辖区应该使用如信息映射等技术确定在事件期间可能需要传递的所有问题。信息映射的一些理念有：①受污染的废弃物如何收集？②受污染废弃物将对公众造成何种健康威胁？③若排水系统崩溃，公众应如何收集人类排泄物？④废弃物，如腐烂性废弃物、日常有害废弃物和人类排泄物，该如何处理和处置？⑤公众应在何处倾倒废弃物以及废弃物将如何被收集？

若是路边收集：①是否只收集某一类型的废弃物（灾害发生后若干天内是否收集某一特定类型的废弃物，如易腐烂物）？②废弃物如何收集？③公众应如何对废弃物进行分类和分离，特别是有害废弃物？④废弃物收集时间表和路线；⑤街道、单位部门和住宅小区废弃物收集的最后日期是何时？

若是收集中心：①收集中心的位置；②公众使用收集中心是否收费？③收集中心日常工作时间；④收集中心是否对废弃物进行隔离？⑤收集中心接受何种废弃物？⑥收集中心接受灾害相关废弃物的时间期限？

对废弃物管理站点：①公众从何处获得投放日常有害废弃物、建筑和拆除废弃物等的公共废弃物管理站点地图？该区域是否对往来车辆进行隔离并有明显标示？②公众使用废弃物管理站点是否收费？③是否限制居民在废弃物管理站点投放灾害相关废弃物的数量？④废弃物管理站点是否进行焚烧、切割或粉碎处理？若有，这些处理的开展时间是何时？还需要解决公众对环境关切的问题。⑤公众将灾害相关废弃物送到废弃物管理站点需要多久？⑥废弃物管理站点开放处理（分解/回收）废弃物的时间；⑦是否会因废弃物管理站点位置和运营的影响使得交通路线发生变更？

8. 处理公众关注点和投诉

辖区如何在事件发生后很好地确定和回应公众问题和关注点对于建立社区内长期信任十分重要。在事件发生前，辖区应该确定事故期间解决公众关切的策略，包括：

①事件期间提供免费热线，并由工作人员提供公众要求的信息和路线安排；②在可到达地点设置信息中心面对面解决问题和请求；③辖区工作人员团队进入社区发布消息。

（五）事故期间公共信息策略

辖区公共信息工作人员在事故期间向新闻媒体和公众提供信息。信息提供可由一个辖区进行，也可由多个辖区协调进行。

与联合情报中心协作

信息沟通应通过联合情报中心或联合信息系统进行协调；若未建立联合情报中心或联合信息系统，沟通协调应该通过各辖区公共信息官进行。

若在灾害引起的事故期间已成立联合情报中心，则联合情报中心应安排废弃物处理联络员或专家以协助公共信息官。废弃物处理联络员应提供各站点的信息有：①清理说明；②清理状态；③投放或收集站点位置；④废弃物分类方法；⑤处理程序；⑥非法倾倒规定；⑦处理关于废弃物堆积或非法倾倒相关的投诉。

（六）审核并更新公共信息策略

每次灾难后均应对公共信息策略进行评估。规划人员应评估公共信息策略是否清晰且是否及时地解决了社区需要。

应根据每次灾害中获得的经验对公共信息策略进行更新。每年也需根据通信技术的进展以及固体废弃物处理主要政策的变更对策略进行更新。

请注意，公众可能会假设在一次事故中使用的策略可能会适用于另一事故。若对废弃物管理程序进行变更，这些变更应作为公众信息系统的一部分告知公众。

十、培训和演习

本节概述了灾害废弃物运作中必需的培训和演习。参与灾害废弃物管理操作的默瑟岛城工作人员应根据其预期在产生废弃物的灾害事故中扮演的角色进行紧急管理和具体职位培训。关于默瑟岛城演习和培训的详细信息，见默瑟岛城演习和培训规划。

（一）常规紧急管理培训

常规应急管理培训是国家事故管理系统的一部分。国家事故管理系统在线课程见 http：//www. fema. gov/emergency/nims/。此外，联邦紧急事务管理署课程和信息见 http：//training. fema. gov/is/crslist. asp。国家事故管理系统会保存员工培训记录。以下是推荐课程示例。

（1）IS-700 国家事故管理系统：国家事故管理系统概论（http：//training. fema. gov/ EMIWEB/IS/is700. asp）

（2）IS-800 国家响应框架：国家应急框架概论（http：//training. fema. gov/emiweb/ is/is800b. asp）

（3）IS-100. b：抗灾指挥系统概论事故指挥系统-100（http：//training. fema. gov/ emiweb/is/is100b. asp）

（4）IS-200. b：事故指挥系统单一资源和初始行动事件（http：//training. fema. gov/ emiweb/is/is200b. asp）

（5）ICS-300：国家事故管理系统事故指挥系统中级课程（课堂授课）

（6）ICS-400：国家事故管理系统事故指挥系统高级课程（课堂授课）

这些课程是 2007 年财政年度国家事故管理系统培训和 2008 年国家事故管理系统 5 年培训规划的一部分。关于不同职位的国家事故管理系统针对性培训要求的额外信息可从联邦紧急事务管理署下属的应急管理学院[1]以及华盛顿州军事部应急管理司[2]获得。

（二）不同职位的针对性培训

废弃物管理行动支持人员可获得针对不同职位的专门培训。

（1）IS-630 公共援助项目：本课程介绍联邦紧急事务管理署的公共援助项目及其如何适用于默瑟岛城。本课程适合于废弃物收集管理员、废弃物管理站点管理员、支持废弃物处理行动的财务和行政员工以及直接参与废弃物清理、收集和处理的其他员工。本课程可通过联邦紧急事务管理署下属的应急管理学院网站在线学习。

---

[1]　http：//training. fema. gov/.

[2]　http：//emd. wa. gov/training/training. shtml.

（2）IS-631 公共援助行动：本课程以 IS-630 课程为基础，提供联邦紧急事务管理署公众援助项目的其他信息，适合于废弃物管理员、废弃物管理站点管理员、支持废弃物处理行动的财务和行政员工。本课程可通过联邦紧急事务管理署下属的应急管理学院网站在线学习。

（3）IS-632 联邦紧急事务管理署公共援助项目中的废弃物处理概论：本课程提供当地废弃物管理行动以及联邦紧急事务管理署公共援助项目概论，十分适合于废弃物收集管理员、废弃物管理站点管理员、废弃物收集监管员和支持废弃物处理行动的财务和行政员工。本课程可通过联邦紧急事务管理署下属的应急管理学院网站在线学习。

（4）E202 废弃物管理：本课程提供对各种废弃物管理问题的深入培训。本课程以线下方式进行，课程可通过各种渠道获取，包括联邦紧急事务管理署下属的应急管理学院和华盛顿应急管理部门。

（三）演习

灾害废弃物清除流程可根据国土安全演习与评价计划①通过讨论或实际操作进行测试，目的是要确定默瑟岛城实施《计划》或在灾害情境中实施规划某一部分的整体效率和有效性。可使用特定的废弃物管理情境进行演习，或作为其他演习的一部分。涉及废弃物管理规划的操作演习至少每 4 年执行一次。

《计划》应根据行动后报告以及演习改进方案和事故实际情况进行调整。

演习制定和实施可单独进行，也可与其他区域利益相关者联合进行。区域利益相关者包括：①联邦机构（美国陆军工程兵团、联邦紧急事务管理署、美国国家环境保护局）；②华盛顿州机构（华盛顿州军事部应急管理司、华盛顿州生态部）；③地方和区域机构（县级机构、当地卫生处、金县当地危险废弃物管理项目、默瑟岛城临近辖区/机构）。

十一、资助资格

本节概述是依据联邦紧急事务管理署 325 号文件——《废弃物管理指南》（FEMA，2007），规定公众援助项目中废弃物移除可获资助的要求。本信息在某些时候可能与地方要求不同，旨在为西雅图城市安全倡议区各辖区起草各自的资助资格要求提供基本指南。请注意，联邦紧急事务管理署的资助政策随时会发生变更，因此，在每次事故或年度规划审查时应参考联邦紧急事务管理署的废弃物管理文件。

（一）从公共场所移除废弃物

按照公共援助项目的规定，从公共场所移除废弃物通常符合联邦紧急事务管理署的资

---

① https：//hseep. dhs. gov/pages/1001_ HSEEP7. aspx.

助要求。符合资助条件的废弃物移除必须满足的标准有：①废弃物由重大灾害产生；②废弃物位于指定灾害区中合格申请人的已建房产或公用线路上；③废弃物移除是城市或区县的法定责任。

按照公共援助项目的规定，从公共场所移除废弃物不符合联邦紧急事务管理署援助资格的情况有：①未使用地产或未开发土地；②从设施上移除废弃物不符合公共援助项目的资助规定；③联邦土地或其他联邦机构或部门拥有的设施上的废弃物。

（二）从私有房产移除废弃物

从私有房产上移除废弃物通常不符合联邦紧急事务管理署公共援助项目的补助规定，因为在私有房产上的废弃物一般不会对公众健康和安全构成直接威胁。此外，从私有房产上移除废弃物通常是私有房产所有人的义务，通常所有人会获得其他来源的资金用于支付废弃物移除成本，如保险。然而，若灾害产生的废弃物位于公用线路上，与移除该废弃物相关的成本可能符合公众援助项目的资助要求。废弃物管理规划人员需要考虑私有房产所有人能够处理他们的废弃物的时间和方式，并在产生废弃物的灾害事故前制定合理方案，包括收集和公共沟通策略。

当产生大规模废弃物的灾害事故造成大范围损害，且在广大区域产生大量废弃物时，私有房产上的废弃物可能会对公众总体健康和安全造成威胁。若私有房产所有人不能采取措施，如他们已经被疏散，州或地方政府考虑到废弃物可能对辖区内居民的生命、健康和安全构成直接威胁，需要进入私有房产移除废弃物。在这种情况下，为了公众利益，联邦紧急事务管理署的联邦协调官有权批准对私有房产上废弃物的移除进行资助。

符合资助规定的从私有房产移除废弃物的情况有：①灾害产生的大量废弃物堆积在私有房产的生活、娱乐和工作区；②灾害产生的废弃物阻碍了已建房产的主要进出口；③从已建房产移除受损的内部和外部材料产生的废弃物；④家庭有害废弃物；⑤灾害产生的位于封闭式小区内私有道路和/或街道上的废弃物，且移除该类废弃物已经成为辖区的法定义务。

符合资助条件的移除也包括已建房产、主要出入路线或公共线路上处于倾倒危险中的吊臂和倾斜的树木。然而，树木移除需要满足：①符合资助条件的危险树木的移除，树木直径必须超过 6 英寸（15.24 厘米），且树冠 50% 以上已经损害或毁坏、树干折断或毁坏树枝露出心材、树木本身倾斜角度超过 30 度且地面有被破坏的迹象；②吊臂（悬架）自断裂点起直径超过 2 英寸（5.08 厘米）的有危险的吊臂。

不符合资助条件的从私有房产上的废弃物移除包括：①空地、森林、多树木地区、未使用地产和空地上的废弃物；②用于农作物或牲畜的农业废弃物；③混凝土板或地基；④建筑废弃物，包括用于受损房产重建的材料。

（三）从私有商业房产移除废弃物

商业房产移除废弃物以及商业建筑的拆除通常不符合公共援助项目的资助要求。不包括商业企业是因为它们的保险涵盖废弃物移除和/或拆除成本。然而，按照联邦协调官的规定，在许多情况下，只有当移除是为了公众利益时，州政府或地方政府从私有商业房产移除废弃物和/或拆除私有商业建筑才符合联邦紧急事务管理署的资助要求。

工业园区、私人高尔夫球场、商业墓地、公寓、托管公寓以及商业拖车停车场中的移动式住房通常被认为是商业房产。

（四）处理和处置

垃圾填埋倾卸费用通常包括固定成本和可变成本以及辖区要求的特殊税或费用。可变成本包括劳动成本、物资、维护成本、公用事业成本以及天然气或回收系统成本。固定成本通常包括设备、建筑、取得许可、垃圾填埋地恢复以及辅助垃圾填埋地建设摊销的成本。

符合资助条件的垃圾填埋地成本只限于与垃圾填埋处理直接相关的可变成本和固定成本。辖区可将特殊税或费用纳入垃圾填埋倾卸费中以资助政府服务或公共基础设施。当倾卸费包括此类费用时，此类费用不符合公共援助项目的资助条件。

十二、参考文献

American Bar Association. 2005. *Comments of the Section of Environment, Energy, and Resources of the American Bar Association.* Access at: http://www.abanet.org/environ/katrina/Whitepaper.pdf. American Bar Association, Chicago, IL. November 2005.

City of Seattle, 2007. *Disaster Debris Management Plan-Final Draft.* Seattle, WA.

CIWMB. 2001. *Drywall Recycling.* Access at: http://www.ciwmb.ca.gov/publications/condemo/43195069.doc. California Integrated Waste Management Board.

Clinton, President William. May 22, 1998. *Presidential Decision Directive/NSC-63. Critical Infrastructure Protection.* Access at http://www.fas.org/irp/offdocs/pdd/pdd-63.htm.

DHS. 2004a. *Essential Support Function 3: Public Works and Engineering Annex, National Response Plan.* Department of Defense, U.S. Army Corps of Engineers, Department of Homeland Security. Access at http://www1.va.gov/emshg/docs/national_response_plan/files/ESF3.pdf, updated December 2004.

DHS. 2004b. *Essential Support Function 14: Long-Term Community Recovery and Mitigation Annex, National Response Plan.* Department of Defense, U.S. Army Corps of Engineers, Department of Homeland Security. Access at http: //www1. va. gov/emshg/docs/ national_ response_ plan/files/ESF14. pdf, updated December 2004.

FEMA. 2007. *FEMA* 325 *Debris Management Guide.* Access at http: //www. fema. gov/government/grant/pa/policy. shtm, dated July 2007. Federal Emergency Management Agency.

FEMA. 2008a. *NIMS Implementation Tips of the Week—May* 9—*ICS* 300. Access at: http: //www. fema. gov/emergency/nims/compliance/tip_ 050907. shtm. Last updated: May 9, 2007. Federal Emergency Management Agency.

FEMA. 2008b. *FY* 2008 (*October* 1, 2007—*September* 30, 2008) *NIMS Compliance Objectives and Metrics For States and Territories.* Access at: http: //www. fema. gov/library/file? type = publishedFile&file = fy_ 2008_ nims_ compliance_ objectivesmetrics_ state_ 022008. pdf&fileid = c9420250-e4a7-11dc-ae21-001185636a87.

FEMA and State of Washington. 2003. *Greenbook: Environmental Considerations and Contacts—Severe Storms and Flooding.* FEMA-1499-DR-WA; Version 12-16-03. Federal Emergency Management Agency and Washington State Emergency Management Division.

King County. 2001. *Final Comprehensive Solid Waste Management Plan.* Access at http: //www. metrokc. gov/dnrp/swd/about/Planning/documents-planning. asp#comp.

King County. 2003. *King County Emergency Management Plan.* Access at http: //www. metrokc. gov/prepare/programs/countyplan. aspx.

King County. 2004. *King County Regional Hazard Mitigation Plan.* Access at http: //www. metrokc. gov/prepare/programs/hazmit. aspx.

King County. 2006. *Disaster Debris Management Operating Plan.* King County, Seattle, WA.

Pierce County. 2000 and 2007. *Tacoma—Pierce County Solid Waste Management Plan and Supplement.* Access at http: //www. co. pierce. wa. us/pc/services/home/environ/pdf/solidwaste/pdf/ 2000plan. htm.

Pierce County. 2004. *Pierce County Natural Hazard Mitigation Plan.* http: //www. co. pierce. wa. us/pc/abtus/ourorg/dem/EMDiv/MitPCP. htm.

Snohomish County. 2004. *Comprehensive Solid Waste Management Plan.* Snohomish County, Everett, WA.

Snohomish County. 2005. *Natural Hazards Mitigation Plan.* Access at http: //www1. co. snohomish. wa. us/Departments/Public_ Works/Divisions/SWM/Work_ Areas/River_ F looding/Planning/Countywide, dated March 2005.

Snohomish County. 2007. *Debris Management Plan.* Snohomish County, Everett, WA.

SPU. 2004. *Seattle's Solid Waste Plan: On the Path to Sustainability—2004 Plan Amendment.* Seattle Public Utilities, Seattle, WA.

U. S. EPA. 2008. *Local Emergency Planning Committee（LEPC）Database.* Access at http：//yosemite. epa. gov/oswer/LEPCDb. nsf/HomePage？openform. U. S. Environmental Protection Agency.

WAEMD. 2001. *Mutual Aid and Interlocal Agreement Handbook.* Access at：http：//www. emd. wa. gov/plans/documents/MutualAidHandbook. pdf. Washington Military Department Emergency Management Division. January 2001.

十三、附录

附录 A　废弃物处理资源

附录 A-1　废弃物处理资源——工作人员

默瑟岛城工作人员职位	在废弃物管理中可能担任的角色
维护主管	废弃物移除主管 废弃物管理专家
街道维护主管	废弃物收集监管员
街道主任	废弃物站点监管员
财务主管	财务、行政和后勤工作人员
建筑规范执行人员	建筑工程师
城市律师助理	法律人员
城市副执行长	公共信息官
信息服务经理	技术人力资源
地理信息系统分析师	
公共设施经理	公共事业用地经理

附录 A-2　废弃物处理资源——默瑟岛附近可使用处理设施

金县当地危险废弃物管理项目

菲克多利亚日常有害废弃物投放点：

华盛顿州贝尔维尤东南区第 32 大街 13800 号，邮编：98005

电话：206-296-4692

西雅图南部家庭有害废弃物收集场：

华盛顿州西雅图南区第 5 大街 8105 号，邮编：98108

电话：206-296-4692

上述两处均接受以下废弃物	上述两处均不接受以下废弃物
喷雾罐（非空）	大于 5 加仑的家庭有害废弃物容器
汽车电池	喷雾罐（空）
汽车用品	生物废弃物
电池	子弹、军需品、火药、烟花等
荧光灯泡和灯管	计算机
汽油	空容器
胶水和黏合剂	爆炸物（乙醚、三硝基酚、二氧六环、四氢呋喃）
家庭清洁用品	爆炸物（炸药）
非工业化学品	垃圾
油基漆	乳胶漆
农药和花园化学用品	医疗废弃物（包括细口长幼缝针）
含汞产品	药物
泳池和水疗用品	油污染土壤
丙烷罐	油漆刷和空油漆罐
道路照明棒	烟雾探测器、放射性废弃物
稀释剂和溶剂	电视机
	轮胎

安全提示：

（1）将物品置于原装容器中。

（2）若不在原装容器中，在物品上贴标签。

（3）固定物品防止其倾覆或泄露。

（4）固定车辆或拖车上的全部装载物。

（5）物品远离车辆乘客区保存并将其与你想要保留的物品分开。

（6）不要超过最大数量限制。

本页所有信息均来自金县当地危险废弃物管理项目，其他具体信息和细节请访问相关网站。

参阅：http：//www.lhwmp.org/home/HHW/whattobring.asp。

附录 A-3　废弃物处理资源——外部机构

机构	地址	电话号码
金县当地危险废弃物管理项目：项目管理员办公室	华盛顿州西雅图市尼克森街 150 号 100 室 邮编：98109-1658	206-296-4692 206-263-8899
金县当地危险废弃物管理项目	金县有害废弃物项目和水土资源局 华盛顿州西雅图市尼克森街 130 号 100 室 邮编：98109-1658	206-296-4692 206-263-8899
环保：公共卫生——西雅图和金县	有害废弃物项目环保安全服务局公共健康处——西雅图和金县 华盛顿州西雅图市第五大街 401 号 1100 室 邮编：98104	206-205-4394
公共卫生处——西雅图和金县	华盛顿州西雅图市第四大街 2124 号 邮编：98121	206-296-4755
金县固体废弃物局	华盛顿州西雅图市杰克逊街南 201 号 701 室 邮编：98104	206-296-4466
普吉特海湾清净空气管理局	华盛顿州西雅图市第三大街 1904 号 105 室 邮编：98101	206-343-8800 800-552-3565 空气质量热线： 800-595-4341
环保局：10 区（阿拉斯加州、爱达荷州、俄勒冈州、华盛顿州）	环保局 10 区 华盛顿州西雅图市第六大街 1200 号 900 室 邮编：98101	206-553-1200 （800）424-4372

附录 B　联邦紧急事务管理署劳动力汇总表

只需填写灰色区域			
联邦紧急事务管理署 计日劳动力汇总表	共 ＿ ＿ ＿ 页， 第 ＿ ＿ ＿ 页	行政管理和预算局编号：3067-0151 有效期至 2005 年 9 月 30 日	
申请人	支付编号	项目编号	灾害
地址/位置		类别	涵盖日期
			至

		工作说明										
	日期	每周工作日期与工作时数						成本				
								总工时数	小时率	效益率/时	总小时率	总成本
姓名												
	常规											
职位												
	加班											
姓名												
	常规											
职位												
	加班											
姓名												
	常规											
职位												
	加班											
姓名												
	常规											
职位												
	加班											
姓名												
	常规											
职位												
	加班											
姓名												
	常规											
职位												
	加班											
计日工常规工作时间总成本												
计日工加班时间总成本												
兹证明上述信息从可供审计的工资单、发票或其他凭证上获取												
证明人			职位				日期					

联邦紧急事务管理署表格90 - 123，10月02日										

文书工作负担披露声明
本表格每次填写时间预计为30分钟。时间包括阅读说明、查找现存数据、收集和记录所需数据、计算、检查和提交表格的时间。若本表格右上角未提供有效的行政管理和预算局控制编号，则无须参与此次信息收集。任何关于本表填写时间精确估计相关的评论或减少填写时间的建议请发送至华盛顿特区（邮编：20472）联邦紧急事务管理署信息采集管理处文书工作负担减轻项目（3067-0151），提交本表格是为获得公共援助项目的资助。请勿将完整表格发送至上述地址。

附录 C 废弃物管理站点目录

　　站点名称：

　　地点地址：　　　　　　地点坐标：纬度：　　　经度：

　　预计面积：　　　英亩

　　站点所有人：

　　所有权类型：□辖区财产　　□县财产　　□私有财产　　□其他（请说明）

　　所有人地址：

　　所有人电话：

　　所有人电子邮箱：

位置和临近建筑特征

特征	备注
使用现状	
预计土地未来用途	
土地当前用途/分区	
恢复时间要求	
靠近学校、教堂或社区活动中心	
财产地形	
环境注意事项	
开放水域或湿地	
地下水井	
100年内泛滥平原	

续表

特征	备注
土壤/坡地的完整性	
地面排水设施	
潮湿天气适用性	
主导风向	
棕色地块	
废弃物站点	
考古或历史建筑或器物	
地下管线（自来水、污水、天然气、电力）	
噪声控制缓冲区	
毗邻机场	
可使用电力服务	
可使用自来水服务	
可使用下水道服务	
现有照明系统	
交通进出容量	
重型卡车可进入（停车点和附近道路）	
临近主干道	

场地准备工作水平　　□高　　□中　　□低
潮湿天气适用性　　　□高　　□中　　□低
空间区域服务能力　　□高　　□中　　□低
列出可以使用该站点的辖区：
距离该站点最近的垃圾填埋地：
本站点推荐用途：
□倾倒废料
□植物废弃物
□白色商品
□有害废弃物
□其他（请说明）
本站点垃圾处理方式：　　　□露天焚烧　　□焚化　　□粉碎

站点地图：

站点调查日期：

站点调查中拍摄照片数量：

潜在站点评分　　　□一级　　　□二级　　　□三级

附录 D　生命线和其他废弃物清理优先顺序

基于优先权对道路/区域进行清理：

- 生命线。

- 主要高速公路或干线。

- 商品转移和服务/经济恢复必需的清洁区有

☆ 城镇中心购物区；

☆ 南购物中心。

- 次干道。

- 地方路线。

生命线：

- 东南区第 36 号街（自加拉格尔希尔路至应急行动中心和 I-90 立交桥）；

- 克雷斯岛路（自 I-90 立交桥至东南区第 68 大道）；

- 默瑟东（自 I-90 立交桥至东南区第 70 号街）；

- 默瑟西（自 I-90 立交桥至东南区第 70 大街）。

商品转移和服务/经济恢复必需的清洁区：

- 城镇中心购物区

☆ 东南区第 27 大街至 I-90。

- 南购物中心

☆ 东南区第 68 大街。

次干道：

- 东南区第 40 大街（自默瑟东至默瑟西）；

- 东南区第 86 大道（自东南区第 40 大街至克雷斯岛）。

附录 E 默瑟岛城重要设施/基础设施

应急行动中心——东南区第 36 大街。

紧急井位——东南大道 88 号。

默瑟景区社区活动中心——东南区第 26 号大街。

消防部门——东南大道 78 号。

附录 F 8 个预先指定的废弃物管理站点和街区收集站位置

路德伯班克公园（东南区第 84 大街 2430 号）。

默瑟戴尔公园（东南区第 77 大街 3205 号）。

城市公园（东南区第 40 大街 8100 号）。

小船码头（默瑟东路 3600 号）。

克雷斯岛公园（克雷斯岛路 5701 号）。

南默瑟球场（东南区第 78 大街 8220 号）。

怀尔德伍德公园（东南区第 86 大街 7400 号）。

克拉克海滩公园（默瑟东路 7700 号）。

附录 G 默瑟岛城设备资源

地点：市维修厂。

- 阶迪牌装载机。
- 猫牌 318 型号的挖沟机。
- 约翰迪尔挖沟机。
- （2 台）7 码自卸卡车。
- （2 台）5 码平底自卸卡车。
- 埃尔金清扫器。

附录 H 表格

每日工作报告

合同编号：_____

日常报告						
承包商： 合同编号：				报告日期：		
卡车编号	工作地点	垃圾填埋地路线	总吨位	当地收集地点路线	总吨位	
1						
2						
3						
4						
5						
6						
7						
8						
9						
10						
11						
12						
13						
14						
15						
16						
17						
18						
19						
20						
	每日总量					

每日工作报告

合同编号：_____

日期	载重单据号	垃圾填埋单据号	时间	卡车编号#	卡车重量	实际重量减卡车重量	是否合格	备注

载重单据

载重单据		
单据编号：		
合同编号：		
承包商		
日期：		
废弃物数量		
卡车编号：	卡车重量（吨）	
载量（吨）		
卡车司机		
废弃物分类		
	可焚烧	
	不可焚烧	
	混合	
	其他	
位置		
部分/区域：	垃圾场	
	时间	检查员
装载		
倾倒		
合格（是/否）：	正本：城市/郡/州 黄色：承包商 粉红：司机 金色：联邦紧急事务管理署	

205

卡车标牌

公司名称
卡车编号
卡车重量
称重和日期

附录 I 健康和安全计划补充说明

目的

本健康和安全补充说明的目的是对当前默瑟岛城与废弃物移除相关的安全规划和程序进行补充。本说明是最基本的安全规定。根本上说，健康和安全是废弃物移除活动中合约各方的责任。本文件将概述废弃物移除和监督员工提供安全工作环境所必需的基本步骤。此外，本文件将介绍许多具有代表性的工作危害以及减少风险的适当措施。

信息传播

应向废弃物搬运承包商和监督公司项目经理提供本文件，并将文件信息和指南传达给各自员工。保存一份本文件副本以供咨询。此外，在项目期间，应对本文件内容进行修订以增加员工意识。

遵从性

废弃物托运承包商和监督公司项目经理应对各自工作人员和分包商对健康和安全条款的遵从负责。不遵守此条款的工作人员不得继续从事废弃物移除活动，直到实施有效补救措施后方可继续。应从项目中解雇违反安全政策和程序的员工。

工作危害评估

尽管不同灾害的废弃物移除工作十分相似，但对每种灾害特定危害的评估是保证废弃物移除工作人员健康和安全的重要部分。工作危害评估应至少包括以下内容：

● 灾害废弃物：造成财产损失的灾害通常会产生大量必须要收集和运输并进行处理的废弃物。废弃物的类型取决于区域（如地势、气候、住所和建筑类型、人口等）、建筑物年限、使用情况、产生废弃物的灾害事故（如类型、事故强度、持续时间等）的特征。此外，灾害废弃物会产生大面积不平整地面，此类情况必须进行协商。

● 废弃物移除：通常灾害废弃物移除包括移除断裂的、边缘锋利的植物废弃物或建筑材料废弃物。许多灾害与暴雨或洪水有关。因此，灾害废弃物比正常情况更潮湿，更重。随着重量的增加，受伤风险也会增加。

● 移除设备：大多数灾害中，必须移除公共用地上的废弃物，使应急车辆可以进入，随后恢复工作得以开展。废弃物收集和移除中需要使用重型设备和电动工具对废弃物进行剪切、分离和清理。

● 交通安全：公共用地主要位于公共维修的道路上。因此，废弃物移除过程是在交通拥堵程度不同的情况下进行。此外，灾害通常会损害道路标志，并对道路安全造成威胁。

● 野生动物意识：灾害对人类和野生动物来说都是创伤性事件。无家可归的动物（啮齿类）、爬行类和昆虫会对废弃物移除工作人员造成危害。

● 废弃物处置：进入废弃物管理站点后，监督公司应对运进灾害废弃物的数量进行评估。随后，收集车辆对灾害废弃物进行处置，废弃物将通过粉碎、焚化或送到厂区外进行循环利用等方法进行处理。在废弃物管理站点容易受到伤害。在这种环境下，对废弃物进行处理的应急和恢复工作人员最可能面临废弃物坠落、重型建筑车辆、高噪声水平、灰尘和漂浮微粒的威胁。载重观测员应对不属于废弃物管理站点的有害废弃物和其他项目进行监控。

● 气候：产生废弃物的灾害通常发生在极端天气易发的区域或季节。必须对温度和湿度对体力劳动者的影响进行监控，必须对工作人员作息时间间隔进行评估。

行政和工程控制

使用行政和工程控制措施可以极大减轻废弃物移除活动对公众健康和安全的威胁。在废弃物移除过程中常用的行政和工程控制方法如下。

收集操作

● 废弃物移除只能在白天进行（除非站点照明足以进行夜间操作）。

● 在同一时间只对道路一边进行清除。

● 在本区域进行工作前，应使用探测器清理架空线下坠落的电线。

● 在使用重型设备清除废弃物前应对建筑进行检查以保证不存在有害障碍。

● 确保所有收集车辆的车灯、鸣笛和倒车报警器功能良好。

● 收集车辆负载适当（未超载或失衡）。

● 必要时，对负载物进行覆盖和固定。

● 当对收集过程进行监控时，应注意交通状况并使用安全驾驶技术。

● 注意有害废弃物、白色商品、丙烷罐和其他有害材料。

电动工具

- 使用前对所有电动工具进行检查。
- 不要使用损坏或有缺陷的设备。
- 按电动工具预期用途使用。
- 避免在潮湿区域使用电动工具。

废弃物粉碎机（研磨机/木材切削机）

- 不要穿宽松衣物。
- 遵守制造商指南和安全说明。
- 注意进料口和出料口。
- 设备运行中不要打开检修门。
- 固定拖车车轮限制拖车移动。
- 保持安全距离。
- 不要将手伸入正在运行的设备中。
- 维修设备时使用锁/挂牌方案。

废弃物临时分类与处理站点/处置操作

- 使用新泽西式护栏和三角标志正确标示交通模式。
- 恰当使用标记技术指挥交通。
- 监测塔必须保持畅通，并有扶手和护栏减少绊倒和跌倒。
- 监测塔必须有适当的楼梯通道，通道必须有合适的台阶和竖板，并且坡度合适（高：宽=4：1）。
- 监测塔必须设有新泽西式护栏，保护塔和监控器免遭出入收集车辆的撞击。
- 监测塔必须位于活动产生的灰尘和微粒的上风处。
- 水车必须视需要对现场洒水，控制空气浮尘和废弃物。

个人防护设备

个人防护设备是为工作人员提供安全工作环境的最后屏障。个人防护设备不像行政和工程控制一样可以消除或减少危害，但可以通过在个人和工作场所危害之间创造保护性屏障来降低工作人员受伤的风险。

个人防护设备应按预期制造使用目的进行使用。例如，使用的口罩类型错误可能会导致工作人员吸入致癌颗粒。为使用者正确配备的个人防护设备需要由一名医学专业人员进行检查。不适当的个人防护设备不能在最大程度上提供保护，并会降低连续使用该装备的可能性。此外，设备不合理使用可能导致严重损伤或死亡。正确使用设备的详细说明参见制造商说明书。

下列个人防护设备可以在标准公共用地、租地、植物、建筑与拆除废弃物移除中使用。

- 安全头盔——旨在保护个体头部免遭诸如高空坠物或低悬挂物撞击头部造成伤害的设备。用于保护头部的个人防护设备必须符合 ANSI Z89.1-1986 的规定，即《美国国家人事保护标准—工业性作业安全帽—设备》的规定。

- 护脚——旨在保护足部和脚趾免遭诸如坠物或滚动物体以及可能刺穿鞋底或鞋面物体等伤害的设备。用于保护足部和脚趾的个人防护设备必须符合 ANSI Z-41-1991 的规定，即《美国国家人事保护标准—护脚》的规定。

- 防护手套——旨在保护个人手部免遭锋利或砂磨表面伤害的设备。手部保护的适当性取决于工作状况以及手套特征。例如，有些手套可用于保护手部免遭电器伤害，但是同类手套并不适用于处理锋利或砂磨表面的相关工作。

- 防护眼镜/防护面罩——旨在保护个人眼睛或面部免遭诸如飞行物体伤害的设备。用于保护眼睛和面部的设备必须符合 ANSI Z87.1-1989 的规定，即《美国职业和教育眼睛和面部保护国家保护标准实务》的规定。再者，必要眼睛/面部保护的适当性取决于工作状况以及设备特征。例如，个人使用的用于焊接的眼睛和面部保护设备可能不适用于操作木片切削机的人员。

- 听力保护装置——旨在保护个人听力免遭长时暴露于高噪声环境伤害的装置。根据职业安全与健康管理局，一天 8 小时工作过程中允许的声音强度平均不得高于 90 分贝。高于该声音暴露声级时需要进行保护。用于保护听力的个人防护设备必须符合 ANSI S3.19-1974 的规定，即《美国国家人事保护标准实务—听力保护》的要求。

- 呼吸保护装置——旨在保护个人呼吸系统免遭吸入含有有害气体、蒸汽、悬浮颗粒等空气的伤害的设备。用于保护呼吸系统的个人防护设备必须符合 ANSI Z88.2-1992 的规定。此外，使用呼吸保护装置时需要进行质量拟合度测验，在某些情况下肺部拟合度测验需要由专业医学注册人员进行。

废弃物移除中使用的个人防护设备

必须基于工作危害评估结果制定个人防护设备要求。下文的个人防护设备列表按照废弃物移除活动组织，是一份具有代表性的个人防护设备列表。不同地区对具体个人防护设备的要求各不相同。通常，从事废弃物移除工作的工作人员应监控自身饮水量，避免脱水，并对皮肤进行适当保护（透气良好的衣服、浅色衣服、防晒霜等）。从根本上，个人防护设备的选择是废弃物搬运承包商和监督公司项目经理的责任。

废弃物收集监控

废弃物收集过程中需监控的危险包括但不限于：车辆撞击、不平整路面上倾倒或绊倒、割伤、植物或建筑废弃物尖锐物擦伤或穿刺、必需的个人防护设备包括：

- 反光衣；
- 护脚（坚固的鞋子或靴子，若需要应为足尖和腿部安装钢质防护）；
- 长裤。

废弃物处置监控

灾害废弃物处置过程中需监控的危险包括但不限于：车辆撞击、楼梯或平整地面跌倒或绊倒、割伤、植物或建筑废弃物尖锐物擦伤或穿刺，坠落灾害废弃物撞击。监测塔必须装备急救药箱。必需的个人防护设备包括：

- 反光衣；
- 护脚（坚固的鞋子或靴子，若需要应为足尖和腿部安装钢质防护）；
- 长裤；
- 安全帽。

废弃物移除

灾害废弃物移除危险包括但不限于：车辆撞击、不平整地面跌倒或绊倒、割伤、植物或建筑废弃物尖锐物擦伤或穿刺和大气散落物。此外，必需的个人防护设备包括：

- 反光衣；
- 防护眼镜和听力保护装备；
- 护脚（坚固的鞋子或靴子，若需要应为足尖和腿部安装钢质防护）；
- 长裤。

废弃物处置、减量和回收

灾害废弃物处置、减量和回收危害包括但不限于：车辆撞击、楼梯或平整地面跌倒或绊倒、割伤、植物或建筑废弃物尖锐物擦伤或穿刺、有害废弃物、尖锐物、坠落灾害废弃物撞击和大气悬浮颗粒。必需的个人防护设备包括：

- 反光衣；
- 护脚（坚固的鞋子或靴子，若需要应为足尖和腿部安装钢质防护）；
- 防护眼镜和听力保护装备；
- 长裤；
- 手套；
- 安全帽。

废弃物切割和剪切工作

灾害废弃物切割和剪切工作危害包括但不限于：车辆撞击、整地面跌倒或绊倒、割伤、电动工具擦伤或穿刺、植物或建筑废弃物尖锐物、坠落灾害废弃物撞击和大气悬浮颗粒。必需的个人防护设备包括：

- 反光衣；
- 护脚（坚固的鞋子或靴子，若需要应为足尖安装钢质防护）；
- 防护眼镜和听力保护装备；
- 长裤；
- 安全帽。

更多关于健康和安全要求的详细信息，请联系职业安全与健康管理局。

附录 J 废弃物移除总价合同样本

总价合同通过承包商的一项投标确定总价。此类合同只有当工作范围清晰界定，即工作区域和材料总量清晰界定时才能使用。总价合同应通过以下两种方式中的一种进行界定：

- 面积法，工作范围应根据每次清理的具体区域确定；
- 通过次数法，工作范围应根据通过特定区域的次数确定，例如，沿公共事业用地一定距离。

第1条
合同各方

本合同于 20 __年__月__日在__市/县（以下称为实体）与_____（以下称为承包商）签订。

第2条
工作范围

本合同基于_____询价和采购条款签署，以移除因突发自然或人为灾害从_____至_____产生的废弃物。本合同目的是为移除受影响社区中所有对公众生命和财产造成威胁的危害提供设备和资源。清理、拆除和移除限于1）为了公众安全利益和2）对恢复受影响区域经济生产是必需的。

工作应包括编号为_____的招标申请书，申请书附加的图纸和街区地图上标明清理（或拆除）和移除的区域。

第3条
工作日程安排

时间安排对于废弃物移除合同十分重要。

工作进程通知：本合同中工作开始时间为 20 __年__月__日。完成工作的最大允许期限为___个工作日，除非实体通过书面变更通知延长工作时间。若承包商在期限内未能完成工作，已清理损害的估计值为每天____。

第4条
合同价格

本合同中执行工作的总价为____。

第 5 条
付款

承包商应就其完成的工作提交经认证的支付请求。实体在 10 日内决定是否批准该请求。实体应在批准支付请求后 20 日内向承包商支付已完成的合同工作价款。若合同持续时间超过 30 日，实体应基于本月完成且批准的工作量，每月按照合同金额的一定比例向承包商支付费用。实体应在批准支付申请后 30 日内向承包商支付费用，延期将以＿＿的年利率支付利息。每次支付都应有数额为＿＿的预付费用。一旦实质性工作已完成，则无须支付预付费用。

本合同资助应符合华盛顿州公法和＿＿（地方法规或条例）的规定。

第 6 条
变更通知

若实体对工作范围进行变更，在工作开始前，双方应对价格和合同时间的变更进行及时协商。

第 7 条
承包商的义务

承包商应对工作进行监督和指导，所有工作中均应使用熟练员工和合适设备。承包商应对其员工和设备的安全负责。此外，承包商应承担与履行本合同条款相关的必要材料、设备、人事、税金和费用。

若发现任何异常、隐蔽条件或条件变更应立即向实体报告。承包商应负责对现存公共事业设施、人行道、道路、建筑和其他永久规定物进行保护。承包商应自付成本对不必要的损害进行修复。

第 8 条
实体的义务

实体代表应为工作实施提供所有必要的信息、文件和公用设施地点。施工许可和授权批准费用由实体支付。实体指定一位代表对工作进行监督并回答现场问题。

本合同由下列当事人签署：
实体（市，县，镇等）

_____盖章

承包商（包括地址、市、州）
签字_____
公司代理人

附录 K

进入权编号：_____

全球定位系统定位：

经度：_____

纬度：_____

进入私有财产进行废弃物移除的进入租地权

财产地址/描述：_____

名称（所有人或承租人）：_____

城市：_____

进入租地权

本人保证，本人为上述财产所有人或是由所有人授权的代理人。本人自由且自愿授予美国政府因需从上述财产清除因风暴产生的废弃物而进入上述财产的权利，包括但不限于美国陆军工兵部队和联邦紧急事务管理署、华盛顿州政府、默瑟岛城政府及其各自代理机构、代理人、承包商和分包商。

免受损害协定

本人明白本许可并不致使政府产生履行移除废弃物之义务。本人同意使美国政府、美国陆军工程兵团和联邦紧急事务管理署、华盛顿州政府、默瑟岛城政府及各自代理机构、代理人、承包商和分包商免受上述财产或上述财产中人员的损害，并对受到的损害进行补偿。本人放弃对上述实体行为引起的事项提起法律诉讼的权利。本人将对上述财产中的下水道、化粪池、水管和公共基础设施进行标注。

收益重复

多数房产所有人保险包含移除风暴产生废弃物而产生的费用。本人明白联邦法律要求本人通过默瑟岛城补偿政府因移除风暴产生废弃物而产生的，但已包含在本人保险中的成本。本人也明白应向默瑟岛城提交一份损失申明/证明副本。若本人已从保险公司或他处取得废弃物移除赔偿，或当取得赔偿时，本人同意通知默瑟岛城政府，并支付最终由联邦紧急事务管理署支付的款项，且提交损失证明/声明。本人明白所有与灾害相关资金，包括用私有财产移除废弃物，均应接受审计。本人承认，提交的信息将为其他政府机构、联邦和非联邦机构、承包商及其分包商和员工共享，用于救灾管理以及行使进入租地权。

通过签署本合同，本人保证本人是本财产所有人或有权签署本进入租地权合同。

鉴于上述目的，本人特此于下列日期签署本合同。

本合同签署日期为 201__年__月__日。

（所有所有者必须签字）

姓名（可打印）：_____ 　　　　　姓名（可打印）：_____

签字：_____ 　　　　　　　　签字：_____

邮寄地址（若不同于上述列示的地址）：

当前联系电话：

保险公司名称：_____

保险单号：_____

请勿删除下列项目：

_____

_____

_____

附录 L　废弃物移除工料合同

第 1 条
合同当事人

本合同于 20 __ 年 __ 月 __ 日由政府（以下称为实体）与_____（以下称为承包商）签署。

第 2 条
工作范围

本合同基于____询价和采购条款签署，以移除因突发自然或人为灾害从____至____产生的废弃物。本合同目的是为移除受影响社区内所有对公众生命和财产造成威胁的危害提供设备和资源。清理、拆除和移除限于1）为了公众的安全利益和2）对恢复受影响区域经济生产是必需的。

工作应包括与设备和劳动力相关的条款，以按照实体的指导清理和移除废弃物。

第 3 条
工作日程安排

时间对废弃物移除合同十分重要。

工作进程通知：本合同中工作开始时间为____。设备使用时间为 100 小时，除非实体以书面形式发出变更通知对使用期间进行延迟。合同基于设备和劳动力单价制定，未规定最少或最多工作时间。

第 4 条
合同价格

合同规定的工作每小时工资率是通过最低投标人报表价格转化得到的，每小时工资率如下：

设备/机器/操作人员	调动费用	小时工资率	设备返空费	制造商，型号

应该提供总单价，包括维修费、燃料费、日常管理费、利润以及其他与设备相关的成本。

预估材料单价。仅按发票实际金额支付。

劳动工时成本包括保护衣物、附加福利、手动工具、监管、运输成本以及其他成本。

第 5 条
付款

若工作进程通知已发出，则实体应向承包商支付设备调动和返空费用，但只支付实际使用的设备和劳动力费用。应在收到检查员做出的工作评估和核实后 30 日内向承包商支付上述费用。

第 6 条
索赔

不适用。

第 7 条
承包商的责任

承包商应监督工作中劳动力和设备在各活动中的投入绩效。承包商应对其员工和设备的安全负责。此外，承包商应该承担与支付本合同条款相关的必要材料、设备、人事、税金和费用。

承包商应采取防护措施防止工作对人行道、道路、建筑和其他永久性装置造成额外损害。

第 8 条
实体的责任

实体代表应为工作的开始和进行提供所有必要信息。施工许可、处置场所和授权批准成本由实体支付。实体指定一位代表对工作进行监督并回答现场问题。代表应向承包商提供每日监察报告，包括已完成工作和工作时数审核。

实体应指定进行工作的公有和私有财产区域。当州政府或地方政府要求时，实体应向承包商提供填写完整的私有财产"进入租地权"表格副本。实体应保护承包商及其员工免遭因提供本合同中救灾工作服务引起的索赔、诉讼和判决而产生的损失，并对损失进行赔偿，除非该损失是由承包商疏忽造成的。

若承包商未能履行义务或违约，实体可终止本合同。

第9条

保险和保证人

承包商应视实体要求提供员工赔偿范围、机动车损害赔偿责任范围、综合一般责任保险（公共意外责任、人身伤害等）证明。

保证人：若本合同规格、一般或特殊条件要求，承包商应向实体提交按合同总额100%完成工作和付款保证书。实体将补偿基本标价中包含的保证成本。

第10条

承包商资质

承包商必须为根据州法定要求取得正式授权。

本合同由以下当事人正式签署：

默瑟岛城政府

_____盖章

承包商（包括地址、城市、州）

签字_____

公司代理人

附录 M　废弃物移除单价合同

第1条

合同当事人

本合同于 20 __ 年 __ 月 __ 日由辖区（以下称为实体）与____（以下称为承包商）签订。

第2条

工作范围

本合同基于____询价和采购条款，以移除因突发自然或人为灾害从____至____产生的废弃物。本合同目的是为移除受影响社区所有对公众生命和财产造成威胁的危害提供设备和资源。清理、拆除和移除限于1）为了公众的安全利益和2）对恢复受影响区域经济生产是必需的。

工作包括编号为___的招标申请书，申请书附加的图纸和街区地图上标明清理（或拆除）和移除。

第 3 条
工作日程安排

时间安排对于废弃物移除合同十分重要。

工作进程通知：本合同中工作开始时间为 20 __ 年 __ 月 __ 日。完成工作的最大允许期限为 ___ 个工作日，除非实体通过书面变更通知延长工作时间。随后的成本和完成时间变更必须由双方基于适用法律公平协商。违约赔偿金估计为超过合同期限期间内每日 ___ 美元。

第 4 条
合同价格

合同规定的工作单价是通过最低投标人报表价格转化得到的，单价如下：

数量	测量单位	描述	单位成本	总价
小记			$	
成本			$	
总计			$	

废弃物应按以下单位进行分类：立方码、每个、平方英尺、英尺、加仑或批准适用于特定被移除材料的计量单位。

第 5 条
付款

承包商应就其完成的工作提交经认证的支付请求。实体应在 10 日内决定是否批准该请求。实体应在批准支付请求后 20 日内支付承包商已完成合同工作相关的费用。若合同持续时间超过 30 日，实体应根据本月完成且批准的工作量，每月按照合同金额的一定比例向承包商支付费用。实体应在支付申请批准后 30 日向承包商支付费用，延期将以 ___ 的年利率支付利息。所有支付均应有数额为 ___ 的预付费用。一旦实质性工作已完成，则无须支付预付费用。

对本合同补助应按 ___ 州公法和 ___ （地方法规或条例）授权。

第 6 条
索赔

承包商若想就合同中未清晰说明，或实体未通过对合同修订要求的工作或材料获取额外补偿，则承包商应以书面形式通知实体。承包商和实体应立即协商调整金额；然而，若未达成一致的，应由承包商和实体均接受的第三方按联邦适用法律确定一个对双方均有约束力的和解合同。

第 7 条
承包商的义务

承包商应对工作进行监督和指导，所有工作均应使用熟练员工和合适设备。承包商应对其员工和设备的安全负责。此外，承包商应承担并支付与本合同条款相关必要的材料、设备、人事、税金和费用。

任何异常、隐蔽条件或条件变更应立即向实体报告。承包商应负责对现存公共事业设施、人行道、道路、建筑和其他永久规定物进行保护。承包商应自付成本对不必要的损害进行修复。

第 8 条
实体的义务

实体代表应为工作实施提供所有必要的信息、文件和公用设施地点。施工许可和授权批准成本由实体支付。实体指定一位代表对工作进行监督并回答现场问题。

实体应指定进行工作的公有和私有财产区域。当州政府或地方政府要求时，实体应向承包商提供填写完整的私有财产"进入租地权"表格副本。实体应保护承包商及其员工免遭因提供本合同中救灾工作服务引起的索赔、诉讼和判决而产生的损失，并对损失进行赔偿，除非该损失是由承包商疏忽造成的。

若承包商未能履行义务或违约，实体可终止本合同。

第 9 条
保险和保证人

承包商应视实体的要求提供员工赔偿范围、机动车损害赔偿责任范围、综合一般责任保险（公共意外责任、人身伤害等）证明。

保证人：若本合同有一般或特殊条件要求，承包商应向实体提交按合同总额 100%完成工作和付款保证书。实体将补偿基本标价中包含的保证成本。

本合同由以下双方签署生效：
默瑟岛城政府

_____盖章

承包商（包括地址，市，州）
签字_____
公司代理人

附录 N 华盛顿州公共援助灾情评估

本信息由华盛顿州应急管理部提供，网址为：http：//www.emd.wa.gov/disaster/Washington Military Department Emergency Management Division – Disaster Assistance – Public Assi.shtml。

目标

紧急情况或灾害刚发生尚未获得任何联邦援助前，华盛顿州应急管理部必须确定州和地方公共设施受损程度。华盛顿州应急管理部通过初步灾情评估程序获得必要信息，决定是否满足通过州长向联邦紧急事务管理署发出请求以取得灾害公共援助总统声明的标准。

初步灾情评估程序的意图是描述灾情的大小、影响、造成的经济损失以及应对灾情和从灾情中恢复所采取的必要行动。

初步灾情评估程序对于州和受影响的各县请求联邦援助是必需的。若需要时未收到灾情评估信息，我们将无法将县信息纳入公共设施初始需求评估中。

灾情评估

为确定事故的严重程度，州机构和县应急办公室应对受影响各辖区的灾情进行初始评估。各县应急管理办公室协调各辖区收集到的数据供本县使用。

谁是申请人/申请辖区？

申请人（申请辖区）是指：州机构、所有地方公共机构——县、市、镇，公共事业设施（自来水、下水道、电力）和其他特殊用途的区域，包括学校区域和防火区、印第安部落和提供基本政府型服务的非盈利私人机构。

评估过程如何开始？

各地方机构/辖区应对每一类灾害导致的工作（损害类型）完成《初步灾情评估估计—地点/类型（PA-2）表》。每类工作的成本估算包括在《初步灾情评估概要（PA-1）表》的总成本估算中。然后，将这些表格转交到县应急管理办公室。

请注意，县是所有地方辖区的协调中心。县提交给华盛顿州应急管理部的信息应包括县内各受灾辖区填写的表格。

受灾县有义务通知本县内各辖区完成初步灾情评估。要求各县完成本县内所受灾害的初步灾情评估，并协调本县内各辖区通过初步灾情评估收集数据。本县内各辖区提交的初步灾情评估应提交给华盛顿州应急管理部公共援助项目。**各县不对各辖区完成表格填写负责**。

我们要求各县应急事务管理人员：

● 告知他们的主要联系方式。这在我们与联邦紧急事务管理署协调后续联合初步灾情评估时十分重要。

● 告知我们灾害未对他们县公共道路、下水道、自来水系统、学校和公用事业区造成重大损害。

● 通过完成和向华盛顿州应急管理部公共援助项目提交初步灾情评估表（PA-1 和 PA-2），告知我们县确实遭受重大损失。

要求每个地方辖区和印第安部落将完成的初步灾情评估提交给其所在县应急管理办公室，以进行信息协调并提交给州。

各县应通过电子邮件将表格提交至：publicassist@ emd. wa. gov，或发送传真至（360）570-6350。

初步灾情评估表

为准备初始评估，各公共机构应就灾害造成的每类损害填写 PA-2 表以及 PA-1 表。

初步灾情评估表在一个 Excel 工作簿中。你应在计算机中保留一份工作簿副本，然后在保存副本中填写。**表格不能在线填写**。我们也推荐你保存一份表格的纸质副本，防止当你需要这些表格时，发生电力故障或不能使用计算机。

初步灾情评估表包括：

● 数据表。数据表在 Excel 工作簿的第一页。完成本页后，PA-1 和 PA-2 表中的人口信息将自动完成填充。

● PA-1，初步灾害评估概要。要求本表格提供每类损害总数以及事故影响概况。

● PA-2，初步灾害评估估计——地点/类型。完成 PA-1 汇总表之前完成 PA-2 表。每类工作有一张 PA-2 表。

● PA-3，初步灾情评估合计表——供县使用。本表是县应急管理人员使用的项目追踪工具，并非要求的表格。

初步灾情评估表格**说明**如下。其内容在另一个单独 Word 文档中。

● PA-1，初步灾害评估概要——表格说明。

● PA-2，初步灾害评估估计——地点/类型——表格说明。

● PA-3，初步灾情评估合计表——供县使用——表格说明。

时间线

若确定需要正式初步灾情评估，则联邦/州初步灾情评估小组应前往各县。该小组将直接与县应急管理办公室协调。应有一位对灾害十分熟悉的代表协助该小组核实灾情。

通常，存在下列时间线：

● 每辖区在一周内完成表格，提交给县应急管理人员。

● 县提交至华盛顿州应急管理部。州机构直接提交至华盛顿州应急管理部。

● 华盛顿州应急管理部在一周内派出联邦紧急事务管理署/州联合小组核实灾情。

● 华盛顿州应急管理部在一周内收集所有数据、制作灾害声明请求，向州长提交批准请求，向联邦紧急事务管理署发送批准后的请求数据包。

- 30 日内完成初步灾情评估并通过州长提交至联邦紧急事务管理署。

联系人

更多信息请联系项目管理员，联系电话：（253）512-7078。

附录 O

初步灾情评估数据表

日期		
县		
申请人		
联系人姓名/ 电子邮件		
电话		
地方检查员（代表）	电子邮箱	电话
州检查员	电子邮箱	电话
联邦检查员	电子邮箱	电话
谁必须填写初步灾情评估?	初步灾情评估表说明	
打印	提交表格	

　　首先完成本表格：信息将自动填充到本工作簿的每页。注意：本工作簿中数据单元未受保护。若需要修改某一类型工作中的人口信息，可在相应页面修改。需要填写完成关于所遭受灾害的每类工作对应页面，每页需要填写信息已标黄。

　　所有申请人：每个受灾申请人必须为每个遭受灾害的县填写完成一系列初步灾情评估表格。每个地方申请人必须将表格提交给县应急管理人员。每位县应急管理人员应将其县内所有初步灾情评估提交至华盛顿州应急管理部。所有州机构必须为每个遭受灾害影响的县完成一系列初步灾情评估表格，并直接提交至华盛顿州应急管理部。华盛顿州应急管理部将合计每个县的损失决定是否达到标准。

　　何时打印：文本框格式被设定为自动换行。然而，若键入信息多于单元格所能显示的信息，需要调整单元格大小以打印所有输入信息。打印边缘被设定为按当前格式打印所有页面。若只打印 15 个文件中的 4 个，仍会打印 15 个。

　　说明：PA-1 和 PA-2 初步灾情评估表格说明见单独 Word 文档。说明可在网站获取，网站为：http：//emd.wa.gov。若需要援助，请联系公共援助项目，联系电话：360-570-6305。通过电子邮件提交表格至 publicassist@emd.wa.gov 或发送传真至 360-570-6350。

　　提交：通过电子邮件将 PA-1 和 PA-2 初步灾情评估表提交至 publicassist@emd.wa.gov 或发送传真至 360-570-6350。若需要援助，请联系公共援助项目。联系电话：360-570-6305。

默瑟岛城
废弃物清除更新版
日期，时间

应急信息热线 206-275-7600

www. mercergov. org　收听 KIRO 710 AM

MIHS 广播电台 88. 9 FM 和 94. 5FM

废弃物清除——华盛顿州默瑟岛

城市大规模废弃物移除将于［日期］完全开始。

根据［谁?］，"这是一个长期、工作量庞大的工程，超过×××百万立方码废弃物需要清除，可能耗时×××个月。我们请求公众遵守废弃物分离指南，在这个浩大工程期间保持耐心，并与我们积极合作。"

财产所有人有责任清除私有财产上的废弃物。废弃物应堆积在公共事业用地上。

将废弃物分为以下三类：

- 植物（树枝、树干等）；
- 建设和拆除（木材、胶合板、绝缘地毯等）；
- 白色商品（冰箱、火炉等）。

请勿将家庭垃圾与废弃物混合。

请勿在水表或消防栓上或附近放置任何杂物。

请注意废弃物堆积的布局以及电线的相对高度。

附录 P　城市地区安全计划废弃物管理规划第二阶段

废弃物管理与街区收集站要求

下文为废弃物管理站点要求草案以及由项目团队按照斯诺克米西健康区、西雅图—金县卫生处以及塔科马港市—皮尔斯县卫生健康处指导制定的审查/激活过程概要。

街区收集站要求

街区收集站是一个用于合并一个地方辖区或区域内废弃物的临时固体废弃物处理站点，通过其将废弃物转运至废弃物管理站点或永久性固体废弃物处理设施。街区收集站的开发和运营应以 WAC 173-350-310[①] 规定的华盛顿州生态部中级固体废弃物处理设施标准为指南。街区收集站设计标准包括：

- 控制公众进入，阻止未授权车辆往来以及废弃物非法倾倒。
- 所有盛放废弃物的容器应在盖子或屏幕上按照耐用品、防水材料和易清洗材料进行分类，防止运输过程中材料丢失以及老鼠或其他虫类进入。
- 采取有效措施控制啮齿类、昆虫、鸟类和其他动物进入。
- 采取有效措施控制废弃物乱扔。
- 采取污染控制措施保护地面和地下水，包括设计径流收集和排放方案以应对华盛顿州行政法典 173-350-100 规定的 25 年一遇的风暴，处理设备清洗与冲洗污水。
- 采取污染保护措施保护大气质量。
- 提供全天候交通状况监控。
- 达到华盛顿州行政法典 73-350-040 的性能要求。

应认识到因运行环境不同，很多标准可能不适用于街区收集站或某站点。

作为固体废弃物处理设施标准的一部分，辖区应为每一街区收集站制定运营规划。

废弃物管理站点要求

废弃物管理站点是用于在废弃物最终回收或处置之前对其收集、分类和处理的临时固体废弃物处理站点，包括特殊废弃物。废弃物管理站点应依据华盛顿州行政法典 173-350-320[②] 制定的华盛顿生态部的堆积标准以及华盛顿州行政法典 173-350-360（若接受中等危害废弃物）制定的中等危害废弃物处理标准作为指南进行开发和运营。废弃物管理站点设计标准包括：

- 在运营前确定站点最大废弃物容量、海拔和边界。

---

① http：//apps. leg. wa. gov/wac/default. aspx？cite＝173-350-310.
② http：//apps. leg. wa. gov/WAC/default. aspx？cite＝173-350-320.

- 控制公众进入，阻止未授权车辆往来以及废弃物非法倾倒。
- 采取有效措施控制啮齿类、昆虫、鸟类和其他动物进入。
- 采取有效措施控制废弃物乱扔。
- 采取污染保护措施保护大气质量。
- 提供全天候交通状况监控。
- 达到华盛顿州行政法典 173-350-040 的性能要求。
- 所有堆放地点设计应：

☆ 控制公众进入；

☆ 使用当地消防控制机构实施的统一防火规范；

☆ 尽可能采取措施减少带菌生物寄生；

☆ 提供全天候引路标示和出口。

- 易腐性废弃物、污染土壤或疏浚弃土，或其他辖区卫生部/区确定的会产生沥出液从而对人类健康或环境构成威胁的其他废弃物的处理应：

☆ 将废弃物置于表面密封的场所，如混凝土或沥青混凝土，以保护土壤和地下水。表面应足够耐用，可以用于处理废弃物。

☆ 按照华盛顿州行政法典 173-350-100 的规定，控制 25 年一遇洪水的流出和径流。

应认识到因运行环境不同，很多标准可能不适用于街区收集站或某站点。通常腐烂性废弃物和城市固体垃圾不得在废弃物管理站点储存或处理。

废弃物管理站点和街区收集站审核与激活过程

参会人员确定了以下站点审核和确认程序：

- 辖区为每个潜在街区收集站或废弃物管理站点填写一份站点调查/站点适合性调查表（附件 A）。
- 站点调查用于卫生处/区初步审查。
- 事故期间，辖区在站点激活前提交运作意向通知（附件 D）。
- 辖区在站点使用前核实站点基线评估。

供审核的卫生机构联系人

向废弃物管理和/或街区收集站提交下列联系人信息以供审核，并在站点激活前提交"运作意向通知"（附件 D）。

斯诺霍米什县健康区

阿伦·恩格：aenger@ shd. snohomish. wa. gov，425-339-5250

一般联系电话：425-339-5250

西雅图—金县公共卫生处

比尔·拉斯比：bill. lasby@ kingcounty. gov，206-263-8495

特里·巴克莱：teri. barclay@ kingcounty. gov，206-263-8428

一般联系电话：206-296-4600

塔科马港市皮尔斯郡健康处

安迪·康斯托克：acomstock@ tpchd. org，253-798-6538

一般联系电话 253-798-6500

附件 A 废弃物管理站点调查

站点合格性调查

站点名称： 地号：

地点地址： 地点坐标：纬度： 经度：

预计财产面积： 英亩

站点所有人：

所有权类型：

□辖区财产 □县财产 □私有财产 □其他（请说明）

所有人地址：

所有人联系电话：

所有人电子邮箱：

站点和临近建筑特征

特征	备注
使用现状	
预计未来土地用途	
当前土地用途/分区	
恢复时间要求	
临近学校、教堂或社区活动中心	
财产地形	
环境注意事项	
开放水域或湿地	
临近地下水井（井源保护区域）	
100 年内泛滥平原	
土壤/坡地的完整性	
地面排水设施	
潮湿天气适用性	
主导风向	
棕色地块	
废弃物站点	

特征	备注
考古或历史建筑或器物	
地下管线（自来水、污水、天然气、电力）	
噪声控制缓冲区	
毗邻机场	
可使用电力服务	
可使用自来水服务	
可使用下水道服务	
现有照明系统	
交通进出容量	
交通通达性（地形、交通堵塞）	
重型卡车可进入（停车点和附近道路）	
临近主干道	
栏杆和其他安全特征	

场地准备工作水平　　　□高　　□中　　□低

潮湿天气适用性　　　　□高　　□中　　□低

空间区域服务能力　　　□高　　□中　　□低

本站点推荐用途：

□倾倒废弃物　　　　　　□植物废弃物　　　　　□白色商品

□有害废弃物　　　　　　□其他（请说明）

本站点垃圾处理方式：

□露天焚烧　　　　　　　□焚化

□粉碎　　　　　　　　　□其他（请说明）

站点地图：请标注出预期使用区域、交通管理模式、公用事业设施，以及其他与站点运营相关或影响站点运营的事项。

列出可能使用本站点的辖区：

本站点可用的最近回收设施：

本站点可用的最近庭院垃圾/堆肥设施：

本站点可用的最近建筑、拆除和土地清理设施：

本站点可用的最近转运站：

本站点可用的最近垃圾填埋地：

调查日期：

列出站点调查中拍摄的照片和其他发现：

潜在站点评分　　　　　　□一级　　　　□二级　　　　□三级

附件 B　街区收集站运营规划

1　概要

默瑟岛城已预先指定 8 个地点作为街区收集站及废弃物管理站点，为当地民众提供服务。运营规划是对默瑟岛城如何运营这些站点程序的描述。

1.1　运营概要

街区收集站包括一个沥青铺设的倾倒区。客户倒车至倾倒区边缘，倾倒固体废弃物。废弃物将被装车、运输并倾倒至金县的一个许可处理站点。

1.2　管理遵从性

街区收集站应满足华盛顿州行政法典 173-350-310 使用管理条例的要求——中级固体废弃物处理设施。下文将简洁介绍其要求以及它们如何实施。

1.2.1　华盛顿州行政法典 173-350-310 中级固体废弃物处理设施

本文件将作为华盛顿州行政法典 173-350-310 中确定事项的运作指南。按照规定，规划应描述设备运作且应向站点操作人员传达设备设计者的预期目标。当辖区卫生处提出请求时，可对运作规划进行检查。规划在批准后可根据需要或在辖区卫生处指导下进行调整。每个运作规划应包括以下内容：

a. 说明设施中加工固体废弃物的类型；参见第 2.4 部分；

b. 说明如何处理站点中的固体废弃物；参见第 2.6 部分；

c. 说明保证威胁废弃物和其他不能接受的废弃物不进入站点的程序；参见第 2.11 部分；

d. 安全和应急规划；参见第 2.8 部分和第 2.10 部分；

e. 说明如何对设备、建筑和其他系统进行检查和维修，包括检查频率和检查记录；参见第 3.1 部分；

f. 对于腐烂性废弃物，包括一份异味管理规划，说明控制异味的措施；若废弃物每日从街区收集站移除则不适用；

g. 记录体积或重量的表格；参见第 3.2 部分；

h. 按照辖区卫生处和本部分的要求对设施进行操作所需要展示的其他信息。

1.2.2　华盛顿州行政法典 173-350-310 第 5 条第 a 款第 ii 项卸货箱设施操作标准

本设备操作应满足华盛顿州行政法典 173-350-310 第 5 条第 a 款第 ii 项卸货箱设施操作标准的要求：

a. 需要随时保证提供充足的倾倒能力，禁止废弃物在卸货箱之外储存；

b. 保护人类健康和环境；

c. 控制啮齿类、昆虫和其他生物；

d. 控制废弃物乱扔；

e. 禁止捡拾；

f. 控制粉尘；

g. 对腐烂性废弃物，控制异味；

h. 设置标志，标注出设施并至少标明站点地址，若适用，标明站点对公众开放的时间、设备不接受的材料以及其他张贴在站点入口的必要信息。

2　操作

2.1　时间

街区收集站只在白天开放。站点开放时间可能根据操作需要进行调整。

2.2　人员配置

街区收集站应配置 1 名以上的员工负责观察和测量废弃物负载，保持站点没有垃圾和废弃物，当卸货箱满了时联系搬运人员，并在出现紧急情况时联系相关部门。

2.3　车辆交通

使用街区收集站的车辆应按照指定引导标志进出站点。

2.4　许可材料

站点只处理下列类型的废弃物：

- 建筑、拆除和场地清理废弃物；
- 植物废弃物；
- 城市固体废弃物；
- 腐烂性废弃物；
- 固体、泥和沙。

2.5　站点运营

居民将废弃物运送到站点并倒掉。当许可设备被填满时倒空。

2.5.1　废弃物移动

车辆倒至卸载区的边缘，将废弃物倒入卸货箱中。站点内不允许捡拾垃圾。在站点时，指示用户让儿童和宠物留在车里。

2.5.2　清洁

站点工作人员负责拾取站点的废弃物和垃圾，清扫混凝土区域，清扫溢出的废弃物。

废弃物和溢出垃圾应置于卸货箱内。

2.6　站点控制

对站点发生的任何有害情况应通知默瑟岛城警察局。

2.6.1　站点进入

使用护栏防止未授权人员进入站点。

2.6.2　病媒控制

废弃物每日均需从街区收集站运走。运作人员应保持街区收集站整洁。除每日清除废弃物和维持街区收集站清洁卫生外，没有正式病媒或害虫防治措施。

2.6.3　鸟类危害

本街区收集站预计不存在鸟类危害。街区收集站废弃物每日均需清除。街区收集站地面由运营人员保持清洁。除每日清除废弃物和维持街区收集站清洁卫生外，没有鸟害控制措施。

2.6.4　异味

废弃物每日均需从街区收集站运走。街区收集站由运作人员保持整洁。因为站点废弃物每日结束前均需移走且站点保持干净整洁，因此预计没有异味。

2.6.5　雨水径流

因为卸载箱和废弃物卸载活动均在不透水地面区域进行，且废弃物将会立即装入卸货箱，所以雨水不会对临时街区收集站造成影响。在临时街区收集站运营过程中一旦有废弃物溢出将立即清扫或捡拾，所有废弃物将在每日结束时移除。

2.7　安全性

默瑟岛城应遵守职业安全与健康管理局和相关管理条例。

2.8　应急计划和程序

可能发生的应急情况类型包括火灾和爆炸。站点应保存一份紧急电话和联系人列表，并且每年进行更新。对紧急事件的一般应对如下：

- 评定紧急事件状况及其对公共健康和站点运营的影响。
- 确定与公共健康和安全事项相关的即刻应对措施。
- 尽快通知适当工作人员、公共事业公司和管理部门。
- 采取补救措施将设施恢复到正常运作状态。

紧急电话号码包括：

- 消防部门 911；
- 警察局 911；
- 警方非应急调度 425-577-5656；
- 默瑟岛警察一般事务信息 206-275-7610；
- 金县卫生部 206-296-4600；

● 生态部（360）407-6300。

最近的医院是欧弗克莱医院，位于华盛顿州贝尔维尤市。

华盛顿州贝尔维尤市东北区第 116 号大道 1035 号欧弗克莱医院医疗中心，邮编：98004，电话：425-688-5000。

2.8.1 火灾

站点通过便携式灭火器进行及时消防。工作人员必须熟悉灭火器的位置，并对其使用进行培训。每年均需对所有灭火器进行检查，站点内发现任何易燃废弃物时应使用便携式灭火器扑灭。然后将废弃物翻转过来，让其冷却。所有废弃物必须完全熄灭。若发生大火，应疏散民众，所有工作人员撤离着火区域，并通知当地消防部门。除紧急车辆外，不允许其他车辆进入。

2.8.2 爆炸

最可能的爆炸源是公众非故意不当处置的反应性或爆炸性废弃物，包括少量有害废弃物、汽油或其他爆炸性液体容器、烟火或弹药。为使爆炸发生风险最小化，应由站点工作人员对进入站点的废弃物进行检查。若发现可疑容器或材料，应通知当地消防部门对其移除或处置。

若卸货箱设施发生爆炸，清除所有可能的火源，如车辆和明火，并疏散该区域，阻止可能进一步发生的爆炸和损害。在爆炸中受伤的人员应迅速进行急救，并立即联系消防部门或护理人员。站点应关闭入口不允许通行，紧急车辆除外。

2.9 有害废弃物

任何有害废弃物，无论是家庭有害废弃物或规定的商业废弃物均不得通过街区收集站处理。应指导民众将有害废弃物运送到固定的中级危险废弃物收集点或其他合适的废弃物管理站点。若在卸货箱中发现有害废弃物，应限制进入该区域，将任何明火或潜在着火源移出该区域，通知当地卫生处以及合适的管理机构，并致电有害废弃物应急响应小组对废弃物进行调查，并确定如何移除。

私人车辆废弃物可能包含少量家庭有害废弃物。对废弃物目检不能消除所有风险。严禁大量有害废弃物进入街区收集站，除非该站点可以处理或加工该类型废弃物。

2.10 溢出控制规划

街区收集站不接受液体或包含液体的桶。应防止液体溅出物进入雨水道中。若站点发生液体溢出，则应采取下列措施：

● 限制公众进入该区域；

● 使用吸收性材料，如站点可用的报纸和硬纸板，对该区域进行隔离，防止液体进入雨水道或水沟；

● 致电有害废弃物应急响应小组对液体进行调查并决定如何移除；

● 若溢出液体为油或有害废弃物，则应通知华盛顿州生态部（联系电话：1-425-649

-7000）和金县卫生处（联系电话：206-296-4600）；

- 若溅出液体无害，处理卸货箱中潮湿的吸收性材料；
- 若需要，清洁地面以清除移除污染物。

2.11　关闭

2.11.1　常规

街区收集站运营时间有限，运营时间应根据产生废弃物的灾害事件确定。站点设施的最后处置以及站点关闭取决于站点灾前使用和将来使用。通常，站点将恢复至使用前状态。下文将提出一个常规站点关闭计划。

2.11.2　关闭程序

- 移除该站点使用的建筑或机器。
- 清除站点内所有废弃物。
- 对作为站点开发而安装的新的公共事业设施进行分离，并移除所有支持公共事业设施的建筑，包括电话和电力设施。
- 街区收集站将被还原成平整地面或原有状态。对于站点中松动的未铺砌部分，应使用表层土混合物，且在该区域播种混合自然植物。或者对站点进行铺砌，或开发以供后续使用。
- 将铺砌表面清扫干净/恢复至使用前状态。若需要，检查雨水集水池并清除积累废弃物。

3　设施检查、记录和报告

3.1　检查

在街区收集站存续期间，默瑟岛每日对站点进行检查以保证设备维持良好运作状态，并确定需要维修的项目。每次检查应填制检查表，并保存在站点记录表中。

3.2　记录

日常记录包括接收及运出的固体废弃物的数量和类型，记录应追踪下列事项：

- 记录公众投放的废弃物；
- 进入站点的车辆数量和类型；
- 每种废弃物的来源站点日常活动表应以附件形式作为本文件的一部分。

3.3　报告

站点关闭后，应按华盛顿州行政法典173-350-310的规定制作一份报告并提交给金县卫生处。若站点运作时间超过一年则应提交年度报告。报告应说明之前的设施活动，且至少包含下列信息：

- 设备名称和地点；
- 报告年份；

- 每年接收的废弃物数量和类型。

附件 C 废弃物管理站点运营规划

1 概要

默瑟岛城已预先指定 8 个地方作为废弃物管理站点及街区收集站。设备为一定区域提供服务，并作为街区收集站的收集中心。本运营规划对默瑟岛城应用于站点运营的程序进行说明。

1.1 运营概要

废弃物管理站点应包括卸货区，废弃物收集车辆在该区域卸载并对垃圾进行分类。应对废弃物储存、中等危险废弃物、焚化和粉碎区进行分隔。站点包括倾倒区，客户倒车至倾倒区边缘，倾倒固体废弃物，然后对废弃物进行分类。搬运人员将废弃物从站点移除，并运输到金县许可的回收或处理站点。

1.2 管理遵从性

本站定管理应遵守华盛顿州行政法典 173-350-320 "堆放存储或处理" 和 173-350-360 "中度危险废弃物处理"（若处理中度危险废弃物）适用管理条例的要求。下文将简要介绍要求及其如何实施。

1.2.1 华盛顿州行政法典 173-350-320 "堆放存储或处理"

本文件将作为华盛顿州行政法典 173-350-320 "堆放存储或处理" 中确定事项的运作指南。按照规定，辖区应指定、遵守并履行批准的运作指南。规划应说明设备的运作且应向站点操作人员传达设备设计者预期的目标。当辖区卫生处提出请求时，可对运作规划进行检查。规划在批准后，在需要时或在辖区卫生处指导下可进行调整。每个运作规划应包括以下内容。

a. 设施中加工固体废弃物类型的说明。

b. 在设备存续期间，固体废弃物如何处理的说明，包括：

    i. 在设施中可以堆放存储或处理的废弃物的最大量；

    ii. 向废弃物堆和使用设备中添加和从中移除废弃物的方法。

c. 说明如何对设备、建筑和其他系统进行检查和维修，包括检查频率和检查记录。

d. 安全性和应急计划。

e. 记录体积或重量的表格。

f. 按照辖区卫生处以及本部分的要求对设施进行操作需要展示的其他信息。

1.2.2 华盛顿州行政法典 173-350-360 "中等危险废弃物处理"

废弃物管理站点接受并处理中等危险废弃物应遵守华盛顿州行政法典 173-350-360 "中级危险废弃物处理" 第（2）子部分——移动废弃物系统和收集项目制定的指南的要

求。华盛顿州行政法典 173-350-360 第（2）子部分规定，按照华盛顿州修正法规 70.95.305 的规定，移动系统和收集事项的操作只遵守本部分第（a）到第（n）条的要求，而不必取得固体废弃物处理许可。不遵守本部分条款和条件的所有人或操作人员应取得辖区卫生处的许可，并遵守适用的中级危险废弃物处理设施要求。此外，按照华盛顿州行政法典 70.95.315 的规定，将对违反本部分条款和条件的运营处以罚金。移动系统和收集项目所有人和操作人员应：

a. 至少在开始运营前 3 天通知相关部门①或有意运作移动系统或收集项目的辖区卫生处。通知应包括处理中级危险废弃物类型和数量说明②。

b. 按照华盛顿州行政法典 173-350-040 的执行标准管理移动系统或收集项目。

c. 记录收集的各类中级危险废弃物的重量或体积、用户数量以及服务的有条件豁免的少量生产者和最终处理的类型（如再利用、回收、处理、能源回收或废弃处置）。记录应保存 5 年，相关部门或辖区卫生处可对记录进行查阅。

d. 确保移动系统或收集项目中的中级危险废弃物按以下方式进行处理：

i. 防止溢出或向环境释放有害物质；

ii. 防止公众接触有害物质；

iii. 移送至设备时应符合华盛顿州行政法典 173-350-040 执行标准。

e. 确保不相容废弃物不会互相接触。

f. 确保盛放中级危险废弃物的容器保持封闭，除非是为了防止因容器倾倒招致中级危险废弃物通过蒸发或溢出而增加或移除废弃物。

g. 确保中级危险废弃物容器上有清晰的标签，标明废弃物类型。

h. 确保中级危险废弃物容器维持良好状态（例如，未严重生锈或有明显结构缺陷）。

i. 确保工作人员熟悉材料的化学性质以及发生火灾、泄漏或溢出时合适的减缓措施。

j. 限制公众进入，阻止未授权进入。

k. 填制相关部门提供的表格并在 4 月 1 日之前提交至相关部门和辖区卫生处。年度报告应详细说明上年的废弃物收集活动，报告应包括下列信息：

i. 所有者或操作人员姓名以及所有收集站点的位置；

ii. 报告覆盖的年份；

iii. 年度收集的中级危险废弃物的数量和类型，按照废弃物类型以英镑或加仑为单位；

iv. 服务的家庭数量和豁免的少量生产者；

v. 最终处置的类型（如，在利用、回收、处理、能源回收或废弃处置）；

---

① 废弃物管理站点的激活只向当地卫生处发出通知，而不向华盛顿生态保护管理署发出通知。

② 由于灾害废弃物运营的性质，不可能发出第三方通知。当废弃物管理站点激活时辖区应通知其卫生处。

vi. 相关部门书面通知要求报告的其他信息。

l. 允许相关部门或辖区卫生处在合理时间进行检查。

m. 若未能在 24 小时遵守本部分条款的规定，应通知相关部门和辖区卫生处。

n. 若按照劳工部管理的华盛顿州行政法典 296-150C 规定，使用有隐藏结构且结构永久附着于底盘的卡车或拖车的移动收集系统要有商业标识。

2 操作

2.1 时间

废弃物管理站点在白天开放。

2.2 人员配置

废弃物管理站点应在白天配置 1 名以上的员工负责观察和测量废弃物负载，保持站点没有垃圾和废弃物，并按站点收集和处理废弃物的种类对特殊废弃物处理进行管理。

2.3 车辆交通

使用废弃物管理站点设备的废弃物运输车辆应按照指定引导标志进出站点。

2.4 许可材料

废弃物管理站点处理下列类型的废弃物：

- 建筑、拆除和场地清理废弃物；
- 植物废弃物；
- 电子垃圾；
- 中度危险废弃物；
- 有害废弃物；
- 城市固体废弃物；
- 腐烂性废弃物；
- 固体、泥和沙；
- 车辆和船只；
- 白色产品。

2.5 站点运营

废弃物经由废弃物运输车和民众运送到站点。废弃物在站点分类，隔离以进行处置、减容（粉碎/切割）或焚化。隔离的废弃物被运送到许可回收/处置设备处。

2.5.1 废弃物移动

车辆将废弃物倾倒在卸载区。站点内不允许进行垃圾捡拾。在站点内，指示用户让儿童和宠物留在车内。

2.5.2 清洁

站点工作人员负责拾取站点的废弃物和垃圾，清扫混凝土区域和溢出的废弃物，清除废弃物和溢出垃圾以维持站点清洁。

2.6 废弃物处理活动

2.6.1 可回收处理

站点接收可回收废弃物，并将废弃物倒在废弃物投放箱中，并对不同可回收材料贴标签。当废弃物投放箱装满之后，站点工作人员应联系搬运人员将其运输到区域废弃物管理站点。

2.6.2 建设、拆除和场地清理废弃物处理

站点将建筑、拆除和场地清理废弃物置于一个特定区域或者建筑、拆除和场地清理废弃物专用废弃物投放箱中。当废弃物投放箱装满之后，站点工作人员应联系搬运人员将其运输到区域废弃物管理站点。

2.6.3 植物废弃物处理

植物废弃物应置于站点内的一个特定区域或废弃物投放箱中。当废弃物投放箱装满之后，站点工作人员应联系搬运人员将其运输到区域废弃物管理站点。

2.6.4 电子垃圾处理

电子垃圾应置于站点内的一个特定区域或废弃物投放箱中。当废弃物投放箱装满之后，站点工作人员应联系搬运人员将其运输到一个区域废弃物管理站点。

2.6.5 中级危险废弃物处理

中级危险废弃物应置于由接受专业训练的站点工作人员指定的中级危险废弃物处理区域。中级危险废弃物在站点进行处理和储存，直到其运输到区域中级危险废弃物处理中心。

2.6.6 腐烂性废弃物处理

腐烂性废弃物应置于站点内的一个特定区域或废弃物投放箱中。当废弃物投放箱装满之后，站点工作人员应联系搬运人员将其运输到区域废弃物管理站点。

2.6.7 白色商品处理

白色商品应置于站点内的一个特定区域或废弃物投放箱中。当废弃物投放箱装满之后，站点工作人员应联系搬运人员将其运输到区域废弃物管理站点。

2.6.8 废弃物减量

在对废弃物最终回收或处理前，可以使用不同方法减少废弃物质量或体积。

2.6.8.1 焚化

气幕焚烧、便携式焚化炉和受控焚化均可用于减少废弃物体积。因为本区域的大气政策，焚化通常不是一个可用的减量措施。普吉特海湾清净空气管理局有权决定是否将焚化作为某类废弃物的减量措施。

2.6.8.2 废弃物粉碎

切割与粉碎可使废弃物体积减小 75%。这种方法广泛用于减少灾害废弃物体积，包括

植物废弃物、建筑和拆除废弃物、塑料、橡胶和金属。清洁木材也可以切碎用作覆盖物。其他诸如塑料和金属这些废弃物可以在运往处理点前切碎，来减小整体体积。可以通过发掘材料残渣的其他用途来增加减小体积方法的益处。回收木片用于农业，回收燃料用于工业供热或者热电站可以帮助抵消切割与粉碎操作所消耗的成本。默瑟岛城可以用切割与粉碎方法减少植物废弃物的体积，但务必小心以确保待处理的植物废弃物中不含诸如塑料、土壤、石块和特殊垃圾等污染物。在减小建筑和拆迁废弃物的体积时，必须注意其中不包含有害材料，比如石棉。

2.7 站点控制

采取以下措施减少站点损害。站点发生的任何有害情况均应通知默瑟岛城警察局。

2.7.1 站点进入

使用护栏防止未授权人员进入站点。

2.7.2 病媒控制

不适用。

2.7.3 鸟类危害

不适用。

2.7.4 异味

不适用。

2.7.5 雨水径流

必要时，使用土制截水沟容纳站点雨水。

2.8 安全性

默瑟岛城应遵守职业安全与健康管理局和相关的管理条例。

2.9 应急计划和程序

可能发生的应急情况类型包括火灾和爆炸。站点应保存一份紧急电话和联系人列表，并且每年进行更新。对紧急事件的一般应对如下：

- 评定紧急事件状况及其对公共健康和站点运营的影响。
- 确定与公共健康和安全事项相关的即刻应对措施。
- 尽快通知适当工作人员、公共事业公司和管理部门。
- 采取补救措施将设施恢复到正常运作状态。
- 紧急电话号码包括：

☆ 消防部门 911；

☆ 警察局 911；

☆ 警方非应急调度 425-577-5656；

☆ 默瑟岛警察一般事务信息 206-275-7610；

☆ 金县卫生部 206-296-4600；

☆ 生态部（360）407-6300。

最近的医院是欧弗克莱医院，位于华盛顿州贝尔维尤市。

华盛顿州贝尔维尤市东北区第 116 号大道 1035 号欧弗克莱医院医疗中心，邮编：98004，电话：425-468-5000。

2.9.1　火灾

站点通过便携式灭火器进行及时消防。工作人员必须熟悉灭火器的位置，并对其使用进行培训。每年均需对所有灭火器进行检查。站点内发现任何易燃废弃物时应使用便携式灭火器扑灭。然后将废弃物翻转过来，让其冷却。所有废弃物必须完全熄灭。若发生大火，应疏散民众，所有工作人员撤离着火区域，并通知当地消防部门。除紧急车辆外，不允许其他车辆进入。

2.9.2　爆炸

最可能的爆炸源是公众非故意不当处置的反应性或爆炸性废弃物，包括少量有害废弃物、汽油或其他爆炸性液体容器、烟火或弹药。为使爆炸发生风险最小化，应由站点工作人员对进入站点的废弃物进行检查。若发现可疑容器或材料，应通知当地消防部门对其移除或处置。

若卸货箱设施发生爆炸，清除所有可能的火源，如车辆和明火，并疏散该区域，阻止可能进一步发生的爆炸和损害。在爆炸中受伤的人员应迅速进行急救，并立即联系消防部门或护理人员。站点应关闭入口不允许通行，紧急车辆除外。

2.10　有害废弃物

站点工作人员负责对送达站点的废弃物进行检查。若发现任何可疑废弃物，工作人员可要求用户移走该废弃物，或拒绝接受。

若在卸货箱中发现有害废弃物，应限制进入该区域。将任何明火或潜在着火源移出该区域，并通知当地卫生处以及合适的管理机构。致电有害废弃物材料应急响应小组对废弃物进行调查并确定如何移除。

私人车辆废弃物可能包含少量家庭有害废弃物。对废弃物目检不能消除所有风险。严禁大量有害废弃物进入街区收集站，除非该站点可以处理或加工该类型废弃物。

2.11　溢出控制规划

应防止液体溅出物进入雨水道中。若站点发生液体溢出，则应采取下列措施：

- 限制公众进入该区域。

- 使用吸收性材料，如站点可用的报纸和硬纸板，对该区域进行隔离，防止液体进入雨水道或流水沟。

- 致电有害材料应急响应小组对液体进行调查并决定如何移除。

- 若溢出液体为油或有害废弃物，则应通知华盛顿州生态部（联系电话 1-425-649-7000）和金县卫生处（联系电话 206-296-4600）。

- 若溅出液体无害，处理卸货箱中潮湿的吸收性材料。
- 若需要，清洁地面以移除污染物。

2.12 关闭

2.12.1 常规

废弃物管理站点运营时间有限，时间应根据产生废弃物的灾害事故确定。站点设施的**最后处置以及站点的关闭取决于站点的灾前使用和将来使用状况。通常，站点将恢复至使用前状态。下文将提出一个常规站点关闭计划。**

2.12.2 关闭程序

- 移除该站点使用的建筑或机器。
- 对作为站点开发而安装的新的公共事业设施进行分离，并移除所有支持公共事业设施的建筑，包括电话和电力设施。
- 废弃物管理站点将被还原成平整地面。应使用表层土混合物，且在该区域播种混合自然植物，或对站点进行铺砌，或开发以供后续使用。
- 报告完工计划并详述关闭程序，报告由在华盛顿州注册的专业工程师签字后提交给当地卫生部。报告应详述关闭站点需进行的工作以及计划。

3 设施检查、记录和报告

3.1 检查

默瑟岛每日对站点进行检查以保证设备维持在良好运作状态，并确定需要维修的项目。每次检查应填制检查表，并保存在站点记录表中。

3.2 记录

日常记录包括运进及运出的固体废弃物的数量和类型，记录应追踪下列事项：

- 记录公众送来的废弃物；
- 进入站点的车辆数量和类型；
- 每种废弃物的来源。

3.3 报告

站点关闭后，应按华盛顿州行政法典 173-350-310 的规定制作一份报告并提交给金县卫生处。若站点运作时间超过一年则应提交年度报告。报告应描述之前的设施活动，且至少包含下列信息：

- 设备名称和地点；
- 报告年份；
- 每年接受的废弃物数量和类型。

附件 D　运作意向通知

废弃物管理站点和街区收集站

站点信息

站点类型：□街区收集站
□废弃物管理站点
站点名称：　　　　　　　地号
站点地址：　　　　站点位置：纬度：　　经度：
预计面积：　　　　英亩
站点所有人：
所有权类型：□辖区财产　□县财产　□私有财产

站点运营代理

代理名称：	代理合同：
代理地址：	合同名称：
联系电话：	联系邮箱：

站点执行活动一般说明

　　将本表以及废弃物管理站点调查表和废弃物管理站点或街区收集站运营规划提交至当地卫生机构。

附件 E　站点每日活动日志

站点名称：　　　　　　　　　　　　站点类型：街区收集站/废弃物管理站点

站点地址：　　　　　　　　　　　　日期：

时间	车辆类型：公共或私有	车辆编号（公共/承包商）或牌照号（私有）	废弃物重量或体积	空车重量（若按重量计价）	废弃物来源地址	是否合格（是/否）	备注

第六章 2015—2030 年仙台减少灾害风险框架

2015—2030 年仙台减少灾害风险框架于 2015 年 3 月 18 日在日本仙台举办的第三次联合国世界减少灾害风险大会上通过。这是应联合国大会的请求在联合国减灾署的支持下于 2012 年 3 月发起的利益攸关方磋商会和从 2014 年 7 月至 2015 年 3 月举办的政府间磋商会的成果。

仙台框架是"2005—2015 年兵库行动框架：构建国家和社区的抗灾力"的后续公约。《兵库行动框架》的酝酿来自对以下战略的进一步推动：1989 年针对"国际减轻自然灾害十年"的"国际行动框架"，以及 1994 年通过的"建立更安全世界的横滨战略：自然灾害预防、备灾和减灾指南及其行动计划"和 1999 年的"国际减灾战略"。

仙台框架借鉴了《兵库行动框架》中确保国家和其他利益攸关方工作连续性的要素，并根据磋商会和谈判过程中的呼吁推出了众多创新成果。很多评论家已经指出，其中最重要的转变是强调灾害风险管理而非灾害管理，此外还规定了以下内容：七大全球目标的定义；根据预期成果来减少灾害风险；一个重点关注预防产生新风险、减少现有风险和加强抗灾力的目标；以及一套指导原则，包括国家在防灾和减灾上承担主要责任、采用全社会和全国家机构齐心协力参与的方法。同时，大幅扩大了减灾的范围，同时关注自然和人为灾害以及相关的环境、技术和生物灾害和风险。而且对卫生抗灾力的大力推动也贯穿始终。

仙台框架还阐明了以下内容：需要在灾害风险的各个维度（暴露程度、脆弱性和灾害特性）上更好地了解灾害风险；加强灾害风险治理，包括国际平台；灾害风险管理问责制；为"重建得更好"做好准备；认可利益攸关方及其发挥的作用；发动风险敏感型投资，避免产生新风险；卫生基础设施、文化遗产和工作场所的抗灾力；加强国际合作和全球合作伙伴关系，加强充分了解信息的捐助者政策和项目，包括财政支助和国际金融机构贷款。明确地认可全球减灾平台和区域减灾平台是不同议程之间相互协调一致、监督和定期审查的平台，从而为联合国治理结构提供支持。

规定联合国减少灾害办公室的任务是为仙台框架的实施、跟进和审查提供支持。

玛格丽塔·华斯卓姆
联合国秘书长减灾事务特别代表

一、序言

《2015—2030 年仙台减少灾害风险框架》是 2015 年 3 月 14 至 18 日在日本宫城县仙台市举行的第三次联合国世界减少灾害风险大会通过的，这是各国采取以下行动的一个独特机会。

（1）通过一个简明扼要、重点突出、具有前瞻性和面向行动的 2015 年后减少灾害风险框架。

（2）完成对《2005—2015 年兵库行动框架：加强国家和社区的抗灾能力》[①] 执行情况的评估和审查。

（3）审议通过区域和国家战略/机构以及减少灾害风险计划及其建议以及执行《兵库行动框架》相关区域协定获得的经验。

（4）根据承诺确定执行 2015 年后减少灾害风险框架的合作方式。

（5）确定 2015 年后减少灾害风险框架执行情况的定期审查办法。

在世界大会期间，各国还重申承诺在可持续发展和消除贫穷背景下，通过一种新的紧迫感来努力减少灾害风险和建设抗灾能力，[②] 并酌情将减少灾害风险和建设抗灾能力纳入各级政策、计划、方案和预算，并在相关框架中予以考虑。

《兵库行动框架》：经验教训、查明的差距和未来挑战

如《兵库行动框架》在国家和区域的执行进展报告和其他全球报告所述，自从 2005 年《兵库行动框架》通过以来，各国和其他相关利益攸关方已在地方、国家、区域和全球各级减少灾害风险方面取得进展，使一些灾患[③]的死亡率有所下降。减少灾害风险是对防止未来损失具有高成本效益的投资。有效的灾害风险管理有助于实现可持续发展。各国都加强了本国灾害风险管理能力。旨在减少灾害风险的国际战略咨询、协调和伙伴关系发展机制，如全球减少灾害风险平台和区域减少灾害风险平台以及其他相关国际和区域合作论坛，有助于制定政策和战略，有助于提高知识水平，有助于促进相互学习。总之，《兵库行动框架》在提高公众和机构的认识，催生政治承诺，促使广大各级利益攸关方关注重点，激励他们采取行动等方面，发挥了重要的推动作用。

但是在这十年期间，灾害不断造成严重损失，使个人、社区以及整个国家的安全和福祉都受到影响。灾害造成 70 多万人丧生、140 多万人受伤和大约 2 300 万人无家可归。总

---

① A/CONF. 206/6，第一章，决议 2。

② 抗灾能力的定义是："一个暴露于灾患下的系统、社区或社会通过保护和恢复重要基本结构和功能等办法，及时有效地抗御、吸收、适应灾害影响和灾后复原的能力"。（见 www. unisdr. org/we/inform/terminology）

③ 《兵库行动框架》对灾患的定义是："具有潜在破坏力的、可能造成伤亡、财产损害、社会和经济混乱或环境退化的自然事件、现象或人类活动。灾患可包括可能将来构成威胁、可由自然（地质、水文气象和生物）或人类进程（环境退化和技术危害）等各种起因造成的潜在条件。"

之，有超过 15 亿人受到灾害的各种影响。妇女、儿童和处境脆弱的群体受到的影响尤为严重。经济损失总额超过 1.3 万亿美元。此外，2008—2012 年有 1.44 亿人灾后流离失所。灾害严重阻碍了实现可持续发展的进程，其中许多灾害都因气候变化而变得更为严重，其频率和强度越来越高。有证据显示，各国民众和资产受灾风险的增长速度高于脆弱性[①]下降的速度，从而产生了新的风险，灾害损失也不断增加，在短期、中期和长期内，特别是在地方和社区一级产生重大经济、社会、卫生、文化和环境影响。频发小灾和缓发灾害尤其给社区、家庭和中小型企业造成影响，在全部损失中占有很高的百分比。所有国家，特别是灾害死亡率和经济损失偏高的发展中国家，都面临着在履行财政义务和其他义务方面不断攀升的可能潜在成本和挑战。

当务之急是要预测、规划和减少灾害风险，以便更有效地保护个人、社区和国家及其生计、健康、文化遗产、社会经济资产和生态系统，从而增强其抗灾能力。

需要在各级进一步努力降低暴露程度和脆弱性，从而防止形成新的灾害风险，并追究产生灾害风险的责任。需要采取更执着的行动，重点解决产生灾害风险的潜在因素，如贫穷和不平等现象、气候变化和气候多变性、无序快速城市化和土地管理不善造成的后果以及造成问题复杂化的各种因素，如人口变化、制度安排薄弱、非风险指引型决策、缺乏对减少灾害风险私人投资的规章和奖励办法、复杂的供应链、获得技术的机会有限、自然资源的不可持续使用、不断恶化的生态系统、大流行病和时疫等。还有必要在国家、区域和全球各级减少灾害战略中继续加强善治，改善备灾和各国在应灾、恢复和重建方面的协调，并在强化国际合作模式的支持下，利用灾后复原和重建让灾区"重建得更好"。

必须采取更加广泛和更加以人为本的预防方法应对灾害风险。为了切实有效，减少灾害风险实践必须具有多灾种和多部门性、包容性和易用性。各国政府应在制定与执行政策、计划和标准时与相关利益攸关方，包括与妇女、儿童和青年、残疾人、穷人、移民、土著人民、志愿者、业界团体和老年人互动协作，同时肯定政府的领导、管理和协调作用。公共和私营部门、民间社会组织以及学术界和科研机构需要更加密切合作，创造协作机会，企业也需要将灾害风险纳入其管理实践。

对于支持各国、国家和地方当局以及社区和企业减少灾害风险的努力来说，国际、区域、次区域和跨边界合作仍举足轻重。现有机制可能需要予以强化，以提供有效的支持，得到更好的落实。发展中国家，尤其是最不发达国家、小岛屿发展中国家、内陆发展中国家和非洲国家以及面临特殊挑战的中等收入国家，需要得到特别关注和支持，以便通过双边和多边渠道增加国内资源和能量，确保根据国际承诺采取适当、可持续、及时的执行手段，开展能力建设、财政和技术援助以及技术转让。

---

① 《兵库行动框架》对脆弱性的定义是："由有形、社会、经济和环境因素或过程决定的使社区更易遭受灾患影响的条件"。

总之《兵库行动框架》为努力减少灾害风险提供了重要指导，推动了在实现千年发展目标方面取得进展。不过，其执行情况突出显示，在克服潜在灾害风险因素、制定目标和优先行动事项、① 务必提高各级抗灾能力和确保采取适当执行手段等方面，仍存在若干差距。这些差距表明，需要制定面向行动的框架，使各国政府和相关利益攸关方都能以支持和配合的方式予以落实，并帮助查明有待管理的灾害风险，为旨在提高抗灾能力的投资提供指导。

《兵库行动框架》通过十年后的今天，灾害仍在破坏为实现可持续发展所作出的努力。

关于 2015 年后发展议程、发展筹资、气候变化和减少灾害风险的政府间谈判，为国际社会在尊重各自任务情况下增强政策、机构、目标、指标和执行情况计量系统的一致性提供了独特的机会。确保在这些进程之间适当建立可信的联系有助于建设抗灾能力，有助于实现消除贫穷的全球目标。

回顾 2012 年举行的联合国可持续发展大会题为"我们希望的未来"的成果文件，② 其中呼吁在可持续发展和消除贫穷的背景下，以新的紧迫感处理减少灾害风险和建设抗灾能力问题，酌情将其纳入各级方案。持发大会还重申了《关于环境与发展的里约宣言》③ 的各项原则。

强调气候变化是催生灾害风险的因素之一，同时尊重《联合国气候变化框架公约》规定的任务，④ 是一个可以在所有相互关联的政府间进程内以有效连贯方式减少灾害风险的机会。

在这一背景下，为了减少灾害风险，需要克服现有的挑战，准备应对今后的挑战，为此应着重开展以下工作：监测、评估和理解灾害风险，并分享这些信息以及风险是如何产生的；加强灾害风险治理和各相关机构和部门的协调，让相关利益攸关方充分切实参与适当层面的工作；投资于个人、社区和国家在经济、社会、卫生、文化和教育等方面的抗灾能力建设和环境，并为此提供技术和研究支持；加强多灾种预警系统、备灾、应灾、复原、恢复和重建。为了补充国家行动和能力，需要加强发达国家与发展中国家、国家与国际组织之间的国际合作。

本框架适用于自然或人为灾患以及相关环境、技术和生物危害与风险造成的小规模和大规模、频发和偶发、突发和缓发灾害风险。本框架的目的是指导各级以及在各部门内部

---

① 《兵库行动框架》2005—2015 年优先行动事项如下：①确保将减少灾害风险作为国家和地方优先事项，为执行工作奠定坚实基础；②确定、评估和监测灾害风险并加强预警；③利用知识、创新和教育在各级培养安全和抗灾文化；④减少潜在风险因素；⑤在各级加强备灾以作出有效响应。

② 第 66/288 号决议，附件。

③ 《联合国环境与发展会议的报告，1992 年 6 月 3 日至 14 日，里约热内卢》，第一卷，《环发会议通过的决议》（联合国出版物，出售品编号：C. 93. I. 8 和更正），决议 1，附件一。

④ 联合国，《条约汇编》，第 1771 卷，第 30822 号。根据联合国气候变化框架公约缔约方的职权范围，本框架提及的气候变化问题仍属于《联合国气候变化框架公约》的任务范畴。

和跨部门对发展中的灾害风险进行多灾种管理。

二、预期成果和目标

虽然在建设抗灾能力和减少损失及损害方面取得了一定的进展，但要大幅度减少灾害风险，仍须坚持不懈，更明确地以人及其健康和生计为重点，并定期采取后续行动。本框架以《兵库行动框架》为基础，力求在未来 15 年内取得以下成果：

大幅减少在生命、生计和卫生方面以及在人员、企业、社区和国家的经济、实物、社会、文化和环境资产等方面的灾害风险和损失。

为取得上述成果，每个国家的各级政治领导层必须坚定地承诺并参与贯彻落实本框架，并创造必要的有利和有益环境。

为实现预期成果，必须设法实现以下目标：

预防产生新的灾害风险和减少现有的灾害风险，为此要采取综合和包容各方的经济、结构、法律、社会、卫生、文化、教育、环境、技术、政治和体制措施，防止和减少对灾患的暴露性和受灾脆弱性，加强应急和复原准备，从而提高抗灾能力。

要实现这一目标，必须加强发展中国家，特别是最不发达国家、小岛屿发展中国家、内陆发展中国家和非洲国家以及面临特殊挑战的中等收入国家的执行能力和能量，包括根据这些国家的优先目标，动员各方通过国际合作支持提供执行手段。

为支持对实现本框架成果和目标的全球进展情况进行评估，商定了七个全球性具体目标。这些具体目标将在全球一级计量，并着手制定适当的指标加以补充。国家的具体目标和指标有助于实现本框架的成果与目标。这七个全球具体目标是：

（1）到 2030 年大幅降低全球灾害死亡率，力求使 2020—2030 年十年全球平均每 100 000 人死亡率低于 2005—2015 年水平；

（2）到 2030 年大幅减少全球受灾人数，力求使 2020—2030 年十年全球平均每 100 000 人受灾人数低于 2005—2015 年水平；[①]

（3）到 2030 年使灾害直接经济损失与全球国内生产总值的比例下降；

（4）到 2030 年，通过提高抗灾能力等办法，大幅减少灾害对重要基础设施的损害以及基础服务包括卫生和教育设施的中断；

（5）到 2020 年大幅增加已制定国家和地方减少灾害风险战略的国家数目；

（6）到 2030 年，通过提供适当和可持续支持，补充发展中国家为执行本框架所采取的国家行动，大幅提高对发展中国家的国际合作水平；

（7）到 2030 年大幅增加人民获得和利用多灾种预警系统以及灾害风险信息和评估结果的几率。

---

① 受灾人类别将在本次世界大会决定的仙台后工作进程中说明。

三、指导原则

借鉴《建立更安全世界的横滨战略：预防、防备和减轻自然灾害的指导方针及其行动计划》①和《兵库行动框架》所载原则，本框架执行工作将遵循下述原则，同时考虑到各国国情，并与国内法和国际义务与承诺保持一致。

（1）每个国家都负有通过国际、区域、次区域、跨界和双边合作预防和减少灾害风险的首要责任。减少灾害风险是各国共同关心的问题，可以通过开展可持续的国际合作进一步提高发展中国家能够根据各自国情和能力有效加强和执行国家减少灾害风险政策和措施的水平。

（2）减少灾害风险需要各国中央政府和相关国家当局、部门和利益攸关方根据各自国情和治理制度共同承担责任。

（3）灾害风险管理的目标是保护人员及其财产、健康、生计和生产性资产以及文化和环境资产，同时促进和保护所有人权，包括发展权。

（4）减少灾害风险需要全社会的参与和伙伴关系。减少灾害风险还需要增强权能以及包容、开放和非歧视的参与，同时特别关注受灾害影响尤为严重的人口，尤其是最贫穷者。应将性别、年龄、残疾情况和文化视角纳入所有政策和实践，还应增强妇女和青年的领导能力。为此应特别注意改善公民有组织的自愿工作。

（5）减少和管理灾害风险取决于各部门内部和所有部门之间以及与相关利益攸关方建立的各级协调机制，还需要所有国家行政和立法机构在国家和地方各级充分参与，明确划分公共和私人利益攸关方的责任，包括企业和学术界的责任，以确保相互拓展、伙伴合作、职责和问责相得益彰并采取后续行动。

（6）各国和联邦政府的推动、指导和协调作用仍然至关重要，但增强地方当局和地方社区减少灾害风险的权能，包括酌情提供资源，实行奖励和赋予决策责任也十分必要。

（7）减少灾害风险需要在开放交流和传播分类数据，包括按性别、年龄和残疾情况分列的数据基础上，并在经传统知识补充且方便获取的最新、综合、基于科学和非敏感性风险信息的基础上，采取多灾种办法，进行包容和风险指引型决策。

（8）要制定、加强和落实相关政策、计划、做法和机制，就必须力求适当统筹可持续发展与增长、粮食安全、卫生和人身安全、气候变化和气候多变性、环境管理和减少灾害风险等方面的议程。减少灾害风险对于实现可持续发展有着至关重要的意义。

（9）虽然催生灾害风险的因素可能波及地方、国家、区域和全球，但灾害风险具有地方性和特殊性，必须了解这些特点才能确定减少灾害风险的措施。

---

① A/CONF. 172/9，第一章，决议 1，附件一。

（10）通过灾害风险指引型公共和私营投资克服潜在灾害风险因素，比主要依赖灾后响应和复原具有更高的成本效益，也有助于可持续发展。

（11）在灾后复原、恢复和重建阶段，必须通过让灾区"重建得更好"以及加强灾害风险方面的公众教育和认识，防止生成并减少灾害风险。

（12）建立切实有效的全球伙伴关系，进一步加强国际合作，包括发达国家履行各自的官方发展援助承诺，对于有效的灾害风险管理至关重要。

（13）发展中国家，特别是最不发达国家、小岛屿发展中国家、内陆发展中国家和非洲国家以及面临特殊灾害风险挑战的中等收入国家和其他国家需要得到充足、可持续和及时的支持，包括按照这些国家提出的需要和优先目标，由发达国家和伙伴们提供资金、技术转让和能力建设。

四、优先行动领域

考虑到在执行《兵库行动框架》方面取得的经验，为实现预期成果和目标，需要各国在地方、国家、区域和全球各级各部门内部和彼此之间采取重点行动，其四个优先领域如下：

优先领域1：理解灾害风险。

优先领域2：加强灾害风险治理，管理灾害风险。

优先领域3：投资于减少灾害风险，提高抗灾能力。

优先领域4：加强备灾以作出有效响应，并在复原、恢复和重建中让灾区"重建得更好"。

国家、区域和国际组织及其他相关利益攸关方在着手减少灾害风险时，应顾及上述四个优先领域下分别开列的主要活动，并应根据国家法律法规，同时考虑到自身能力和能量，酌情加以落实。

在全球相互依存关系日益密切的背景下，需要开展协调一致的国际合作，营造有利的国际环境，制定有效的执行办法，以便在各级激励和促进各方增强减少灾害风险的知识、能力与积极性，对发展中国家尤为如此。

1. 优先领域1：理解灾害风险

灾害风险管理政策与实践应当建立在对灾害风险所有层面的全面理解基础上，包括脆弱性、能力、人员与资产的暴露程度、灾患特点与环境。可以利用这些知识推动开展灾前风险评估、防灾减灾以及制定和执行适当的备灾和高效应灾措施。

国家和地方各级为了实现这一目标，必须采取以下行动。

（1）推动有关数据和实用信息的收集、分析、管理及使用。确保传播这些信息，同时适当考虑到不同类别用户的需求。

（2）鼓励使用和加强基线，并根据国情定期评估灾害风险、脆弱性、能力、暴露程度、灾患特点及其对生态系统可能产生的具有相关社会和空间规模的连带效应。

（3）酌情使用地理空间信息技术，以适当形式编制和定期更新地方灾害风险信息，包括风险地图，并向决策者、大众和灾患社区传播这种信息。

（4）系统评价、记录、分享和公开说明灾害损失，并结合具体事件的灾患暴露程度和脆弱性信息，适当理解经济、社会、卫生、教育、环境和文化遗产方面的影响。

（5）酌情提供按照对灾患的暴露程度、脆弱性、风险、灾害和损失情况分类的非敏感性资料，便于各方查阅取用。

（6）推动实时获取可靠数据，利用包括地理信息系统在内的空间和实地信息，并使用信息和通信技术创新，改进计量工具以及数据的收集、分析和传播。

（7）通过分享减少灾害风险方面的经验教训、良好做法、培训与教育，包括利用现有的培训、教育机制和同行学习办法，增强各级政府官员、民间社会、社区、志愿者和私营部门的知识。

（8）促进和加强科技界、其他相关利益攸关方和决策者之间的对话与合作，以便在灾害风险管理方面推动科学与政策衔接，促进有效决策。

（9）确保在开展灾害风险评估时适当利用传统、本土和地方知识及实践经验补充科学知识，确保制定和执行具体部门的政策、战略、计划和方案，并采取跨部门办法，按照地方特点和具体情况加以调整。

（10）加强技术和科学能力，利用和整合现有知识，并制定和应用各种方法和模型，评估灾害风险、脆弱性和对所有灾患的暴露程度。

（11）促进投资于创新和技术发展，对灾害风险管理进行长期、多灾种和以解决问题为驱动力的研究，以便减少差距，克服障碍，解决相互依存问题，应对社会、经济、教育和环境挑战和灾害风险。

（12）推动将包括防灾、减灾、备灾、应灾、复原和恢复等在内的灾害风险知识纳入正规和非正规教育以及各级公民教育、职业教育和培训。

（13）通过宣传运动、社会媒体和社区动员，同时考虑到特定受众及其需要，促进国家战略建设，以加强减少灾害风险方面的公共教育和认识，包括宣传灾害风险信息和知识。

（14）利用个人、社区、国家和资产脆弱性、能力和暴露程度以及灾患特点等一切层面的风险信息，制定和实施减少灾害风险政策。

（15）通过社区组织和非政府组织的参与，加强地方居民之间的合作，以传播灾害风险信息。

全球和区域各级为实现这一目标，必须采取以下行动。

（1）推动开发和传播以科学为基础的方法和工具，记录和分享灾害损失和相关分类数据和统计资料，并加强灾害风险建模、评估、制图、监测和多灾种预警系统。

（2）促进对多灾种灾害风险进行全面调查以及开展区域灾害风险评估和制图工作，包括推测气候变化情况。

（3）通过国际合作包括技术转让，促进和加强获得、分享和使用适当非敏感性数据和信息、通信、地理空间和天基技术及相关服务的机会；继续开展和加强实地和遥感地球和气候观测；并加大利用各类媒体的力度，如社交媒体、传统媒体、大数据和移动电话网络，以支持各国依照本国法律酌情采取措施，顺利交流灾害风险。

（4）推动与科技界、学术界和私营部门开展伙伴合作，共同努力在国际上建立、传播和分享良好做法。

（5）支持建立地方、国家、区域和全球用户友好型系统和服务，交流良好做法、成本效益高且易于使用的减少灾害风险技术以及减少灾害风险政策、计划和措施的经验教训等信息。

（6）借鉴现有举措（如"百万安全学校和医院"倡议、"建设具有抗灾能力的城市：我们的城市正在做好准备！"运动、"联合国笹川减灾奖"和一年一度的国际减灾日），开展有效的全球和区域运动，以此作为提高公众认识和教育的手段，促进防灾、抗灾以及负责任公民意识的文化，培养对灾害风险的了解，支持相互学习并分享经验；并鼓励公共和私营利益攸关方积极参与这些举措，并在地方、国家、区域和全球各级提出新的举措。

（7）在联合国减少灾害风险办公室科学和技术咨询组的支持下，通过各级和所有区域的现有网络和科研机构的协调，加强和进一步动员开展减少灾害风险方面的科技工作，以便加强循证基础，支持落实本框架；促进对灾害风险模式和因果关系的科学研究；充分利用地理空间信息技术传播风险信息；在风险评估、灾害风险建模和数据使用方法和标准方面提供指导；查明研究和技术差距，为减少灾害风险的各个优先研究领域提出建议；推动和支持为决策提供和应用科学技术；协助更新题为2009年《减灾战略减少灾害风险术语》的出版物；以灾后审查为契机加强学习和公共政策；传播研究成果。

（8）鼓励酌情通过谈判特许等办法，提供版权和专利材料。

（9）加强对创新和技术的利用和支持，以及灾害风险管理方面的长期、多灾种和以解决问题为驱动力的研究和开发。

2. 优先领域2：加强灾害风险治理，管理灾害风险

国家、区域和全球各级灾害风险治理对于切实有效地进行灾害风险管理非常重要。需要在部门内部和各部门之间制定明确的构想、计划、职权范围、指南和协调办法，还需要相关利益攸关方的参与。因此有必要加强灾害风险治理，促进防灾、减灾、备灾、应灾、复原和恢复，并促进各机制和机构之间的协作和伙伴关系，以推动执行与减少灾害风险和可持续发展有关的文书。

国家和地方各级为了实现这一目标，必须采取以下行动。

（1）将减少灾害风险作为部门内部和部门之间的主流工作并加以整合，审查和促进国家和地方法律法规和公共政策框架的一致性，并酌情进一步制定法律法规和政策框架，通过界定角色和责任，指导公共和私营部门开展以下工作：(a) 在公共拥有、管理或规范的服务和设施内减少灾害风险；(b) 推动个人、家庭、社区和企业采取行动并酌情予以奖励；(c) 改进旨在提高灾害风险透明度的相关机制和举措，其中可以包括经济奖励、提高公众认识和培训举措、报告要求以及法律和行政措施；(d) 设立协调和组织机构。

（2）对各个时标采用和实施国家和地方减少灾害风险战略和计划，规定具体目标、指标和时限，力求防止出现风险，减少现有的风险并加强经济、社会、卫生和环境领域的抗灾能力。

（3）对灾害风险管理的技术、财务和行政能力进行评估，以应对地方和国家一级已查明的风险。

（4）鼓励建立必要机制和激励措施，确保与行业法律规章中的现行加强安全规定，包括土地使用和城市规划、建筑规范、环境和资源管理以及卫生和安全标准等方面的规定高度合规，必要时加以更新，以确保充分重视灾害风险管理。

（5）适当发展和加强贯彻、定期评估和向公众报告国家和地方计划进展情况的机制；促进公众对地方和国家减少灾害风险进展报告进行监督，鼓励就此开展机构辩论，包括议员和其他有关官员的辩论。

（6）通过有关法律框架，在灾害风险管理机构、进程和决策中酌情为社区代表分配明确的角色和任务，并在制定此类法律和规章期间，进行全面的公共协商和社区协商，以支持其执行工作。

（7）建立和加强由国家和地方各级利益攸关方组成的政府协调论坛，如国家和地方减少灾害风险平台以及为执行《2015—2030年仙台减少灾害风险框架》而指定的国家协调中心。这些机制必须以国家体制框架为坚实基础，明确分派责任和权力，以便除其他外，通过分享和传播非敏感灾害风险信息和数据，查明部门和多部门灾害风险，提高对灾害风险的认识和了解，协助和协调编制地方和国家灾害风险报告，协调开展关于减少灾害风险的公共宣传活动，促进和支持地方多部门合作（如地方政府之间的合作），协助确定和报告国家和地方灾害风险管理计划，以及所有灾害风险管理相关政策。这些责任应该通过法律、法规、标准和程序建立。

（8）通过监管和财政手段酌情增强地方政府的权能，以便与民间社会、社区、土著人民和移民合作与协调，开展地方一级的灾害风险管理。

（9）鼓励议员通过制定新的或修订相关立法和编列预算拨款，支持落实减少灾害风险。

（10）促进在私营部门、民间社会、专业协会、科学组织和联合国的参与下制定质量标准，如灾害风险管理认证和证书。

（11）在不违反国家法律和法律制度的前提下酌情制定公共政策，力求解决灾害风险区内的人类住区可能面临的预防或异地安置问题。

全球和区域各级为实现这一目标，必须采取以下行动：

（1）根据本框架，酌情通过商定的区域和次区域减少灾害风险合作战略和机制，指导区域一级的行动，以推动提高规划效率，建立共同信息系统，并交流合作和能力发展方面的良好做法和方案，特别是处理共同跨界灾害风险。

（2）促进全球和区域机制和机构相互协作，酌情采用和统一与减少灾害风险有关的文书和工具，如气候变化、生物多样性、可持续发展、消除贫穷、环境、农业、卫生、粮食和营养等方面的文书和工具。

（3）积极参与全球减少灾害风险平台、各区域和次区域减少灾害风险平台和专题平台，以便酌情结成伙伴关系，定期评估执行进展，交流与灾害风险指引型政策、方案和投资有关的做法和知识，包括与发展和气候问题有关的做法和知识，并推动将灾害风险管理纳入其他相关部门。区域政府间组织应在区域减少灾害风险平台发挥重要作用。

（4）促进跨境合作，落实流域内和海岸线等共享资源生态系统管理办法的执行政策和规划，以增强抗灾能力和减少灾害风险，包括流行病和流离失所风险。

（5）促进有关国家通过自愿和自发建立同行审查机制等办法开展相互学习，并交流良好经验和信息。

（6）借鉴《兵库行动框架》监测系统的经验，推动适当加强国际自愿机制，用于监测和评估灾害风险，包括相关数据和信息。这些机制有助于为实现可持续的社会和经济发展，向相关国家政府机构和利益攸关方披露有关灾害风险的非敏感信息。

3. 优先领域3：投资于减少灾害风险，提高抗灾能力

公共和私营部门通过结构性和非结构性措施投资于预防和减少灾害风险，对于加强个人、社区、国家及其资产在经济、社会、卫生和文化方面的抗灾能力和改善环境必不可少。它们都可成为促进创新、增长和创造就业的驱动因素。这些措施具有成本效益，有助于挽救生命，防止和减少损失，并确保有效的复原和恢复。

国家和地方各级为实现这一目标，必须采取以下行动：

（1）分配必要资源，包括各级行政部门酌情提供资金和后勤保障，用于在所有相关部门制定和执行有关减少灾害风险的战略、政策、计划和法律法规。

（2）促进适当建立公共和私人投资的灾害风险转移和保险、分担风险、保留和财政保护机制，以减轻灾害对政府和社会、城市和农村地区的财政影响。

（3）酌情加强抗灾能力方面的公共和私人投资，为此特别要在重要设施，尤其是在学校和医院以及有形基础设施，采取结构性、非结构性和实用的预防和减少灾害风险措施；为抵御灾患，从一开始就通过适当设计和施工，包括采用通用设计原则和建筑材料标准化

改进建筑质量；改造和重建；培养维护保养文化；并考虑到对经济、社会、结构、技术和环境影响的评估结果。

（4）保护文化和收藏机构及其他历史遗址、文化遗产和宗教场所，或支持其保护工作。

（5）通过采取结构性和非结构性措施，提高工作场所抵御灾害风险的能力。

（6）推动将灾害风险评估纳入土地使用政策的制定和执行工作，包括城市规划、土地退化评估、非正规和非永久性住房，以及利用以人口和环境预期变化为依据的指南和跟踪工具。

（7）通过查明可安全建造人类住区的地区，同时维护有助于减轻风险的生态系统职能等办法，推动将灾害风险评估、制图和管理纳入山区、河流、海岸洪泛平原区、干地、湿地和所有其他易遭受旱涝灾害等地区的农村发展规划和管理。

（8）鼓励在国家或地方各级酌情修订现有的或制定新的建筑规范和标准以及恢复与重建做法，使之更加符合当地环境，特别是在非正规和边缘人类住区，并采取适当办法提高执行、考察和实施这些规范的能力，以改进抗灾结构。

（9）加强国家卫生系统的抗灾能力，包括将灾害风险管理纳入初级、二级和三级保健系统，特别是在地方一级；增进卫生工作者理解灾害风险以及在卫生工作中运用和实施减少灾害风险方法的能力；促进和加强灾害医学领域的培训能力；与其他部门协作，在卫生规划和执行世界卫生组织《国际卫生条例》（2005）方面，支持和培训社区卫生团体采取减少灾害风险办法。

（10）通过社区参与等办法，结合生计改善计划，加强对包容性政策和社会安全网络机制的设计和实施，并提供基本医疗服务，包括孕产妇、新生儿和儿童健康、性健康和生殖健康、食品安全和营养、住房和教育，以消除贫穷，设法持久解决灾后阶段的问题，增强受灾程度尤为严重者的权能并向他们提供援助。

（11）危重病人和慢性病患者有特殊需要，应让他们参与灾前、灾中和灾后风险管理政策和规划的制定工作，包括为其提供各种救生服务。

（12）鼓励根据国家法律和实际情况，制定应对灾后人员流动问题的政策和方案，以加强受影响人口和收容社区的抗灾能力。

（13）酌情推动将减少灾害风险考虑因素和措施纳入金融和财政文书。

（14）加强生态系统的可持续利用和管理，实施包含减少灾害风险内容的环境和自然资源综合管理办法。

（15）增强企业的抗灾能力以及对整个供应链生计和生产性资产的保护，确保服务连续性，并将灾害风险管理纳入商业模式和实践。

（16）加强对生计和生产性资产的保护，包括牲畜、役畜、工具和种子。

（17）考虑到往往对旅游业这个主要经济驱动部门的严重依赖，因此要推动在整个旅游业采用灾害风险管理办法，并对这些办法加以整合。

全球和区域各级为实现这一目标，必须采取以下行动。

（1）推动与可持续发展和减少灾害风险相关的各系统、部门和组织在其政策、计划、方案和进程中相互协调一致。

（2）与国际社会、企业、国际金融机构和其他利益攸关方的伙伴密切合作，推动制定和加强灾难风险转移和分担机制与文书。

（3）推动学术、科研实体和网络与私营部门之间的合作，开发有助于减少灾害风险的新产品和新服务，尤其是那些能够帮助发展中国家和应对其特殊挑战的产品和服务。

（4）鼓励全球和区域金融机构彼此合作，以评估和预测灾害的潜在经济和社会影响。

（5）加强卫生管理部门和其他相关利益攸关方之间的合作，以便在卫生、执行《国际卫生条例》（2005）和构建有抗灾能力的卫生系统等方面，加强国家灾害风险管理能力。

（6）加强和推动在保护牲畜、役畜、工具和种子等生产性资产方面的协作和能力建设。

（7）推动和支持构建社会安全网络，以此作为与改善生计方案挂钩和结合的减少灾害风险措施，以确保在家庭和社区各级建立具有抵御冲击的抗灾能力。

（8）加强和扩大旨在通过减少灾害风险消除饥饿和贫穷的国家努力。

（9）推动和支持相关公共和私营利益攸关方相互合作，以增强企业的抗灾能力。

4. 优先领域4：加强备灾以作出有效响应，并在复原、恢复和重建中让灾区"重建得更好"

灾害风险不断增加，包括人口和资产的暴露程度越来越高，这种情况结合以往灾害的经验教训表明，必须进一步加强备灾响应，事先采取行动，将减少灾害风险纳入应急准备，确保有能力在各级开展有效的应对和恢复工作。关键是要增强妇女和残疾人的权能，公开引导和推广性别平等和普遍可用的响应、复原、恢复和重建办法。灾害表明，复原、恢复和重建阶段是实现灾区"重建得更好"的重要契机，需要在灾前着手筹备，包括将减少灾害风险纳入各项发展措施，使国家和社区具备抗灾能力。

国家和地方各级为实现这一目标，必须采取以下行动。

（1）在相关机构的参与下，制定或审查和定期更新备灾和应急政策、计划和方案，同时考虑到气候变化推测及其对灾害风险的影响，酌情协助所有部门和相关利益攸关方参与这项工作。

（2）投资于建立、维护和加强以人为本的多灾种、多部门预报和预警系统、灾害风险和应急通信机制、社会技术以及监测灾患的电信系统。通过一个参与性进程建立此类系统。根据用户需求包括社会和文化需要，特别是性别平等要求作出调整。推广应用简单和成本低廉的预警设备和设施，并拓展自然灾害预警信息的发布渠道。

（3）提高新的和现有的关键基础设施的抗灾能力，包括供水、交通和电信基础设施、教育设施、医院和其他卫生设施，确保这些设施在灾中和灾后仍具有安全性、有效性和可用性，以提供救生和基本服务。

（4）建立社区中心，以提高公众认识并储备用于开展救援和救济活动的必要物资。

（5）实施公共政策和行动，支持公务人员发挥作用，建立或加强救济援助的协调和供资机制与程序，并规划和筹备灾后复原和重建工作。

（6）对现有职工队伍和自愿者进行灾害响应培训，并加强技术和后勤能力，确保更好地应对紧急情况。

（7）确保行动和规划的连续性，包括灾后阶段的社会和经济复原和提供基本服务。

（8）促进定期开展备灾、应灾和复原演习，包括疏散演练、培训和建立地区支助系统，以期确保迅速和有效地应对灾害和相关流离失所问题，包括提供适合当地需要的安全住所、基本食品和非食品救济物品。

（9）考虑到灾后重建的复杂性和高昂成本，因此要促进各级不同机构、多个部门和相关利益攸关方，包括受灾社区和企业，在国家当局的协调下开展合作。

（10）推动将灾害风险管理纳入灾后复原和恢复进程，促使救济、恢复和发展彼此挂钩，利用复原阶段的机会发展短期、中期和长期减少灾害风险的能力，包括制定各项措施，如土地利用规划、改进结构标准以及分享专家经验、知识、灾后评估结果和经验教训，将灾后重建纳入灾区的经济和社会可持续发展。对灾后流离失所者的临时安置也应如此。

（11）制定灾后重建准备工作指导方针，如关于土地使用规划和改进结构标准的方针，包括学习《兵库行动框架》通过十年来的各项复原和重建方案，并交流经验、知识和教训。

（12）在灾后重建进程中酌情与有关民众协商，尽可能将公共设施和基础设施迁往风险范围以外的区域。

（13）加强地方当局疏散易受灾地区居民的能力。

（14）建立个案登记机制和灾害死亡数据库，以改进发病和死亡预防工作。

（15）改进复原方案，向所有需要者提供心理社会支持和精神健康服务。

（16）根据国际救灾及灾后初期复原援助的国内协助及管理准则，酌情审查和加强关于国际合作的国家法律和程序。

全球和区域各级为实现这一目标，必须采取以下行动。

（1）酌情建立和加强协调一致的区域方法和行动机制，筹备和确保在超过国家应对能力的情况下作出迅速而有效的灾害响应。

（2）推动进一步制定和传播各项文书，如标准、规范、业务指南和其他指导文书，支持协调一致的备灾和应灾行动，并协助分享有关政策实践和灾后重建方案的经验教训和最佳做法的信息。

（3）根据《全球气候服务框架》，适当促进进一步制定和投资于高效、符合国情的区域多灾种预警机制，并协助各国分享和交流信息。

（4）加强《国际灾后复原平台》等国际机制，分享各国和所有相关利益攸关方的经验教训。

（5）酌情支持联合国相关实体加强和落实水文气象问题全球机制，以便提高人们对与水有关的灾害风险及其对社会的影响的认识和了解，并应各国的请求推进减少灾害风险战略。

（6）支持区域备灾合作，包括共同举办演习和演练。

（7）促进制定区域规程，协助灾中和灾后共享救灾能力和资源。

（8）对现有人员队伍和志愿者进行应灾培训。

五、利益攸关方角色

虽然国家负有减少灾害风险的总体责任，但减少灾害风险也是政府和各利益攸关方的共同责任。尤其是非国家利益攸关方作为推动力量，可根据国家政策和法律法规发挥重要作用，向各国提供支持，在地区、国家、区域和全球各级执行本框架。它们需要作出承诺，展示善意，提供知识、经验和资源。

各国在确定利益攸关方的特殊角色和责任时，同时应借鉴现有的相关国际文书，鼓励所有公共或私营利益攸关方采取以下行动。

（1）民间社会、志愿者、有组织的志愿工作组织和社区组织要与公共机构合作参与，除其他外，在制定和执行减少灾害风险的规范框架、标准和计划方面提供具体知识和务实指导；参与实施地方、国家、区域和全球计划和战略；推动和支持公共意识、预防文化和灾害风险教育；倡导建立具有抗灾能力的社区和进行包容性和全社会灾害风险管理，以适当加强各群体之间的协同增效。对此应该指出：

（a）妇女及其参与对于有效管理灾害风险以及敏感对待性别问题的减少灾害风险政策、计划和方案的制定、资源配置和执行工作至关重要；需要采取适当的能力建立措施，增强妇女的备灾力量，并增强她们灾后采用替代生计手段的能力；

（b）儿童和青年是变革的媒介，应按照立法、国家实践和教学大纲给他们提供协助减少灾害风险的空间和办法；

（c）残疾人及其组织对于评估灾害风险和根据特定要求制订和执行计划至关重要，同时要考虑到通用设计等原则；

（d）老年人拥有多年积累的知识、技能和智慧，是减少灾害风险的宝贵财富，应让他们参与制定包括预警在内的各项政策、计划和机制；

（e）土著人民通过其经验和传统知识，为制定和执行包括预警在内的各项政策、计划和机制作出重要贡献；

（f）移民为社区和社会的抗灾能力作出贡献，他们的知识、技能和能力对制定和实施减少灾害风险办法颇有助益。

（2）学术、科研实体和网络要注重研究中长期灾害风险因素和情况推测，包括新出现的灾害风险；加强对区域、国家和地方应用办法的研究；支持地方社区和地方当局采取行动；支持科学与政策相互衔接，促进决策进程。

（3）企业、专业协会和私营部门的金融机构，包括金融监管部门和会计机构及慈善基金会要通过灾害风险指引型投资，特别是对微型和中小型企业的此类投资，将灾害风险管理包括企业连续性纳入商业模式与实践；对员工和顾客开展提高认识和培训活动；参与和支持灾害风险管理相关研究、创新和技术开发；分享和传播知识、实践经验和非敏感数据；并在公共部门指导下酌情积极参与纳入灾害风险管理内容的规范框架和技术标准的制定工作。

（4）媒体要在地方、国家、区域和全球各级发挥积极和包容作用，推动提高公众的认识和理解，与国家当局密切合作，以简单、透明、易于理解和方便获取的方式传播准确和非敏感性灾害风险、灾患和灾害信息，包括小规模灾害信息；采取具体减少灾害风险宣传政策；酌情支持预警系统和救生保护措施；根据国家实践促进预防文化，推动社区大力参与社会各级持续开展的公共教育运动和大众协商。

根据大会 2013 年 12 月 20 日第 68/211 号决议，相关利益攸关方的承诺对于确定合作方式和执行本框架十分重要。这些承诺应十分具体并规定时限，以支持建立地方、国家、区域和全球各级伙伴关系，支持实施地方和国家减少灾害风险战略和计划。鼓励所有利益攸关方通过联合国减少灾害风险办公室网站，宣传它们支持本框架或国家和地方灾害风险管理计划执行工作的承诺及其履行情况。

六、国际合作与全球伙伴关系

（一）一般考虑因素

鉴于发展中国家自身能力不同，对它们的支持水平与其能够执行本框架的程度又相互关联，因此，发展中国家需要通过国际合作和全球发展伙伴关系以及持续的国际支持来获得更好的实施手段，包括及时获得充足和可持续的资源，以加强自身减少灾害风险的努力。

减少灾害风险方面的国际合作包括多种不同来源，是支持发展中国家努力减少灾害风险的关键要素。

为克服国家之间的经济差异及其在技术创新和研究能力方面的差距，加强技术转让至关重要，其中涉及在执行本框架过程中促进和协助技能、知识、理念、专门技能和技术从发达国家流入发展中国家的进程。

易受灾发展中国家，特别是最不发达国家、小岛屿发展中国家、内陆发展中国家和非洲国家以及面临特殊挑战的中等收入国家应得到特别关注，因为这些国家的脆弱性和风险水平较高，往往大大超过其应对灾害和灾后复原的能力。由于这种脆弱性，需要紧急加强国际合作，确保在区域和国际各级建立真正和持久的伙伴关系，以支持发展中国家根据本国优先目标和需要执行本框架。其他具有特殊性的易受灾国家，如岛国和海岸线绵长的国家也应得到类似的关注和适当援助。

小岛屿发展中国家因其特有和特殊的脆弱性，受灾情况可能尤为严重。灾害的影响有碍它们在实现可持续发展方面取得进展，而一些灾害的强度越来越大并因气候变化而更加严重。鉴于小岛屿发展中国家的特殊情况，迫切需要在减少灾害风险领域落实《小岛屿发展中国家快速行动方式》（《萨摩亚途径》），[①] 以此建设抗灾能力并提供特别支持。

非洲国家仍面临与灾害和日益增加的风险有关的挑战，包括提高基础设施抗灾能力、卫生和生计等方面的挑战。为应对这些挑战，需要加强国际合作，并向非洲国家提供适当支持，使本框架能够得到落实。

南北合作辅之以南南合作和三角合作已证明是减少灾害风险的关键，需要进一步加强这两个领域的合作。伙伴关系具有重要的补充作用，可充分挖掘各国潜力，支持它们在灾害风险管理方面以及在改进个人、社区和国家的社会、卫生和经济福祉方面建设国家能力。

南南合作和三角合作是南北合作的补充，发展中国家倡导南南合作和三角合作的努力不应削弱发达国家提供的南北合作。

国际各方的资助，公私双方以共同商定的减让和优惠条件转让可靠、负担得起的、适当和现代无害环境技术，对发展中国家的能力建设援助以及有利的各级体制和政策环境，所有这些都是减少灾害风险极为重要的手段。

（二）实施办法

为实现这些目标，必须采取以下行动。

（1）重申发展中国家需要各方通过双边或多边渠道，包括通过加强技术和资金支持以及以共同商定的减让和优惠条件转让技术，为减少灾害风险进一步提供协调、持续和适当的国际支持，尤其是向最不发达国家、小岛屿发展中国家、内陆发展中国家和非洲国家以及面临特殊挑战的中等收入国家提供支持，协助它们发展和增强本国能力。

（2）通过现有机制，即双边、区域和多边合作安排，包括联合国和其他有关机构，增

---

① 第69/15 号决议，附件。

强各国尤其是发展中国家获得资金、无害环境技术、科学和包容性创新以及知识和信息共享的机会。

（3）促进使用和扩大全球技术库和全球系统等专题合作平台，实现专门技能、创新和研究成果共享，并确保获得减少灾害风险方面的技术和信息。

（4）将减少灾害风险措施酌情纳入各部门内部和部门之间与减贫、可持续发展、自然资源管理、环境、城市发展和适应气候变化有关的多边和双边发展援助方案。

（三）国际组织的支持

为支持执行本框架，必须采取以下行动。

（1）酌情请联合国和参与减少灾害风险工作的其他国际和区域组织、国际和区域金融机构及捐助机构加强对这方面各项战略的协调。

（2）联合国系统各实体，包括各基金和方案以及专门机构要通过《联合国减少灾害风险促进抗灾能力行动计划》《联合国发展援助框架》和国家方案，要推动资源的最佳使用，并应发展中国家的请求支持它们与《国际卫生条例》（2005）等其他相关框架协调执行本框架，包括建立和加强能力，并通过明确和重点突出的方案，在各自授权任务范围内，以均衡、妥善协调和可持续方式支持实现国家优先目标。

（3）特别是联合国减少灾害风险办公室要支持执行、贯彻和审查本框架，为此采取以下步骤：与联合国后续进程一起，准备以适当和及时的方式定期审查进展情况，尤其是全球减少灾害风险平台的进展情况，酌情与其他相关可持续发展和气候变化机制协调，支持制定统一的全球和区域后续行动和指标，并相应更新现有的《兵库行动框架》网络监测系统；积极参与可持续发展目标各项指标机构间专家组的工作；与各国密切合作并通过动员专家，为执行工作编制循证实用指南；通过支持由专家和技术组织制定标准、开展宣传举措和传播灾害风险信息、政策和实践，以及由附属组织开展减少灾害风险教育和培训，巩固相关利益攸关方之间的预防文化；通过国家平台或相应机构等渠道，支持各国制订国家计划，并监测灾害风险、损失和影响方面的趋势和规律；举办全球减少灾害风险平台活动，支持与区域组织合作，举办区域减少灾害风险平台活动；牵头开展《联合国减少灾害风险提高抗灾能力行动计划》的修订工作；协助加强联合国减少灾害风险办公室科学和技术咨询组，动员开展关于减少灾害风险的科学和技术工作，并继续为该小组提供服务；与各国密切协调，按照各国商定的术语，牵头更新题为2009年《减灾战略减少灾害风险术语》的出版物；维持利益攸关方承诺登记册。

（4）世界银行和区域开发银行等国际金融机构要审议本框架的优先事项，为发展中国家统筹减少灾害风险提供财政支持和贷款。

（5）其他国际组织和条约机构，包括联合国气候变化框架公约缔约方会议、全球和区域两级国际金融机构以及国际红十字与红新月运动要根据发展中国家的请求，支持它们与其他相关框架协调执行本框架。

（6）《联合国全球契约》作为联合国与私营部门和企业互动协作的主要倡议，要进一步开展减少灾害风险工作，促进可持续发展和提高抗灾能力，并宣传这项工作的至关重要性。

（7）要加强联合国系统协助发展中国家减少灾害风险的整体能力，通过各种融资机制提供适当资源，包括向联合国减灾信托基金提供更多、及时、稳定和可预测的资金，并提高该信托基金在执行本框架方面的作用。

（8）各国议会联盟和其他相关区域议员机构和机制要酌情继续支持和倡导减少灾害风险和加强国家法律框架。

（9）世界城市和地方政府联合组织和其他相关地方政府机构要继续支持地方政府为减少灾害风险和执行本框架彼此合作和相互学习。

（四）后续行动

本次世界大会邀请联合国大会第七十届会议考虑可否将《2015—2030 年仙台减少灾害风险框架》全球执行进展情况的审查工作列为联合国各次大型会议和首脑会议统筹协调后续进程的一部分，酌情与经济及社会理事会、可持续发展高级别政治论坛和四年度全面政策审查周期协调一致，同时考虑到全球减少灾害风险平台和各区域减少灾害风险平台以及兵库行动框架监测系统所做贡献。

本次世界大会建议联合国大会在第六十九届会议设立一个由会员国提名专家组成的不限成员名额政府间工作组，由联合国减少灾害风险办公室提供支助，并在各利益攸关方的参与下，结合可持续发展目标各项指标机构间专家组的工作，为计量本框架全球执行进展制定一套可用指标。本次大会还建议该政府间工作组至迟于 2016 年 12 月审议联合国减少灾害风险办公室科学和技术咨询组提出的关于更新题为 2009 年《减灾战略减少灾害风险术语》的出版物的建议，将其工作成果提交大会审议和通过。

2015—2030 年仙台减灾框架

范围和意义
当前框架适用于大小规模的各种风险、频发和不频发风险、突发灾害和缓慢发生的灾害、自然灾害和人为灾害，以及相关的环境、技术和生物灾害和风险。其目标是为所有层面发展中存在的以及所有部门内和跨部门存在的灾害风险管理提供指导
预期成果
大幅减少个人、企业、社区和国家的经济、实体、社会、文化和环境资产在生命、生计和健康方面的灾害风险和损失

目的
通过实施能防止和减少灾害风险暴露、减轻面对灾害的脆弱性、加强响应和恢复准备工作的综合型包容性经济、结构、法律、社会、健康、文化、教育、环境、技术、政治和体制措施来防止出现新风险，减轻现有风险，从而加强抗灾力

目标				
2030 年前大幅减少全球灾害死亡人数，目标是与 2005—2015 年相比在 2020—2030 年间降低每 100 000 人的全球灾害死亡人数	2030 年前大幅减少全球受灾人口的数量，目标是与 2005—2015 年相比在 2020—2030 年间降低每 100 000 人的全球平均受灾人数	在 2030 年前将直接灾害经济损失降至全球国内生产总值（GDP）的一定比例	2030 年前通过提升抗灾力，大幅减少灾害对关键基础设施的破坏和基本服务的中断，包括卫生和教育设施	2020 年前大幅度增加拥有国家和地方减灾战略的国家数量
			大幅加强发展中国家的国际合作，通过提供持续的充分支持，帮助在 2030 年前补充实施此框架的国家行动	从而在 2030 年前大幅增加多灾害早期预警系统的可用性以及人们对灾害信息和评估的使用和访问

行动优先事项
国家需要在以下四个优先领域在地方、国家、区域和全球层面上开展部门内和跨部门的集中行动

优先事项 1 了解灾害风险	优先事项 2 加强灾害风险治理，管理灾害风险	优先事项 3 进行减灾投资，构建抗灾力	优先事项 4 加强有助于高效响应的备灾工作，并在恢复、复原和重建中致力于"重建得更好"
灾害风险管理需要以在脆弱性、能力、人员和资产的风险暴露程度、灾害特点和环境等所有维度上对风险的了解为基础	国家、区域和全球层面上的灾害风险治理对所有部门的减灾管理至关重要，同时通过界定各自的角色和责任来确保国家和地方的法律、监管和公共政策框架协调一致，指导、鼓励和激励公共和私营部门采取行动，应对灾害风险	通过结构性和非结构性措施在防灾上的公共和私营投资对加强人类、社区、国家和资产，以及环境在经济、社区、卫生和文化上的抗灾力至关重要。这些可以成为创新、增长和创造就业机会的驱动因素。这些措施具有成本效益，并且可以帮助拯救生命，防止和减少损失，确保有效恢复和复原	经验表明，必须加强备灾工作，才能更有效地响应，并确保拥有有效恢复所需的能力。发生的灾害还证明，恢复、复原和重建阶段（需要在灾前就做好准备）也是一次通过综合运用减灾措施"重建得更好"的机会。妇女和残疾人应该在响应和重建阶段公开领导和促进采用性别平等和通用无障碍的方

指导原则						
在防止和减轻灾害风险上国家应承担主要责任，包括通过合作	在中央政府和国家当局、部门和利益相关方之间根据国情适当地共担责任	保护人民以及他们的资产，同时推进和保护所有各项人权，包括发展的权利	全社会参与	国家和地方层面上的全国所有行政和立法机构都全面参与进来	通过提供资源、激励措施和适当的决策责任，来为地方当局和社区赋权	决策要具有包容性，并充分了解风险信息，同时使用针对多重灾害的方法

后　记

　　随着我国海洋经济的蓬勃发展，作为其重要组成部分的我国有居民海岛地区的重要承灾体目标逐渐增多，受灾风险逐步加大。我国海岛地区的可持续发展，迫切需要加强海洋灾害的风险管理。国内关注自然灾害风险管理、沿海地区综合灾害风险防范的书籍较多，但有关全球范围内海岛海洋灾害风险管理的科普类成果却屈指可数。本书选取了多个海岛国家（地区）的灾害风险管理预案，旨在为我国广大海岛地区海洋灾害风险管理工作提供借鉴。

　　本译著共由 7 个部分组成，其中：绪论、所罗门群岛《国家灾害风险管理计划》和默瑟岛《灾害废弃物管理计划》由陈淳编译完成，菲律宾《国家减灾管理计划》（2011—2018 年）和马绍尔群岛共和国《国家灾害风险管理行动计划》（2008—2018 年）由邓云成编译完成，普卡普卡岛《灾害风险管理计划》（2014—2015 年）由刘建辉编译完成。在整个编译过程中，由于各国（地区）的文法风格不尽一致，编译者遇到的第一个挑战就是如何协调各个预案计划。为了便于阅读，按照以下原则对相关计划进行了编译：①主要内容不少。在坚持主要内容不少、不影响知识获取的前提下，对一些重复的内容（如计划简本等）、缩略语、致谢、编写者简介进行了删减。②格式进行了统一。因各计划格式表述不一，为便于成册而进行了统一。③内容尽量准确。在编译过程中对发现的错误进行校对、修订，以保证无误。有兴趣的读者，可以按本书给出的引用出处查阅原文。

　　本书的翻译出版工作得到了自然资源部海洋预警监测司海洋防灾减灾业务运行项目（G.2200209.160202）的大力支持，感谢自然资源部海洋预警监测司王华副司长、司慧副司长、齐平处长、刘春景副处长、张婷副调研员和邵明在翻译及日常工作中给予的指导，感谢海岛中心领导侯纯扬书记、苏晖副主任、李瑞山副主任、丰爱平副主任和高文顾问在翻译过程中的帮助。

　　由于我们的水平有限，在翻译本书时，肯定有许多不足之处，欢迎读者批评指正，在此先行感谢。

编译者

2018 年于福建平潭